商管叢書 全華圖書 BUSINESS MANAGEMENT

Innovation and Entrepreneurial Management：From Idea to Business

創新與創業管理

創意到創業 第2版

「金融服務人群：電獅（牧草草）

語言翻譯系統：聲麥無線（VM-Fi）

農業生技發展的閃亮新星：和曜生技

「食魚教育」及「海洋永續」：迴遊吧

張耀文、張榕茜 編著

從創意啟蒙到創業實踐的三創教學創新寶典

青年就業與創業問題一直是每一個國家的大學和政府所重視的課題。近年來，創新創業浪潮席捲全球，各國政府積極端出創新創業政策誘因與營造友善的創新創業生態環境的建立，讓投入創業發展變得更加容易。創新創業以特有的魅力改變一個國家或地區的經濟發展軌跡，已成為推動這個時代社會進步的最重要動能。創新創業發展引領科學技術的創新，創造當代商業的繁榮，成為經濟成長的推進器。

創新創業的核心是創客和創業家，大學是培養創新創業人才的重要基地。然而創業是一項高風險的商業活動，大學生創業存在諸多不確定性，必須面臨諸多問題和風險考驗，因此也存在很高的創業失敗率。

有鑑於此，多年前本人透過推薦，延攬耀文主任到本校服務，借重其豐富經驗和教學熱情，協助本校成立「創新創業中心」和「實踐家國際創業學院」，規劃設計「三創學分學程」，推動本校三創教育的發展與教學實踐創新，建構友善的華大校園創新創業生態環境，期間連續多年榮獲教育部「大專校院創新創業中心示範學校計畫」和「大專校院推動創新創業教育計畫」補助肯定，並衍生許多校園新創公司。

欣聞耀文主任願意編著其近二十年從事創新創業教育與產業升級輔導的教學和實務工作經驗，無私傳授給大專校院師生們，補足大學生在創新創業管理欠缺的管理經驗、市場規劃能力、吸引投資融資支持和有效面對創業風險。該書內容豐富，包括：創意思考、創新發明、創意變生意、創業機會辨識、創業團隊經營、商業模式創新、財務資金規劃、業務行銷拓展、智慧財產權管理、創業計畫書撰寫、創業資源整合運用、新創公司設立和創業風險管理等，透過有系統的三創教學內容，輔以章節豐富案例和分組問題討論，以喚醒學生的創業意識，培養創新創業精神，鍛鍊創新創業能力，為大學生未來自主創業或靈活就業做好準備。該書初版發行廣獲各界好評，並被多所大學指定為校內創新創業教育的專用教科書，希望本書能夠對各校大學生創新創業知能養成和各校推動「高教深耕計畫」的三創教學創新有所助益，能為臺灣培養更多優秀的創新創業型人才，特此為改版寫序推薦之。

劉維琪 謹識

中華大學 校長

2023 年 5 月

技術創新與敏捷商模將引領科技創業新未來

我們當前所處的是一個詭譎多變卻又欠缺可持續動能的時代，創新創業成為脫離現況的暫態、邁向另一個穩態的重要活動。Christensen 教授揭開了顛覆的布幕，讓我們這些平凡的人目睹不斷顛覆與被顛覆的創新如何改變人類的生活與工作方式。技術創業成了推動社會進步的重要動力之一，許多創業者們不斷突破重重障礙，在嘗試的過程中找到許多新機會，各行各業的商業模式不斷創新，商業新應用如雨後春筍般冒出，而曾經風光一時的科技產業巨頭，也可能因為沉溺於過去榮景，經營者的一時掉以輕心，讓辛苦創辦的企業走入歷史。

在推動全球經濟發展的過程中，第四次工業革命所奠基的技術，如大數據、人工智慧、物聯網、機器人、環保能源及生物醫藥等新興技術為創業注入新的動力，新技術和高速成長的企業扮演著關鍵的角色，也為許多年輕的企業家提供了實現夢想的機會。創業者若能將科技研發成果與商業機會對接，整合人才與資金資源，透過好的風險控管與商業領導，有機會成就一番事業。穿越「死亡之谷」是所有創新與創業者的夢魘，甘願冒著九死一生的危險，是一份癡迷！能夠倖存者必然擁有強大的心智能力，將三創（創意、創新、創業）與三務（商務、財務與法務）融會貫通，執行力不容絲毫折扣地邁向成功彼岸，為自己與社會累積巨大的能量，迎向更艱巨的任務。

大學為孕育人才的搖籃，以前的創業管理課程頂多是商學院學生的必修課程，然而在一個需要跨學科領域學習與合作的現今社會，創新創業教育深入各專業領域而普及化，若能透過好的創新創業教科書來學習，相信可以幫助讀者的收穫更多。耀文為早年暨大國企所的指導學生，長期專注與深耕在產學合作、創業育成輔導與創業管理教育的推動工作，累積許多寶貴實務經驗。相信本書可以協助讀者或有志創業者透過創意思考和概念重組來進行創新，以各章節的學習逐步累積創業知能。本書運用許多兩岸及國際的三創案例，可以幫助學生們發悠遊於書中的重要知識和經驗法則，學習快速的因應外部多變的環境，課程單元後面亦有許多分組討論問題與習作練習可供參考。四刷之後再版，特為此文推薦之！

佘日新 謹識

逢甲大學企業管理學系與行銷學系 講座教授

逢甲大學雲創學院、跨領域設計學院 院長

中華家族傳承發展協會 理事長

2023 年 5 月

推薦序 PREFACE

創新創業已成為一種全民的新生活運動

企業核心競爭力應該來自於技術或服務的創新，新技術、新產品不斷湧現，消費者需求也越來越個性化。不可否認，我們正面臨一個易變且複雜的全新世界，許多行業都被大數據分析與應用、人工智慧，以及移動式互聯網等科技趨勢所攪動，勢必要面對史無前例的產業轉型創新、商業秩序改變的壓力。另一方面，國際間也出現越來越多「螞蟻絆倒大象」的案例，比如 Uber 或 Grab 可能逐步替代許多城市的出租車服務。防疫期間視訊會議、遠距教學幾乎翻轉了教與學的型態，也提前造就通訊軟體、相關設備產業的火紅。同時，企業組織也將變得更加扁平化，企業間的疆界也越趨消失，這些都需仰賴好的科技管理加以協助。

科技管理是一門整合商學、科技、法律、社會科學、管理及其他各領域的新興專業範疇，目的是探討科技在企業營運實務上相關的種種問題。而創新創業管理與智慧財產權管理在科技管理的學術領域中，也扮演著重要的角色。特別在現今中美貿易大戰的年代，具備創新創業與智慧財產專業知識更顯重要。多年前擔任科管系系主任時，有幸邀請耀文老師加入科管系服務，補足系上創新創業領域專業教師能量，每年除開設創業管理課程外，亦開設海外移地教學之創業課程如「海峽兩岸創新創業實務」、「東協國家創新創業實務專題」，及結合「敦煌戈壁沙漠挑戰賽」活動的「團隊合作與戶外領導」等，帶領同學們走出教室，增進國際視野。

教育是發自內心主動的學習，如果您對創新創業有興趣，那麼這本書非常適合您！或許您聽說過很多新創公司的很高失敗率，但您一定也聽過許多人運用科學的方法去解決創業過程的許多問題，這本書可以幫助您系統化地理解如何進行創新創業管理發展，全書十四章內容清楚呈現創新創業的核心要領，運用大量的國內外實際案例，能夠讓您輕鬆愉快地領悟創業的過程，相信透過耀文老師幫大家整理出的許多寶貴經驗知識，您將獲益匪淺，有機會可以成為一位出色的青年創業家。現在，學習創新創業知識與經驗已成為顯學，融合創新創業也將成為一種新的生活方式，將帶您迎向不平凡的未來！

賴以軒 謹識

中華大學管理學院 副院長
中華大學資訊管理學系 主任
2023 年 5 月

點燃創新創業熱情、強化創新創業實踐能力

回首人類的歷史，曾有多少卓越的偉大發明和令人驚嘆的宏偉工程，改變了人類的命運。創新與創業引領當代各國社會經濟發展的潮流，成為國與國、企業間競爭中最重要的武器。當前國際政治情勢錯綜複雜，全球經濟復甦緩慢，勢必要以創業和創新帶動就業，以高就業提升社會與全民幸福。

長期以來，每一個國家或大學都有培養創新創業人才的遠見，如何讓創新創業教育更符合大學孕育人才的教育理念，因此，大學亟需開設適合大學生的創新創業課程。創新創業教育亦不能簡單地將衍生新創事業設為最終目標。其核心精神在激發學生的創新創業熱情與夢想，傳授學生創新創業的理論與知識，在於增強學生從事創新創業活動的實踐能力。

我們在兩岸從事創新創業教育和企業轉型創新輔導工作近二十年，看見為數不少創新創業管理書籍，普遍多為國外教科書翻譯或微型創業教科書，課程內容也較少提及三創教育前沿的創意思考與創新管理層面議題，再加上隨著中國大陸和東協國家的崛起，坊間教科書對於這些國家的創新創業相關內容也著墨較少。希望透過本書的出版，能幫助在學青年或已創業者，能樹立正確的創新創業觀念、增強創新創業能力並勇敢實踐創業計畫。

本書初版發行即廣受各界好評及教學採用，讓筆者們深受激勵，特地於本次改版，配合時事議題與產業發展趨勢，更新許多教學內容和實務案例。本書共編著了十四個章節，包含許多臺灣本土企業、國際企業個案，實際走訪多家本土新創企業並拍攝專訪影片，讀者可深入了解創業家的創業心路歷程。全書採用「創意」思考、「創新」應用與「創業」實踐的系統化教學，是三創教育的優質教科書。章節中介紹大量創意思考工具，引導讀者的創意思考，有助於創新實作學習。創意新視界單元：以內文穿插豐富的相關案例，激發創意創新思維。新興產業趨勢單元：探討科技產業發展，並帶領讀者探索科技趨勢及東協國家的新興市場機會。章節末亦安排相關內容的問題討論或分組實作，供讀者反思及培養團隊合作學習。

衷心希望本書能為創新創業的人才培育奉獻棉薄之力，無愧時代賦予我們教育青年的神聖使命。由於篇幅有限或可能存在疏漏，還請讀者不吝批評與指正。很高興能將多年來的創新創業相關經驗與所見所聞編撰成冊，它是呈獻給未來創業者的珍貴資料，祈願它能幫助更多創業家實踐人生價值，更謝謝社會各界的支持與肯定。

張耀文、張榕茜 謹識

2023 年 5 月

目次 CONTENTS

01 創意思考與 創造力開發

04 辨識機會與商機評估

05 創業團隊組成與經營

NOTE

Chapter 01

創意思考與創造力開發

　　創意的產生決定了許多事，如何不依賴偶然的靈感，而是透過創意的方法和活動，來激發個人或團隊的創意，進而產生商業價值，成了知識經濟時代非常重要的課題。本章節將從創意與發明、創造力的開發及培養創意思考的方法來說明在三創（創意、創新與創業）教育能力養成之重要性，並透過章節結束前之問題與討論，來驗證在創意思考與創造力開發內容之學習成效。

● 學習重點 ●

1-1　創意與發明

1-2　創造力的開發

1-3　培養創意思考的方法

創業速報　把創意變黃金：
　　　　　百年創新企業 3M

――― 創業經營語錄 ―――

　「想出新辦法的人，在他的辦法沒有成功以前，人家總說他是異想天開。」

―知名作家：馬克‧吐溫
（Mark Twain）

1-1 創意與發明

未來學大師托夫勒（Alvin Toffler）曾說：「誰占領了創意的制高點，誰就能控制全球；主宰 21 世紀商業命脈的將是創意！」

蘋果電腦創辦人賈伯斯（Steve Jobs）來自未婚的單親家庭，也沒有大學文憑，卻能以創意開啓機會大門，創辦了兩家世界級的偉大公司—蘋果電腦（Apple Computer）和皮克斯動畫影音室（Pixar Animation Studios）。其背後最重要的核心是無限的想像與創意。

一、創意（Creative）

回憶三十多年前美國電視影集「百戰天龍（MacGyver）」在臺灣電視臺上播映，劇中男主角馬蓋先（MacGyver）在危急時，常就地取材，做成有用的東西來克服難題，其聰明才智和創意常讓我驚嘆不已，希望自己的腦中也能像他一樣有源源不斷的創意點子。

創意（Creative）是什麼？簡單來說：創意是要超越界限，跳離現有框架，重新定義事物和事物之間的關係。也就是找出事物之間的相關性，或是相反特質，將既有的元素打破、拆解、增刪後，重新組合，以呈現新的風貌、功能或是意圖。

例如：燈泡常被用來表示「一個人突然想出什麼點子」，燈泡也是一種創意的象徵。創意也不限在科技領域的創作上，在藝術和文學領域的創作上亦可，基本上創意是很容易跨越文化、語言、宗教和種族的歧異。

當然有爲數不少的人會問：創意要從哪裡來？是否能透過學習來增強？

筆者個人認爲創意是每個人與生俱來的能力，而非少數人的專利，人們可以透過創意能力，來解決生活上面臨的困難問題。也有人認爲天生缺乏創意，但創意仍有可能可以透過後天系統化的培訓予以強化。

已故臺灣廣告界創意奇才孫大偉先生曾講過一句話：「創意來自哪裡呢？創意來自有知覺的生活，你要認眞去過每一天的生活！」。也就是說，在生活中你要時時去感受每一個當下，對你的生活周遭是有感覺、有體會的，如此你的心裡就會「有所觸動而啓發出靈感，而靈感就會變成創意！」

好創意的商業價值有多大？根據平面媒體報導，從賈伯斯團隊所研發的一支蘋果iPhone 手機利潤結構分析，蘋果公司從中獲得了約 55% 以上利潤，代工製造的公司只獲得 5% 的利潤，由此可見，好的創意發明可爲企業帶來更多的利潤，而代工只能賺取微薄的代工費用。另一方面，如果您光有好創意卻無法將它實踐並轉化成商業價值或者透過智慧財產權保護，您的創意將變得一文不值。

創　意　新視界

1979 年「隨身聽」（Walkman）的誕生，為世界重要發明之一

場景是前日本新力公司（SONY）社長盛田昭夫在街上看到青少年邊走路並提著音響聽音樂。因此，有了產品發想：走路 + 音響 = 隨身聽，誕生了世界重要發明之一「Walkman」。「Walkman」已經在全球銷售突破 2 億 5,000 萬部，相當驚人。

圖片說明：Sony Walkman

創　意　新視界

再也不怕爆胎，米其林新款無充氣輪胎 2024 年將正式上路

　　非充氣輪胎（又稱防穿刺輪胎），一直是法國輪胎製造商米其林（MICHELIN）公司的研發重點，其所開發的 UPTIS 輪胎（獨特防穿刺輪胎系統）採用鋁製輪架，再用玻璃纖維增強塑膠（GFRP）製成的柔性承重結構，車胎內是 V 型結構，填充內部又保持彈性，該公司以汽車與電動車為實驗，在前進、加速、轉彎和顛簸情況下，都表現的與充氣輪胎相同，而且重量還更輕。未來也將用有機或可回收材料取代 100％的輪胎部件，可望在 2024 年前進入市場。[1]

米其林的普通充氣輪胎

非充氣輪胎

改良後的非充氣環保輪胎

　　綜合上述，筆者在此提供讀者幾項培養創意的經驗要領：

1. 學習探索與換位思考：多觀察、多思考，生活用心體會。微軟（Microsoft）創辦人比爾 · 蓋茲（Bill Gates）每年都花相當多時間閱讀及思考工作與人生，適時提出修正或改變。

2. 慎選名師、益友和夥伴一同學習：和各領域專家多加切磋與腦力激盪。

3. 以遊戲和有趣的方式來過生活：透過愉快的方式生活將有助於增加思考。

4. 努力專心地做好每一件事：人不可能樣樣專精，但你用心總能找到改善機會。

5. 堅持，不輕易說放棄：遇見困難在所難免，但堅持總能看見曙光。

6. 求知若飢，虛心若愚：賈伯斯也是憑藉著保持飢渴的學習心，不斷地追求成長。

7. 養成動手做的學習態度和習慣。

8. 養成不斷問問題的好奇心與用寬廣的角度看問題。

9. 如果你有靈感就隨時寫下來。

10. 選讀創意思考等課程，透過系統化教學培養創意能力。

1　參考資料：https://interestingengineering.com/michelin-airless-tires-hit-public-streets-for-first-time

01

創意可以天馬行空,但創意也需要是有效的創意。例如:四方形或三角形的輪子可以說是非常有創意,但它並無法使車子向前行駛。又如戴眼鏡的人在吃碗熱騰騰的牛肉麵時,有眼鏡鏡面起霧的困擾。在眼鏡上裝自動雨刷是很有創意,但應該沒有人會買這項產品吧。因此,要使創意發明能走向商業化發展,您必須要使創意轉化為有效而非無效。而「空中樓閣」,正是指那些富有創意但是卻因為一些實際的考慮而無法被創造出來的思維。

二、發明(Invention)

談起創意,人們總會和「發明」這詞聯想在一起,以下我們嘗試著解釋兩者是有程度上的差異。

發明(Invention)是一種獨特的、創新的有形或無形物,或是指其開發的過程。可以是指對機械、裝置、產品、概念、制度的創新或改進。發明是新科技的概念或是產品,它可能是一種產品、一種製程或是以前從未知曉的系統,例如:蒸汽引擎、電晶體、影印機和智慧型手機等皆是世界上重要的發明。中國人的祖先過去也有不少輝煌的創意發明,如指南針、火藥、印刷術、紙張等,這些發明也都對後世影響深遠。

而一個在社會上經常被提及的問題是:「什麼情況導致發明的產生?」基本上有兩個不兼容的見解:第一個認為缺乏資源促使人們去發明,另一個認為只有過多的資源才會導致發明。由於發明的產生不一定按照需要的優先次序,例如:降落傘的設計就先於飛行器的發明,另一些發明則去解決一些沒有經濟價值的問題。

依據政治經濟學家約瑟夫・熊彼得（J. Schumpeter）的見解，發明與創新（Innovation）也是不同。一個發明僅僅是紙面上的（雖然發明可能在智慧財產局備案），而創新是一項被實際投入使用的發明。由於許多發明是受到專利權所保護，僅有少部分最終能夠被商品化。根據報載，以臺灣團隊參加國際發明展為例，一千件得獎作品僅有三件投入商品化發展，商品化比例可說相當的低。因此，在創意發明的過程中，我們也必須思考如何透過創新轉化成商品或服務，才能真正達到其創新應用與產業價值之目的。

1-2 創造力的開發

有一句話是這麼說的：「創造力（Creativity）不是一種天賦。創造力是一種人類運轉思考的方式。」其實我們都是具有創造力的；只是有些人懂得如何把這些「創意」表達出來，而另一些人則是不擅長罷了。

創造力開發是以普及創造知識、激發人們的創造精神，提高創造品質，增強創造性思維能力，運用創造技法為內容的創造能力開發活動。創造力開發的具體內容分為以下三個方面：創造力的發現、培養和整合。[2]

前 Google 全球副總裁暨創新工場創辦人李開復博士對 AI（人工智慧）時代提出了3C 的叮嚀：好奇心（Curiosity）、批判性思考（Critical Thinking）和創造力（Creativity）。我們在學習的過程中需先學會獨立思考和學習，當畢業後如果不再進修將沒有了老師，如果再沒有自學能力的話，未來將沒有競爭力來面對挑戰。由此可見，創造力的學習和養成對個人未來有多重要。

「創意力」又是如何運作的呢？創意力是個富有神秘色彩的思考模式。有時候當我們遇到某些問題而急需這個創意力時，卻總是無法從腦中出現；但當我們處於放鬆或是無壓力的狀態下，這些點子就像雨後春筍般瘋狂地冒出來。

2　參考資料：MBA 智庫百科

從一個科學觀點去看，創造性思維的產品通常被認為必須具原創性和貼近主題。另一方面，在日常生活中，單單是每天去創造新的事物已經是創造性思維，創造性思維和慣性思維最大的一個不同點，在於創造性思維沒有一個固定的套路或特定的方法標準，有點像佛教中的頓悟，當一個人全神貫注於思考或者解決某件事情，亦或者在一個毫無壓力的環境裡受外部環境刺激很小時，這個時候是啟發創造力最好的時候。

1-3 培養創意思考的方法

英國知名電器公司—戴森（Dyson Ltd）是世界首家研發生產旋風分離式吸塵器的公司，其不在電風扇裡放葉片，卻發展出具強力氣流的無葉片風扇。又如同磁浮列車捨棄了車輪，卻能用超過時速五百公里的高速行駛。冰淇淋外層裹上海綿蛋糕，竟能隔絕熱油，製作出油炸冰淇淋。這個世界能夠改變，大部分都得歸功於「從天而降的靈感」，它們就像突如其來的直覺，誕生在無意識領域中。

然而，人類並不擅長思考。我們從小就被教導無數的規則或不被鼓勵，導致思考常常受到侷限。其實，只要學會簡單的創意思考法，建構放鬆又自由的腦內環境，就能突破框架，打造人工智慧時代也不會輕易被取代的創意頭腦。日本廣告金獎創意總監江上隆夫（ビジョン）曾提出以下三項祕訣，大家不妨可以嘗試看看。

- 祕訣一：提升層次或觀點，進行後設認知思考
  以更高或更廣的視野，跳脫框架思考。例如：構思冰淇淋廣告時，不要只思考冰淇淋，而是思考吃冰涼食物的時機；構思汽車廣告時，將問題擴大為「人類怎麼移動」，並養成持續問「為什麼」的習慣。

- 祕訣二：暫停自動框架化思考
  大腦只要一意識到指令，就會如實執行。因此，只要把具體的小範圍問題送入大腦，就能加快思考速度，不被框架限制。例如：比起思考「怎樣才能讓世界和平」問題，更能讓大腦馬上開始行動。

- 祕訣三：讓大腦休息，使無意識發酵
  在用問題對大腦下達指令後，就要暫時把問題趕出腦海，讓大腦休息。如此一來，大腦會完全信任且毫無疑慮地將問題交託給無意識。[3]

一、常見的創意思考工具

我們常鼓勵人們能以不同角度去思考和探索問題，不受常規所限，發展創造力及培養勇於創新的精神。可按參與者的特性和需要，延伸內容，彈性處理，提供支持性的環境，以開放性的提問技巧及靈活的策略，激發參與者的創造潛能。

　一般人習慣直線式的邏輯思考，即所謂的垂直思考（Vertical Thinking），從一點到另一點，前後有一定的邏輯、因果關係。而水平思考（Lateral Thinking）則是界定為能從不同角度探討各種問題的解決方式。如圖 1-1。我們可根據不同特性的問題，採用不同的創意思考法。

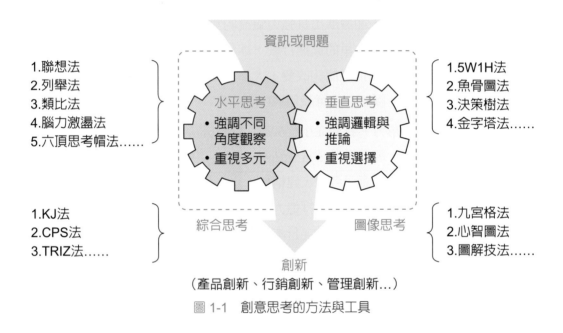

圖 1-1　創意思考的方法與工具

　一般在創意思考上常使用的工具和方法，例如：5W1H 法、魚骨圖法、決策樹法、金字塔法、聯想法、列舉法、腦力激盪法、心智圖法、六頂思考帽法、TRIZ 法和九宮格法等。以下列舉幾項思考工具供各位參考：

（一）腦力激盪法

　腦力激盪法（Brainstorming），是一種為激發創造力、強化思考力而設計出來的一種方法。是美國 BBDO（Batten, Bcroton, Durstine and Osborn）廣告公司創始人亞歷克

斯・奧斯本（Alex Faickney Osborn）於 1938 年首創的。可以由一個人或一組人進行。參與者圍在一起，隨意將腦中和研討主題有關的見解提出來，然後再將大家的見解重新分類整理。在整個過程中，無論提出的意見和見解多麼可笑、荒謬，其他人都不得打斷和批評，從而產生很多的新觀點和問題解決方法。

　　腦力激盪中有四項基本規則，用於減輕成員中的群體抑制力；從而激發設想，並且增強眾人的總體創造力。四項基本規則如下：

1.　追求數量：此規則是一種產生多種分歧的方法，旨在遵循量變產生質變的原則來處理論題。假設提出的設想數量越多，越有機會出現高明有效的方法。

2.　禁止批評：在腦力激盪活動中，針對新設想的批評應當暫時擱置一邊。相反，參與者要集中努力提出設想、擴展設想，把批評留到後面的批評階段裡進行。若壓下評論，參與人員將會無拘無束地提出不同尋常的設想。

3.　提倡獨特的想法：要想有多而精的設想，應當提倡與眾不同。這些設想往往出自新觀點中或是被忽略的假設裡。這種新式的思考方式將會帶來更好的主意。

4.　綜合並改善設想：多個好想法常常能融合成一個更棒的設想，事實證明綜合的過程可以激發有建設性的設想。[4]

（二）心智圖法

　　心智圖法（Mind Map）是英國人東尼・伯贊（Tony Buzan）在研究人腦和人的學習功能進行了大量的研究之後，創造了一種用圖畫或樹狀圖來組織意念的方法，是一項流行的全腦式學習方法，它能夠將各種點子、想法以及它們之間的關聯性以圖像視覺的景象呈現。它能夠將一些核心概念、事物與另一些概念、事物形象地概念組織起來，輸入我們腦內的記憶樹圖。它允許我們對複雜的概念、訊息、數據進行組織加工，以更形象、易懂的形式展現在我們面前。

4　參考資料：https://reurl.cc/V6DW9n

例如：思考 2024 法國巴黎夏季奧運會籌辦事宜[5]（如圖 1-2）。

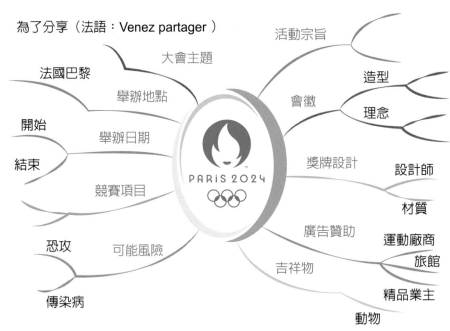

圖 1-2　運用心智圖思考籌辦 2024 年巴黎奧運

坊間有一套叫 XMind 的免費軟體（https://www.kelifei.com/xmind.html）可以用來製作心智圖，可以在一個平面上點出主題後，畫出相關聯或相對應的東西。而這套軟體，則是可以協助我們製作出這樣的圖形。除了心智圖的製作外，該應用軟體也可用來繪製像組織圖、樹狀圖、二維表格等，在使用上讓使用者有非常大的彈性，操作和使用都非常方便，也支援多國語言。

（三）六頂思考帽法

六頂思考帽（Six Thinking Hats）是英國學者愛德華・德博諾（Edward de Bono）博士開發的一種思維訓練模式，或者說是一個全面思考問題的模型。它提供了「平行思維」的工具，避免將時間浪費在互相爭執上。強調的是「能夠成為什麼」，而非「本身是什麼」，是尋求一條向前發展的路，而不是爭論誰對誰錯。運用六頂思考帽，將會使混亂的思考變得更清晰，使團體中無意義的爭論變成集思廣益的創造，使每個人變得富有創造性（如圖 1-3 所示）。

5　參考資料：張耀文，2022，《創新與智慧財產權管理》，PP.17-18，臺北，全華圖書。

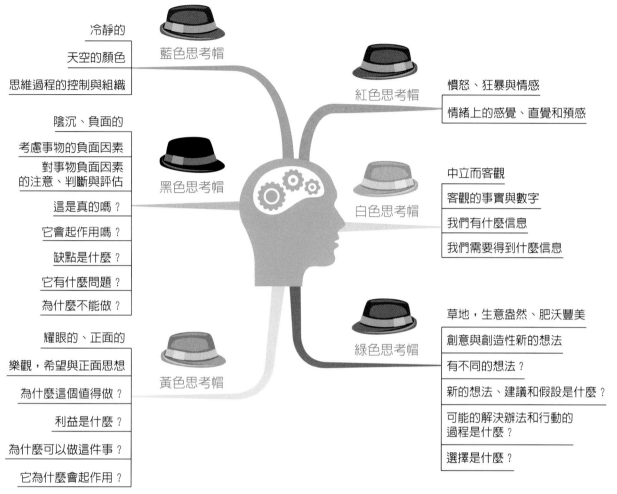

圖 1-3　六頂思考帽法

　　六頂思考帽思維方法使我們將思考的不同方面分開，可以依次對問題的不同側面給予足夠的重視和充分的考慮。可對思維模式進行分解，然後按照每一種思維模式對同一事物進行思考，最終得到全方位的彩色思考。以下分別簡介六頂思考帽其所代表意義：[6]

1. 黑色思考帽：黑色是邏輯上的否定，象徵著謹慎、批評以及對於風險的評估，使用黑帽思維的主要目的有兩個：發現缺點、做出評價。

2. 白色思考帽：白色是中立而客觀的，代表訊息、事實和數據；努力發現訊息和增強訊息基礎是思維的關鍵部分。

3. 紅色思考帽：紅色的火焰，使人想到熱烈與情緒。是對某種事或某種觀點的預感、直覺和印象，紅帽思維就像一面鏡子，反射人們的一切感受。

6　參考資料：MBA 智庫百科。

4. 黃色思考帽：黃色代表陽光和樂觀，代表事物合乎邏輯性、積極性的一面；黃色思維追求的是利益和價值，是尋求解決問題的可能性。

5. 藍色思考帽：藍色是天空的顏色，有縱觀全局的氣概。藍色思維是控制帽，掌握思維過程本身，被視為過程式控制；藍色思維常在思維的開始、中間和結束時使用。

6. 綠色思考帽：綠色是有生命的顏色，是充滿生機的，綠色思維不需要以邏輯性為基礎；允許人們做出多種假設。綠色思維可以幫助尋求新方案和備選方案，修改和去除現存方法的錯誤；為創造力的嘗試提供時間和空間。

　　顏色不同的帽子分別代表著不同的思考真諦，要學會在不同的時間戴上不同顏色的帽子去思考，創新的關鍵在於思考，從多角度去思考問題，繞著圈去觀察事物才能產生新想法。

（四）九宮格法

　　九宮格法是從曼陀羅（Manda la）思考法演化而來，由日本今泉浩晃（プロフィール）先生提出的計畫工具。是一種可化繁為簡、持簡馭繁的思考工具。能夠協助個人與團隊進行創造力思考並提升執行力。主要可分為兩大類型：向四面擴散的輻射線式和逐步思考的順時鐘式。

1. 向四面擴散的輻射線式：以九宮格的中央方格為核心主題，向外聯想出相關概念。其餘八格的概念都與核心有關連，但彼此不必然有相關性。

2. 逐步思考的順時鐘式：以中央方格為起點，依順時鐘方向將預定的工作項目或行程逐一填入（如圖 1-4 所示）。

類型
向四面擴散的輻射線式（發散思考）
逐步思考的順時鐘式　（收斂思考）

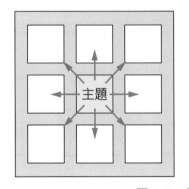 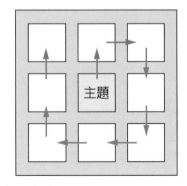

圖 1-4　九宮格思考法

（五）奔馳法（Scamper）

奔馳法（Scamper）是由美國心理學家羅伯特 · 艾伯爾（Robert Eberle）提出一種開展創意的思考法，一共有 7 個改進或改變的思考構面：替換（Substitute）、結合（Combine）、調整（Adapt）、修改（Modify）、其他應用（Put to Other Uses）、消除（Eliminate）與重整（Rearrange）如表 1-1 所示。

利用以上的思考構面，能夠激發出當事者針對現有事物，推敲出新構想的可能，除了應用於產品改良上，也可做為作業流程的改善之用，協助工作者檢視現有工作項目與安排的各種變更可能性。

表 1-1　奔馳法（Scamper）定義

字首	英文	中文
S	Substitute	代替（思考何者或何物可以替代）
C	Combine	合併、 結、組合等（思考何者或何物可以與其結合）
A	Adapt	調整（思考是否能調整，如可否擴大、改變時間）
M	Modify；Magnify	修改；擴大（思考能否修改，如改變顏色、聲音或形式）
P	Put to Other Uses	作為其他用途 （思考使用新方法或新用途）
E	Eliminate；Minify	消去；小化（思考省略或消除之處，可以更精緻）
R	Reverse；Rearrange	相反；重新安排（思考透過改變事物的順序、重組計劃或方案）

資料來源：作者自行整理

創 意 新視界

Combine 思考衍生新發明

雙層巴士就是運用組合方法發想的車輛設計之一，載客車廂由上下兩層組成的公共汽車，雖然汽車的長度和寬度與一般公車並無差別，但由於多了一層，車輛高度比其他的高，這使得此種車型的運載量比其它車要大，比單層公車能接載多接近一倍的乘客。

圖片說明：臺北雙層觀光巴士（臺北雙層巴士官網）

各種創意思考技法，都是為了協助我們捕捉瞬間的靈感，或是激發我們更容易產生創意發想，或是有系統地整理既有的想法。我們不見得要對每一項創意思考技法都很熟練，但只要能幫助自己產生、分析及整理創意發想的技法，就是好技法。因此，我們可以嘗試從中找出適用的技法，來激發自己的創意潛能。

二、設計思考

設計思考（Design Thinking）是一個以人為本的解決問題方法論，透過從人的需求出發，為各種議題尋求創新解決方案，並創造更多的可能性。

顧名思義，設計思考最直觀的解釋為「像設計師一樣地思考」，或是更精確地說「以設計師的思考邏輯與方法來解決問題」。然而設計思考一詞確切的來源其實並不可考，它代表的是一種概念及精神，隨著近幾十年來各種設計方法與理論出現後，逐漸被歸納出來的一個名詞。

一直到了最近幾年，對於創新的需求隨著商業模式的變革以及設計意識抬頭而增加，設計思考於是開始被企業及組織大量應用於解決商業與社會問題。這也是為什麼設計思考一詞會突然爆紅的原因之一。

其中，來自美國舊金山的設計顧問公司 IDEO 以設計思考的方法為核心，成功地透過企業輔導與學校教育等方式推廣其方法與精神，成為設計思考最具代表性的組織之一。

IDEO 設計公司總裁提姆・布朗（Tim Brown）曾在《哈佛商業評論》定義：「設計思考是以人為本的設計精神與方法，考慮人的需求、行為，也考量科技或商業的可行性。」

設計思考，與分析式思考（Analytical Thinking）相較之下，在「理性分析」層面是有很大不同的，設計思考是一種較為「感性分析」，並注重「了解」、「發想」、「構思」、「執行」的過程。目前多數教學都將設計思考過程，濃縮成五大步驟：「同理心（Empathy）」、「需求定義（Define）」、「創意動腦（Ideate）」、「製作原型（Prototype）」、「實際測試（Test）」（如圖 1-5 所示）。

| 同理心 | 需求定義 | 創意動腦 | 製作原型 | 實際測試 |
| Empathy | Define | Ideate | Prototype | Test |

圖 1-5　設計思考的五大步驟 [7]

創 意 新視界

設計思維導入的企業典範：Netfilx

Netflix 從網路租借 DVD，到電影及影集的串流平臺，再到影集及電影原創製作，每一次的轉型，都是奠定既有的核心。Netflix 在服務上以貼近使用者、技術到位和創新經營手法，推動企業持續轉型成功，其中一個重要因素就是設計思考深植企業經營策略。

圖片說明：Netflix 官網畫面

7　參考資料：https://www.interaction-design.org/literature/topics/design-thinking

三、史丹佛設計學院

談起設計思考，不得不談起美國名校史丹佛大學（Stanford University）所成立的 d.School。SAP 創辦人哈索‧普拉特納（Hasso Plattner）和 IDEO 創辦人大衛‧凱利（David Kelley）於 2005 年在史丹佛大學成立了一個很特別的學院，其全名為哈索‧普拉特納設計學院（Hasso Plattner Institute of Design at Stanford）簡 稱 為 Stanford d.School。他們兩人在一張小小的餐巾紙後面寫下了著名的 d.Manifesto 宣言，勾畫出 Stanford d.School 的雛形（如圖 1-6）。

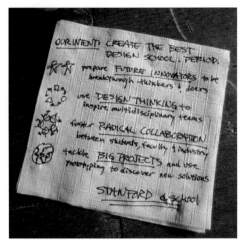

圖 1-6 　 d.Manifesto 宣言[8]

d.School 要創造最好的設計學院，並訂下如下幾項目標：

1. 培育未來的創新人才、思考家和實踐者。
2. 以設計思考啟發跨領域團隊。
3. 加強教授、學生和產業合作，成就真正不凡的產學合作。
4. 參與最大的項目創造快速原型，探索新的解決方案。

d.School 不頒發學位，所有課程強調跨領域學習，來自工學院、理學院、文學院、商學院、法學院、醫學院的學生們，都可以來到 d.School 上課，從此設計思考成為史丹佛大學超夯的課程。其設計思考訓練，提出一些在設計思考中具備的精神，如下說明：

1. 以人為本：以人為設計的出發點，如同以使用者的觀點去體驗，去同理他的感觸，以達到真正最貼近使用者的設計。
2. 及早失敗：設計思考鼓勵及早失敗的心態，寧可在早期成本與時間投入相對較少的狀況，早點知道失敗，並作相對應的修正。
3. 跨域團隊合作：不同領域背景的成員，具有不同的專長，不同的觀點在看待事物。因此，一個跨域的創新團隊，不只是能夠做出跨領域整合的成果。透過不同的觀點討論，也更容易激發出更多創新的可能。

8　圖片來源：http://dschool.stanford.edu

4. 做中學習：動手學習，實地的動手去做出原型。不論成功與否，都能由實作的過程中，更進一步去學習。

5. 同理心：像使用者一樣的角度看世界，作為同理他人，感同身受地去體驗。

6. 快速原型製作：原型的製作，由粗略且簡易的模型開始。很快地完成，以供快速反覆的修正。

看到史丹佛大學 d.School 的成功，全世界的知名學府也開始導入設計思考的課程。商業觸角最靈敏的商學院，最早看到設計思考的價值，知名 MBA Program 如哈佛商學院、英國 Imperial College 商學院及東京大學，都開了設計思考的課程，把設計思考定位為創新戰略的基礎。

未來的世界，大家都知道花勞力的工作會漸漸被機器人取代，那麼花腦力的工作呢？若只是分析計算，人工智慧也做得更快更好。那什麼是不會被取代的呢？那就是從無到有，從 0 到 1 的創意發想，而這也是設計思考最能夠發揮作用的地方。在別人看不到的地方發現機會，解決問題，這唯有人才能做得到，也是未來世界最需要的能力。

把創意變黃金：百年創新企業 3M

因新型冠狀病毒肺炎疫情蔓延全球，口罩的需求量暴增，3M 公司的 N95 醫用口罩（圖 1）成了公眾首選品牌，也成了網友熱搜的醫療健康消費品。在此之前，中國大陸霾害或全臺空污問題，3M 公司為預防 PM2.5 的空污微粒所推出的防護口罩也是搶手，因此很容易被誤解成是一家生產口罩的公司。

公司小檔案
· 明尼蘇達礦業及製造公司
  （Minnesota Mining and Manufacturing Company, 3M）
· 3M 公司官方網站：http://www.3m.com/

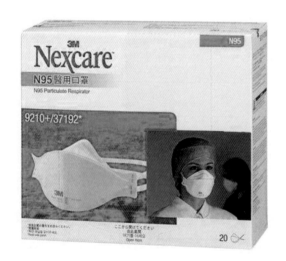

圖 1　創意王國 3M 公司的 N95 醫用口罩和便條紙產品

3M 公司（英語：3M Company，NYSE：MMM），2002 年以前稱為明尼蘇達礦業及製造公司（Minnesota Mining and Manufacturing Company），是一家全球著名的美國製造業跨國公司，為道瓊工業平均指數的組成股之一，據知擁有近 6 萬種產品，員工超過 9 萬人，超過 10 萬件專利，年營收超過 300 億美元，產品行銷超過 200 個國家，為全球 500 強企業之一。

3M 公司素以勇於創新，期許以「科技 · 改善生活」（Science. Applied to Life.），產品繁多著稱於世。在其百年歷史中開發出近 6 萬種高品質產品，涉及的領域包括：工業、化工、電子、電氣、通信、交通、汽車、航空、醫療、安全、建築、文教辦公、商業及家庭消

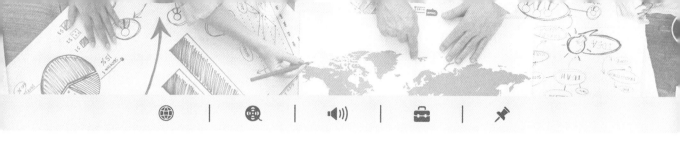

費品。根據《富比士》全球創新公司評比中，3M 公司位列第 3，排在 Apple 和 Google 公司之後。現代社會中，世界上有 50％的人每天直接或間接地接觸到 3M 公司的產品。在各國銷售的相關核心品牌包括：Post-it（利貼）、Scotch（思高）、Nexcare、Nomad、Filtrete、Thinsulate 等等。

百年企業 3M 公司，在 1902 年由五位創始人成立於美國明尼蘇達州雙港（Two Harbors），隨後搬至明尼蘇達州德盧斯（Duluth），後於 1910 年遷至州府聖保羅（Saint Paul），而最終在 1962 年遷至梅普爾伍德（Maplewood）（位於聖保羅的郊區）的現址。當時原是一家採礦公司，打算開採該地豐富的剛玉礦石，用來做砂輪，不料經營狀況並不好，在 1914 年成立第一個實驗室後，推出了第一個獨家產品「乾濕兩用砂紙」，成為 3M 公司第一個殺手級產品，從此聲名大噪。

創新產品當然不是自然誕生的。3M 公司的知識創新秘訣之一就是努力創造一個有助於創新的內部環境，每年投資約 7％的銷售額用於產品研究和開發，這相當於一般公司的二倍，更重要的是建立有利於創新的企業文化。一直以來，創新和創造是 3M 公司引以為傲的特質，每年公司 30％的營業額，必須來自於過去四年創造出來的新產品，這是 3M 公司的堅持，也是 3M 公司至今仍可以屹立不搖的原因。而在多如牛毛的創新和創意背後，憑藉的是 3M 公司擁有超過四十五個核心技術平臺，也讓 3M 公司培養了能夠掌握消費者和企業需求、並且懂得運用核心技術的員工。

3M 公司的核心價值觀：堅持不懈、從失敗中學習、好奇心、耐心、事必躬親的管理風格、個人主觀能動性、合作小組、發揮好主意的威力。3M 公司的容錯文化激發創意及試誤，如果你的創意成功了，你就會得到承認和獎勵。據知，3M 公司甚至每年提供最佳創意的員工 10 萬美元的獎勵。3M 公司知道，有強烈的創新意識和創新精神的知識員工是實現公司價值的最大資源，是 3M 公司賴以達到目標的主要工具。

3M 公司也鼓勵全球各地方公司進行創新，臺灣 3M 公司成立半世紀以來，也屢有佳作，如荳痘貼和博視燈。荳痘貼是一位公司業務員的創意，有一天在醫院裡看到了護士使用可以幫助傷口復原的「人工皮」貼在青春痘上。回公司後，他便想將 3M 的「人工皮」技術運用在青春痘上，一切就這麼展開，直到產品上市。

創意王國 3M 公司以著名的「15％法則」，激發員工創意及試誤。允許任何員工在工作時間內可用 15％的時間來做個人感興趣的事，不管這些方案是否直接有利於公司。3M 公司

並不是對每個人的工作時間進行了嚴格限制並確定好哪些是屬於 15％的時間，其實它是在倡導一種創新與日常工作的互動關係。

當員工產生一個很有希望的構思時，他可以直接與相關部門聯繫，看是否可以付諸於實踐。在一定的時候，3M 公司會組織一個由該構思的開發者以及來自生產、銷售、營銷和法律部門的志願者組成的風險小組。小組成員始終和產品待在一起直到它成功或失敗，然後回到各自原先的崗位上。與 15％原則相對應的還有 3M 公司在組織結構的調整，是扁平化的公司組織結構，但不是一般的矩陣型組織結構。

在 3M 公司誰有新主意，他可以在公司任何一個分部求助資金，新產品研發出來了，不僅是薪水和獎金，還包括晉升等，3M 公司的人力資源配置和薪酬設計體系都與鼓勵員工創新相關聯，並根據員工的創新發明情況隨時調整。

3M 公司以科技改善人類生活，致力於推動永續發展。很高興看到 3M 公司於世界各地幫助人們改善生活，3M 公司的將創意轉化成黃金的企業文化，值得每個企業學習。

張耀文老師專訪百年創新企業 3M Company

延伸思考

1. 如何將生活創意轉化成可能的生活實用產品？

2. 如何為您的新創企業營造一個具有創新創意的工作環境？

腦力激盪 ··

1. 請說明及展示如何只用一張 A4 紙就可以讓雞蛋立起來？

2. 請小組討論並分享如何讓創意思考課程變得更有趣？

3. 試運用設計思考方法討論香水的新品項開發。

NOTE

創新管理與發明競賽

　　創新已成為個人或組織參與競爭的必備武器，例如：大學如何透過教學創新來吸引高中畢業生前來就讀，企業如何透過產品與服務創新來面對競爭對手的挑戰，成了各界時時刻刻無法迴避的課題。本章節主要探討創新管理與發明競賽議題，將介紹創新基礎理論、創新的機會與類型、創新的方法與工具，以及創新過程的模式，另將介紹臺灣與國際發明競賽，最終透過章節結束前之問題與討論，來驗證在本章節內容之學習成效。

• 學習重點 •

2-1　擁抱創新

2-2　創新的機會與類型

2-3　創新的方法與工具

2-4　創新過程的模式

2-5　臺灣與國際發明競賽

創業速報　電猍（牧草草）：
　　　　　讓祖先的厝撥雲見日，
　　　　　讓慎終追遠莊嚴美好

―――― 創業經營語錄 ――――

　　企業家精神的真諦就是創新，創新是一種管理職能。

―創新管理大師：約瑟夫・熊彼得
（Joseph Schumpeter）

2-1 擁抱創新

一、何謂創新（Innovation）

創新是指以現有的思維模式提出有別於常規或常人思路的見解為導向，利用現有的知識和物質，在特定的環境中，本著理想化需要或為滿足社會需求，而改進或創造新的事物、方法、元素、路徑、環境，並能獲得一定有益效果的行為。

1912 年，約瑟夫‧熊彼得（J. Schumpter）在《經濟發展理論》一書中首次提出創新理論（Innovation Theory）。創新者將資源以不同的方式進行組合，創造出新的價值。這種新組合往往是不連續的，也就是說，現行組織可能產生創新，然而，大部分創新產生在現行組織之外。因此，他提出了創造性破壞的概念。熊彼得界定了創新的五種形式包括：開發新產品、引進新技術、開闢新市場、發掘新的原材料來源、實現新的組織形式和管理模式。

而創新的作用主要有三點：

1. 滿足人類生存與發展的客觀需要。
2. 深化了人類對客觀世界的認知。
3. 提高了人類對客觀世界的駕馭能力。

先端科技之創新

1. Boston Dynamics 機器人

   在機器人領域,波士頓動力學工程公司(Boston Dynamics,以下簡稱波士頓動力)是一家無論如何都無法忽視的公司,這不僅是因為每次公開的機器人影片都非常酷炫,引起大量關注。

圖片說明:Boston Dynamics 機器人

2. Space X 發射火箭

   與 Tesla 同樣是由 Elon Musk 所創辦的 Space X 美國太空探索科技公司,幾年前完成一項更受全球矚目的壯舉,Space X 的新型「獵鷹重型(Falcon Heavy)」載運火箭,在美國佛羅里達州首次試射升空,上面還載了一輛創辦人 Elon Musk 的 Tesla Roadster 電動敞篷跑車。

圖片說明:Space X 發射火箭

3. Space Station Life 太空站生活

人類對於太空總是充滿著想像，國際太空站（ISS）的大小如同一座足球場，是人類在太空中規模最大、最複雜的建設，您可以想像在太空站生活、去太空站觀光，但請先準備好您的銀彈。

圖片說明：國際太空站（ISS）

二、開放式創新（Open Innovation）

開放式創新最早是由加州大學柏克萊分校的教授亨利‧伽斯柏（Henry Chesbrough）在《開放式創新：新的科技創造盈利方向》一書中提到。開放式創新（Open Innovation）是將企業傳統封閉式的創新模式開放，引入外部的創新能力。在開放式創新下，企業在期望發展技術和產品時，也應該像使用內部研究能力一樣，借用外部的研究能力，能夠使用自身渠道和外部渠道來共同拓展市場的創新方式。如小米公司（Xiaomi）的各種創新商品和全球最大群眾募資平臺 Kickstarter 也都是採取開放式創新的成功案例。

全球最大硬體製造商三星電子（Samsung）過去大部分的產品都是自己生產，多年前在矽谷成立開放式創新中心，邀請年輕創業家入駐，三星公司希望能夠扮演伯樂的角色，根據三星未來發展方向，在新創團隊發展早期就與他們合作，甚至直接投資或收購，藉此提升三星的軟實力。此外，在 AI 時代，三星電子也已在韓國，美國，英國，俄羅斯和加拿大等五個國家的七個地區建立了全球 AI 研究中心，邀請普林斯頓大學 Sebastian Seung 教授為三星電子綜合研究院的負責人，一同和許多全球知名學者一起擴大開放式創新（圖 2-1）。

現今社會已經走向開放性創新（Open Innovation），也走向了團隊創新，透過群體腦力激盪的創新，讓客戶參與意見的創新，將會是市場主流。全球知名企業如 Apple、Intel、IBM 和 P&G 等也早已利用開放性創新來創造新服務或產品。

三星電子AI研發戰略
由Sebastian Seung掌舵
成為三星研究部負責人

圖 2-1　三星電子引進各國優秀人才為其 AI 研發戰略注入活水

世界上無數充滿創意的點子，究竟從何而來？已故「破壞式創新大師」克里斯汀生（Clayton M. Christensen）建議只要把握生活中的各種機會，反覆練習 5 種技巧，當你面對下一個創新挑戰時，將會有截然不同的表現。

他歸納出了結論：這些創業家們在進行突破性的創意思考時，不僅展現出類似的行為，更推展出 5 項共通的發現技巧，克里斯汀生將他們統稱為「創新者的 DNA」。只要在日常生活中反覆練習，每個人都能提升這 5 項技巧的運用能力。

1. 聯想（Associating）：與大腦運作有強大的關係，將不相關的領域、問題或構想連結起來。例如：華特 · 迪士尼（Walt Disney）就將自己比喻為公司裡的創意催化劑：他並不曾親自做出電腦動畫，或建造樂園裡的遊樂設施，而是把各種有趣構想匯集起來，激發大家的創意洞察，透過聯想，迪士尼進行了一連串的創舉，包括將卡通結合電影，以及在樂園中放入故事主題等。這些完美的聯想組合，徹底改變了娛樂產業的面貌。

2. 疑問（Questioning）：訓練自己隨時隨地提出疑問，觸發新的洞察、連結、可能性和方向。善用包含 5W1H「誰、什麼、何時、何處、為何、如何」等線索的簡短問句，能夠幫助你準確掌握情況。

3. 觀察（Observing）：觀察周遭世界，重點在於留意消費者需要執行的工作與更好的做法。例如：印度塔塔集團（Tata Group）的執行長塔塔（Ratan N. Tata）回憶，他曾在 2003 年某個下雨的街頭，看見一家四口擠在機車上、全身濕透的畫面。中下階

級的生活型態，讓他興起一個念頭：為買不起汽車的家庭，打造出既安全、又負擔得起的交通工具。8 年後，全世界最便宜的車款 Tata Nano 問世，當月就銷售出 20 萬輛，其原始概念，正是塔塔在街上仔細觀察的結果。不過個人對其「讓窮人都買得起的汽車」的行銷構想並不太認同，這也將造成塔塔汽車給人低價與窮人在買的商品形象，影響未來發展（圖 2-2）。

圖 2-2　Tata Nano 車款

4. 社交（**Networking**）：與觀點、領域不同的人對談，目的在接觸不同思考風格，而非取得資源或推銷自己。已退休的 TED（Technology Entertainment Design）研討會創辦人伍爾曼（Richard Saul Wurmsn），正是注意到社交的重要性，才創立論壇，讓各領域的專家們齊聚一堂，交流最新的趨勢與創意。TED 研討會中聚集了各個種族、宗教、年齡與政治的族群，包括世界各地的創業家、學者、冒險家、科學家、藝術工作者等等。

5. 實驗（**Experimenting**）：不斷試驗新構想，因為實驗是取得創新概念可否執行的最好途徑。多數創新者都最少嘗試過其中的一種實驗法。如賈伯斯（Steve Jobs）曾遠赴印度的修道院長住，戴爾（Michael Dell）曾在 16 歲時拆解他的個人電腦，以及 PayPal 的創辦人雷夫欽（Max Levchin），曾藉由 Palm Pilot 做為原型產品，進而研究出電子郵件匯款平臺的概念等，都是實驗成功的創新典範。

圖 2-3　小米（Mi.com）公司

Android 生態系統的崛起，翻轉了行動裝置的樣貌；小米（Mi.com）與顧客共創價值，擄獲千萬米粉的心；三星設立開放式創新中心，吸收新創團隊的軟實力。臺灣不能只是閉門造車，更要擁抱開放式創新！小米創辦人雷軍常說：「小米不是一家賣產品的公司，而是一家互聯網公司。」小米沒有自家的製造工廠，主力放在經營社群網站，竭盡所能地討好米粉（小米手機粉絲），透過網路蒐集反饋意見，讓他們實際參與手機設計，竭力打造出讓米粉尖叫的產品（圖 2-3）。

總部位於紐約的 Kickstarter 群募網站，是創業家有機會向全世界募資的夢想舞臺，透過群眾募資（Crowdfunding）的方式，協助超過 5 萬個募資案例，讓創業家的好點子被世界看見。亨利 · 伽斯柏（Henry Chesbrough）在著作《開放式服務創新》中提到，為了要擺脫現有的創新困境，首先就是把事業視為開放式服務事業，才能在商品陷阱世界中，持續創造差異化。最好的例子就是蘋果（Apple）創辦人賈伯斯，他每一次發表新產品時，都非常清楚新產品的願景，他不是在賣產品，而是在賣最獨特的使用者體驗（User Experience）。

三、常見開放式創新的運行模式

（一）產學研合作

產學研合作主要是指企業與大學及科研單位在風險共擔、互利、互惠、優勢互補、共同發展的機制下開展的合作。其形式包括技術轉讓、合作研究、共建實體研究所、測試基地、科工貿機構、科技園、人才交流與培訓、資訊交流、設備儀器共用、技術服務與諮詢等。產學研合作有利於企業與大學或研發機構所建立較長期、穩定的關係。

該模式將企業作為創新主體，研發機構和大學以較高的技術導向向企業提供技術平臺，而企業則以資金作為補償，形成技術與資金的均衡流動。

（二）企業技術聯盟

聯盟企業可以是競爭者、非競爭者、供應商、客戶，甚至產業合作者，技術聯盟可以概括為四種形式：

1. 股權參與：該模式能夠保證企業在技術創新上進行長期穩定的合作，2000 年 3 月，美國通用（GM）汽車公司和前義大利飛雅特（Fiat）汽車公司進行的技術聯盟，採取的就是這種形式。

2. 共同出資組建子公司：操作程式簡單且能實現緊密合作。GFM 國際公司就是美國通用電氣公司和法國國營飛機發動機研製公司以及兩國政府，於 1974 年成立的股權對等的合資子公司。

3. 項目聯合開發：該模式就某一具體項目進行聯合攻關。如 IBM、摩托羅拉和蘋果公司曾結成聯盟開發 PowerPC 微處理晶元，向英特爾發起挑戰。

4. 互相提供技術諮詢：這是最鬆散的合作模式，只在必要時互相為對方提供技術支持。

（三）技術併購

　　大型公司中固有的慣性通常使其無法快速地進行創新，因此通過併購規模較小的、靈活的、尋求立足市場的新技術公司成為他們快速獲得新技術和彌補原有技術上不足的訣竅，這也促使全球企業的併購浪潮不斷上演。

（四）技術購買與技術外包

　　技術購買是通過市場交易的形式來購買所需技術，一般包括購買關鍵設備、專利技術、商標使用權、成果、設計圖紙等。技術購買簡單、一次性交易，但由於購買的技術都為成熟技術或標準技術，難以為企業贏得具有差異化的競爭優勢。企業技術購買技術後，必須注意消化吸收，將其轉化為企業知識的一部分。

　　技術外包是指將某項技術創新活動或其中的某一個環節（如技術方案的產生、技術的研發或商業化應用等），委託給外部專業企業來完成，以達到提高效率、降低成本等目的。技術購買和外包可能導致企業對外部技術的嚴重依賴，無形中減少企業內部研發投入，削弱企業研發能力，也難以獲得最先進的技術。

（五）技術轉讓

　　技術轉讓是指技術持有者將自己獨有的新技術以有償的方式轉讓給接受者，使其提升產品生產能力，增強企業市場競爭力的過程。技術轉讓是接受者實現技術創新戰略的有效途徑。

（六）內部技術成果外部開發模式

　　該模式是將公司內部技術成果拿到外部市場上開發，針對內部技術建立外部風險企業機構，以實現新技術的商業化。具體做法是將風險投資的技術評價標準引入企業內部，對不適應現有業務的技術成果進行評估，當評估的結果是令人滿意的話，企業將會獨立投資或與其他風險資本聯合投資建立新的技術風險企業，將這些技術成果加以商業化。

四、破壞性創新（Disruptive Innovation）

　　破壞性創新（Disruptive Innovation），亦被稱作破壞性科技、突破性創新，是指將產品或服務透過科技性的創新，並以低價特色針對特殊目標消費族群，突破現有市場所能預期的消費改變。破壞性創新是擴大和開發新市場，提供新的功能的有力方法，反過來，也有可能會破壞與現有市場之間的聯繫，該理論在管理實務上產生重大影響，並引起學術界大量討論。

已故學者克雷頓．克里斯汀生（Clayton M. Christensen）定義破壞性創新是針對顧客設計的一種新產品或是一套新服務。定義全文如下：

通常，破壞性創新在技術上來說是很簡潔的，利用現有的零件群依某種產品架構運作，提供比舊方法更簡潔的方案。破壞性創新在成熟市場提供較少的客戶，所以一開始並不容易被採用。而在遙遠新興市場和非主流市場，破壞性創新提供了不同的貢獻。市場破壞性創新三部曲：

1. 以發覺或創造現況市場的缺口（變化）做為起點。
2. 要尋找創新的缺口，鎖定三種目標：(1) 沒人照顧的市場、(2) 尚不滿足的顧客、(3) 好過頭的產品或服務。
3. 接下來必須利用更方便、更便宜的革命性技術或事業模式做為工具，來打入缺口、滿足顧客的需求。

五、新創獨角獸

在創投界，投資人會把估值超過 10 億美元的初創企業稱爲獨角獸（Unicorn），把規模達到 100 億美元的初創公司稱爲十角獨角獸（Decacorn），把規模達到 1,000 億美元的初創公司稱爲超級獨角獸或百角獸（Hectocorn）。根據 CB Insights[1] 在 2022 年 7 月公布的數據，目前全球有超過 1,100 家以上獨角獸公司。

過去 60 年，超級獨角獸俱樂部的成員代表，如表 2-1；2022 年 CB Insights 統計之世界十大潛力獨角獸如表 2-2。

表 2-1　超級獨角獸俱樂部

年代	超級獨角獸俱樂部成員
50 年代以前	惠普（HP）—電子工具誕生
60 年代	英特爾（Intel）—半導體晶片崛起
70 年代	甲骨文（Oracle）—企業軟體興起；蘋果（Apple）、微軟（Microsoft）— PC 時代到來
80 年代	思科（Cisco）與美國線上（AOL）—電信時代來臨
90 年代	谷歌（Google）與亞馬遜（Amazon）—網路勢不可擋
00 年代	臉書（Facebook）—社交網路席捲世界

資料來源：作者自行整理

1　參考資料：全球獨角獸公司榜單 https://www.cbinsights.com/research-unicorn-companies

表 2-2　CB Insights 統計之世界十大潛力獨角獸

公司 （Company）	估值 （Valuation）	加入日期 （Date Joined）	國家 （Country）	城市 （City）	行業 （Industry）	選擇投資者 （Select Investors）
ByteDance	1,400 億美元	2017 年 4 月 7 日	中國 （China）	北京 （Beijinng）	人工智慧 （Artificial intelligence）	Sequoia Capital China、SIG Asia Investments、Sina Weibo、Softbank Group
SpaceX	1,270 億美元	2012 年 12 月 1 日	美國 （United States）	霍桑 （Hawthorne）	其他 （Other）	Founders Fund、Draper Fisher Jurvetson、Rothenberg Ventures
SHEIN	1,000 億美元	2018 年 7 月 3 日	中國 （China）	深圳 （Shenzhen）	電子商務和直接面向消費者 （E-commerce & direct-to-consumer）	Tiger Global Management、Sequoia Capital China、Shunwei Capital Partners
Stripe	950 億美元	2014 年 1 月 23 日	美國 （United States）	舊金山 （San Francisco）	金融科技 （Fintech）	Khosla Ventures、LowercaseCapital、capitalG
Canva	40 美元	2018 年 1 月 8 日	澳大利亞 （Australia）	薩里山 （Surry Hills）	互聯網軟件和服務 （Internet software & services）	Sequoia Capital China、Blackbird Ventures、Matrix Partners
Checkout.com	400 億美元	2019 年 5 月 2 日	英國 （United Kingdom）	倫敦 （London）	金融科技 （Fintech）	Tiger Global Management、Insight Partners、DST Global
Instacart	390 億美元	2014 年 12 月 30 日	美國 （United States）	舊金山 （San Francisco）	供應鏈、物流和交付 （Supply chain、logistics & delivery）	Khosla Ventures、Kleiner Perkins Caufield&Byers、Collaborative Fund

公司 （Company）	估值 （$B） （Valuation）	加入日期 （Date Joined）	國家 （Country）	城市 （City）	行業 （Industry）	選擇投資者 （Select Investors）
Databricks	380 億美元	2019 年 2 月 5 日	美國 （United States）	舊金山 （San Francisco）	數據管理與分析 （Data management & analytics）	Andreessen Horowitz、 New Enterprise Associates、Battery Ventures
Revolut	33 美元	2018 年 4 月 26 日	英國 （United Kingdom）	倫敦 （London）	金融科技 （Fintech）	index Ventures、 DST Global、Ribbit Capital
FTX[2]	320 億美元	2021 年 7 月 20 日	巴哈馬 （Bahamas）	拿騷 （Nassau）	金融科技 （Fintech）	Sequoia Capital、 Thoma Bravo、 Softbank

　　近年全球經商環境變化因素多，初創企業在成為獨角獸前多半需要先大量燒錢，面對風險更大且不確定性更高的環境，獨角獸逐漸失寵了，投資者和創投業者開始重新思考，是否應繼續追求培養獨角獸的目標。在這種情況下，大家需要的可是能耐住惡劣條件的沙漠之舟「駱駝」。駱駝這個詞是由 Yonatan Adiri 在 2017 年首先使用的，用來描述的公司具備駱駝一樣的特質：可以經受住更嚴酷的條件。無論是什麼有趣的生物或動物名詞，選擇犧牲一些增長速度來換取面臨經濟衰退時能變得更加牢靠的初創企業是投資者和創投業者必須重新思考（圖 2-4）。

圖 2-4　獨角獸與駱駝

2　FTX 於 2022 年 11 月 12 日宣布破產。

2-2 創新的機會與類型

一、創新的機會來源

談起創新，常會有人問創新的機會來源為何？現代管理學之父彼得・杜拉克（Peter Drucker）在其《創新與創業家精神（INNOVATION AND ENTREPRENEURSHIP）》一書提到，創新有七大來源：

1. 改變的徵兆（如：意外的成功或失敗）。
2. 矛盾（如：載客量大的客機可能也更耗能）。
3. 基於過程（程式）需要的創新（如：照相機底片取代笨重的玻璃）。
4. 不知不覺產生的產業或市場結構改變（如：社群軟體的崛起）。
5. 產業或企業之外的改變（如：人口結構的改變）。
6. 嗜好、理解及意義的改變（如：如民眾更重視能源與環保議題）。
7. 科學或非科學方面的知識（如網際網路技術問世）。

案例：輝瑞藥廠（Pfizer, Inc.）出產的威爾鋼（Viagra）是一種研發治療心血管疾病藥物時意外發明出的治療男性勃起功能障礙藥物，就是一項意外發現的創新。又如杜邦（DuPont）公司在 20 世紀帶領聚合物革命，並開發出了不少極為成功的材料，比如：Vespel、氯丁二烯橡膠（Neoprene）、尼龍、滌綸、有機玻璃、特富龍、邁拉（Mylar）、克維拉、M5 fiber、Nomex、可麗耐及特衛強。

二、誰來參與企業創新？

企業的創新應不該只是研發團隊或員工個人參與，企業組織創新者是指由企業經營的相關參與者所組成：

1. 核心創新者。
2. 企業組織自己，包含股東、員工。
3. 合作夥伴。
4. 供貨商、通路商、顧客、其他合作夥伴。
5. 其他創新參與者。
6. 小區、公益團體、工會、政府機構、其他環境。

若能結合企業組織內外部相關人員和資源、資金來共同參與創新，相信創新會更加完善且容易成功。

三、創新的類型

　　創新的種類相當多，除常見的技術創新及產品創新外，創新可以是商業經營模式上的創新，也可以是服務行銷上的創新、各項流程上的創新等等，以下將針對創新上種類差異進行說明（圖 2-5）：

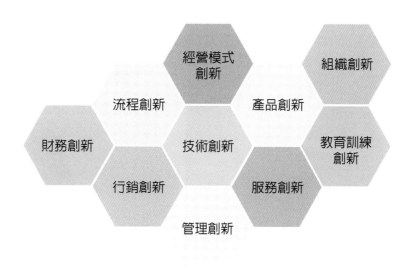

圖 2-5　多元的創新類型

（一）服務創新

1.　美髮龍頭曼都國際（**Mender International**）的數位轉型：成立近一甲子的曼都，透過建置智慧線上平臺，24 小時服務不斷線；利用大數據分析，比顧客更了解顧客；經營自有電商「曼都好物生活網」，把傳統髮廊販售的髮品、保養品搬到線上；開發「曼都 4D 智能魔鏡」，用 AR 科技為美髮體驗加值。

2.　聯邦快遞（**Federal Express**）：讓當天運送服務可以使命必達。

3.　東南亞乘車巨頭 Grab 打造超級 App：總部位於新加坡，2012 年從馬來西亞起家的 Grab，發展至今已成為當地最龐大的服務生態系，以乘車服務為起點，一路衍生出外送、支付、保險、醫療等多樣化的服務，涵蓋用戶的日常生活一切所需。

（二）經營模式創新

1.　露營界的 Airbnb：Hip Camp

　　　Hip Camp 是美國一間新創公司，走類似 Airbnb 的商業模式，媒合有閒置空地的地主及尋求休閒空間的露營客，提供樹屋、海灘、葡萄園等不同類型的露營點。連流星雨第一排、蝴蝶大遷徙路線營地也訂得到。

2. 飛利浦不賣燈泡，改賣哪道光

這種「產品作爲一種服務」的概念，飛利浦也應用在照明事業上，在 2011 年推出了「不賣燈泡、賣照明時數」的創新服務「Pay per Lux」，並已經應用在荷蘭史基浦機場。飛利浦和史基浦機場簽了一份十五年的「照明服務解決方案」合約，由飛利浦依照機場需求，設計了 3,700 個 LED 燈具和照明設備（圖 2-6）。

圖 2-6 飛利浦創新 [3]

（三）技術創新

美國的 3M 公司是一家以創新著稱的企業。走進它總部的創新中心，最吸引人的是櫥窗裡陳列的各式 3M 產品。從醫藥用品、電子零件、電腦配件，到膠布、黏貼紙等日常用品，逾 6 萬種的產品展示，該公司在產品開發方面擁有強大優勢。而回顧公司將近一個世紀的發展歷程，不難看出創新對 3M 是多麼重要。

3M 公司從各個方面鼓勵員工不斷創新。從鼓勵研究人員發展新構想的「15％規則」、設立資助創新計畫的輔助金、創造容忍失敗的環境，到主辦科技論壇，3M 無處不顯示出對創新文化的重視。

3M 任何一位員工都不用擔心自己的研究沒有用武之地。當你的新點子被公司內其他同仁認爲不可行時，你仍然能夠繼續自己的研究。如果你堅信自己的新構想終會開花結果，那麼你可以利用 15％ 的工作時間繼續實驗自己的構想，直到成功爲止。3M 的許多產品就是得自於 15％ 規則而誕生的，「便利貼」就是一個典型的成功案例。

3　參考資料：https://www.cw.com.tw/article/article.action?id=5078548

（四）行銷創新

1. **Bodyshop：Nature`s Way to Beautiful**

   若是理性上的行銷無法超越其他競爭者時，用感性行銷的方式更可以將商品價值呈現得更深刻。如美體小鋪（Bodyshop）即主張商品不經過動物實驗，這樣的生態保育要求，就足以吸引消費者對此價值觀的認同。

2. **NIKE 用社群思維，打造了全球首座 LED 互動跑場**

   2016 年 NIKE 在奧運期間發表最新鞋款 LunarEpic Flyknit 的大型宣傳活動，硬是在菲律賓馬尼拉市中心，生出一個名為「Unlimited Stadium 無限運動場」，為全球第一個巨大的全 LED 環形運動場。不只讓跑者在繁華的都市中找到慢跑的好去處，不再孤零零地一個人前進，還創造出一個「虛擬的你」陪著你練跑（圖 2-7）。[4]

圖 2-7　Unlimited Stadium 無限運動場

（五）流程創新

1. 愛之味：為臺灣第一家導入無菌冷充填生產線的食品廠，愛之味麥仔茶就是用這一套全國唯一無菌冷充填所生產的，無菌冷充填才能保持麥仔茶天然的原味，更能將蕃茄汁的健康營養素—Lycopene 茄紅素完整保留，營養衛生又健康。

2. 有線電視臺 SNG 車：各有線電視臺引進 SNG 車，將新聞變成即時連線，有別於以往必須採訪回去剪輯，直接連線看得更新更快，也刺激了收視率（圖 2-8）。

4　參考影片：https://vimeo.com/191768529

圖 2-8　SNG 車

2-3　創新的方法與工具

一、TRIZ（萃思法）

TRIZ，俄文：Теории решения изобретательских задач，俄語縮寫「ТРИЗ」翻譯為「發明家式的解決任務理論」，用英語標音可讀為 Teoriya Resheniya Izobreatatelskikh Zadatch，縮寫為 TRIZ。

TRIZ 是前蘇聯亞塞拜然（Azerbaijan）發明家根里奇‧阿奇舒勒（Genrich S. Altshuller）所提出的（圖2-9），他從 1946 年開始領導數十家研究機構、大學、企業組成了 TRIZ 的研究團體，通過對世界高水平發明專利（累計 250 萬件）的幾十年分析研究，基於辯證唯物主義和系統論思想，提出了有關發明問題的基本理論。其中最重要的理論是解決技術問題的 40 個發明方法（表 2-3）及 39 個通用工程參數（如圖 2-11 及表 2-5 所示）。

圖 2-9　根里奇‧阿奇舒勒（Genrich S. Altshuller）

（一）TRIZ 方法的價值

1. TRIZ 之可用是因為經顯示工程人員所面對的 90％的問題，已於其他地方被解決過。

2. 若我們能利用此資訊，則研發將更加有效。

3. 主要焦點是浮現、了解、強化與刪除衝突。

4. Altshuller 已證明發明可系統化地導出，而不必源自嘗試錯誤。

5. 一種系統改良的方法。

6. 一種自覺性演化的技術系統和解決工程問題的方法。

7. 一種消除工程衝突而不抵消妥協的工具。

8. 分享無數發明家的知識與經驗，來增加工程人員知識創造力和解決問題技巧的方法。

（二）MA TRIZ 考照分級說明

目前在國際上的 TRIZ 推動中最具權威組織為 MA TRIZ（The International TRIZ Association），其為 TRIZ 之父 Genrich S. Altshuller，為推廣 TRIZ 所創立的國際 TRIZ 協會，每年會輪流在不同會員國舉辦 3～5 天的 TRIZ 知識交流年會。

所推動的 MA TRIZ 證照制度分為 5 級，Level 1～3 為考照制度，Level 4 & 5 為申請制度。各 Level 需循序以進。其中 Level 1～3 有明確課程及考試／專題實作內容。Level 4 為 TRIZ Expert（萃智專家）需要通過 Level 3 後有顯著創新貢獻，含相當質與量的專利才能申請。Level 5 為 TRIZ Master（萃智大師）。Level 4 後在創新領域有獨創新理論或工具，通過 dissertation（博士級論文）之審核及口試。

二、TRIZ 的 40 個發明方法

表 2-3　TRIZ 的 40 個發明方法

序號	名稱	序號	名稱	序號	名稱	序號	名稱
1	分割 Segmentation	11	預補償（事先作用）Cushion in Advance	21	躍過（快速作用）Skipping	31	多孔材料 Porous Materials
2	分離 Extraction	12	等勢（等位）性 Equi-potentiality	22	變有害為有益 Blessing in Disguise	32	改變顏色 Color Changes
3	局部品質 Local Quality	13	相反（逆轉）Inversion	23	反饋 Feedback	33	同質性 Homogeneity
4	不對稱 Asymmetry	14	曲面化 Spheroidality	24	中介物 Intermediary	34	拋棄與再生 Discarding and Recovering

序號	名稱	序號	名稱	序號	名稱	序號	名稱
5	聯合（合併）Combining	15	動態型 Dynamics	25	自我服務（自助）Self-Service	35	參數變化 Parameter Changes
6	多功能（萬用）Universality	16	未達到或超過的作用 Partial or Excessive Actions	26	複製 Copying	36	狀態（相）變化 Phase Transition
7	套疊（巢狀）Nested	17	維數變化 Another Dimension	27	拋棄式 Cheap Short-Living Objects	37	熱膨脹 Thermal Expansion
8	質量補償（平衡力）Anti-weight	18	機械振動 Mechanical Vibration	28	機械系統的替代 Mechanics Substitution	38	強氧化劑 Boosted Interaction
9	預加反作用 Preliminary Anti-action	19	周期性作用 Periodic Action	29	氣動與液壓結構 Pneumatics and Hydraulics	39	惰性介質（鈍性環境）Inter Environment
10	預先作用 Preliminary Action	20	連續有效作用 Continuity of Useful Action	30	柔性殼體或薄膜 Flexible Shells and Thin Films	40	複合材料 Composite Material

資料來源：作者自行整理

TRIZ 的解題程序：首先須先了解現實中的實體問題，緊接著了解問題模式、問題解決模式及最終特定解答產生（圖 2-10 及表 2-4）。

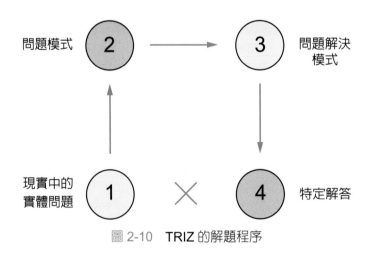

圖 2-10　TRIZ 的解題程序

表 2-4 TRIZ 應用實作（創新情境問卷）

項次	問題	可能答案
1	簡短描述問題	
2	系統相關資訊	
3	問題相關資訊	
4	理想解的願景	
5	可用的資源	
6	改變的系統	
7	建立選擇解答概念的標準	
8	描述商業應用環境	
9	專案資料	

資料來源：作者自行整理

三、TRIZ 的 39 個工程參數與技術 / 物理矛盾

1. 技術衝突（Technical Contradictions）：代表一系統中兩個子系統間之衝突。在某一子系統建立有利功能，引起另一子系統產生有害功能。例如：動力對照耗油量、重量對照強度。

2. 物理矛盾（Physical Contradictions）：為某一目的，必須增加技術系統某參數狀態，同時為某一目的，必須降低技術系統該參數狀態。例如：溫度。

避免惡化的工程參數

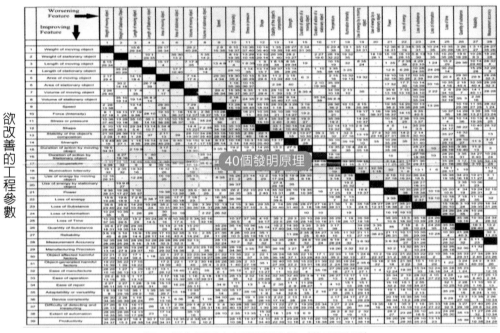

如：老人同時有近視和遠視（物理矛盾）

1.移動件重量	11.張力、壓力	21.動力	31.有害側效應
2.固定件重量	12.形狀	22.能源浪費	32.易製造性
3.移動件長度	13.物體穩定性	23.物質浪費	33.使用方便性
4.固定件長度	14.強度	24.資訊喪失	34.可修理性
5.移動件面積	15.移動件耐久性	25.時間浪費	35.適合性
6.固定件面積	16.固定件耐久性	26.物料數量	36.裝置複雜性
7.移動件體積	17.溫度	27.可靠度	37.控制複雜性
8.固定件體積	18.亮度	28.量測精確度	38.自動化程度
9.速度	19.移動件消耗能量	29.製造精確度	39.生產性
10.力量	20.固定件消耗能量	30.物體上有害因素	

圖 2-11　TRIZ 的 39 個工程參數與技術 / 物理矛盾

表 2-5　**TRIZ 39** 項工程參數（六大群組）

幾何 7項	03. 移動件長度 04. 固定件長度 05. 移動件面積 06. 固定件面積 07. 移動件體積 08. 固定件體積 12. 形狀	資源 7項	19. 移動件消耗能量 20. 固定件消耗能量靜止物體在其作用期間所消耗的能量 22. 能源浪費 23. 物質浪費 24. 資訊喪失 25. 時間浪費 26. 物料數量	害處 2項	30. 物體所受的有害效應 31. 物體產生的有害因素
物理 8項	01. 移動件重量 02. 固定件重量 09. 速度 10. 力量 11. 張力、壓力 17. 溫度 18. 亮度 21. 動力 / 功率	能力 9項	13. 物體穩定性 14. 強度 15. 移動件耐久性 16. 固定件的耐久性 27. 可靠度 32. 易製造性 34. 易修理性 35. 適合性 / 適應性 39. 生產性	操控 6項	28. 量測精確度 29. 製造精確度 33. 使用方便性 36. 裝置複雜性 37. 控制複雜度 38. 自動化程度

資料來源：作者自行整理

創　意　新視界

如何節省用電而不會變暗？

矛盾：要改善耗能量（20），卻會使亮度變差（18）

發明原則：

　19：Periodic Action

　2 ：Extraction

　35：Transformation Properties

　32：Changing the Color

四、九宮格法

在創新思考上，我們也可以運用九宮格方法來進行思考，以目前想要改變的系統做為中心，將時間軸分為過去、現在與未來，將系統分為子系統、系統與超系統，進行八個面向的思考，如圖 2-12。

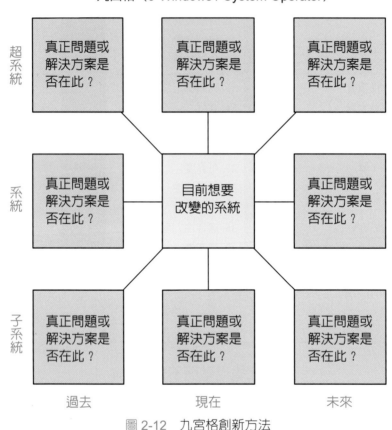

九宮格（9-Windows / System Operator）

圖 2-12　九宮格創新方法

五、NABC Approach

著名舞蹈家、編舞大師 Twyla Tharp 在一本名為《創新習慣》的著作中表示，無論是在舞蹈、商業還是餐飲業等各個行業，成就其實都是一系列行為的結果—從詳細的準備、計畫、有方向的努力到按照成功經驗去執行。NABC 正是這樣的一套框架，當你試圖提出一項嶄新的提案之際，它能夠提供四個思維基點，令你的商業策劃具備天馬行空的基礎。具體來說，NABC 是四個關鍵詞的首字母縮寫：

● Need（需求）：現在市場上未被滿足但又急需滿足的客戶需求是什麼？

- Approach（方法）：要滿足這種需求，我能夠提出什麼獨特的方法嗎？
- Benefits（收益）：該方法給顧客提供的便利是什麼？
- Competition（競爭）：對於競爭對手和其他可選擇的方案來說，這種單位成本收益的優勢在哪裡？

　　NABC 這一全新的思維方法論，事實上，已經被通用電氣（GE）、寶潔公司（P&G）、豐田汽車及 3M 公司等運用（表 2-6）。

表 2-6　NABC 方法分析表

NABC		
Needs（需要）	**Approach（方法）**	**Main Function（主要功能）**
• Market & Customer Needs 　（市場及顧客需求） • Technical Need 　（技術需求） • Potential Users, and Licensees 　（潛在使用者和執照持有人）	• Technical Approach 　（技術的方法） • Potential Business Entry Strategy 　（潛在商業進入策略） • Commercialization Strategy 　（商業化策略）	
Benefits（利益）	**Competition（競爭）**	**Spec（規格）**
• Benefits to Company 　（對公司的益處） • Benefits to Customer 　（對消費者的益處） • Benefits to Investors 　（對投資人的益處） • Market & Profit Potential 　（市場及獲利潛力）	• Technical Competitiveness 　（技術的競爭力） • Technology Developers 　（技術開發者） • Business Competitors with Technologies & Business Models 　（運用技術及商業模式的商業 競爭者）	

資料來源：作者自行整理

2-4　創新過程的模式

　　隨著科學技術的日新月異，創新格外受到重視，創新過程的模式也不斷地演進和升級。根據文獻整理分析，基本上可分成六大模式：

- 模式一：簡單線性模式
  該模式把創新過程看作一個單向和漸進的過程，即基礎科學→應用科學→設計試製→製造→銷售。

- 模式二：供需推拉模式（包括：**技術推動型創新和市場拉動型創新**）

  強調創新的生產是由市場、科學基礎和組織能力相互作用的結果。

- 模式三：耦合模式

  拋棄了孤立的觀點，引入了關係和系統的思維方式，重視跨部門和跨領域技術的創新合作。

- 模式四：併行模式

  將創新看作同時涉及研究開發、原型開發、製造、行銷等因素的併行過程的轉變，強調研發部門、設計生產部門、供應商和用戶之間的聯繫、溝通和密切合作。

- 模式五：網路集成模式

  該模式強調系統集成和網絡性，創新企業被看作是在企業和其他機構既競爭又合作的一個複雜網絡中運作的，從而企業將採用系統整合方式，從聯盟的企業即從自身的資源來獲取訊息，並創造一種創新產品連續流動。

- 模式六：眾創模式

  屬於開放式創新的一種，係人們以自由組織和參與的虛擬社區或實體共同工作（Co-working），透過線上線下交流互動，共同創意、研發、製作產品或提供服務、籌資和孵化的自組織創新創業活動。而眾創式創新又可分為網路社區式、空間實體式、平臺眾包式和孵化器式等四大類型。

  (1) 網絡社區式創新的顯著特徵是全球大眾在線上自發動態分散式合作。

  (2) 實體空間式運作方式是指將各地的創客或創業家集中到具體的空間實體，大家聚集在一起面對面溝通和交流，不以營利為目的，目前創客空間多屬這種形式。

  (3) 平臺眾包式創新則是基於互聯網平臺的大眾創新模式，組織透過眾包社區向大眾發布創新主題，大眾自發選擇感興趣的主體進行創新。

  (4) 孵化器式創新模式，主要由政府成立或補助，對一些新創或具有很好的發展前景的高科技公司進行扶持的一個空間實體，在孵企業可享受到一系列的政策優惠和創業輔導資源。

  「眾創空間」最主要的特徵是「開放」，消除了各種障礙，打破了各種框架，既能為創業者提供辦公空間和投資人，也提供思想交流碰撞的空間，讓創業創新者能充分釋放活力。外部環境則是影響企業策略能否取得成功的一個重要因素，眾創時代的到來會給企業的外部環境帶來更嚴峻的變革。

從企業面臨的威脅角度來看，互聯網技術的成熟意味著知識能以更高的效率傳播，眾創空間的出現也使得創新不再局限於一般企業，不再是擁有專業知識的一小撮人的專屬活動，知識、創意和設計的分享使得創新越來越大眾化。這意味著企業所面臨的競爭更加激烈。

從反向思考，眾創空間產生的大量創新性知識如果能被先知的企業所利用，則能大大降低企業研發的成本，這也是企業的機會。眾創所帶來的競爭究竟是機會還是威脅，完全取決於企業的策略。如果能率先將眾創空間所產生的新創意投入實際生產，則能很快形成企業的競爭優勢，這是眾創時代企業競爭優勢的重要來源。

2-5 臺灣與國際發明競賽

一、競賽發明與產品發明的設計差異

常有人會將競賽發明及產品發明混為一談，兩者之間主要有三個差異：

1. 競賽發明設計主要在於「創新功能概念」的表達。
2. 大學院校主要在「獲取得獎榮譽，為校爭光」。
3. 產品發明主要在於「實質的商業考量」。

二、各大國際發明展介紹

如下表所示，表 2-7 為常見之各大國際發明展的基本介紹：

表 2-7 各大國際發明展

主辦國家	競賽名稱	主辦單位	網址
臺灣	臺北國際發明暨技術交易展	經濟部、教育部、國防部、科技部及農委會等五大部共同主辦	http://www.inventaipei.com.tw/zh_TW/index.html
臺灣	國家發明創作獎	經濟部智慧財產局	http://www.tipo.gov.tw/ch/NodeTree.aspx?path=104
波蘭	波蘭華沙國際發明展	波蘭發明人協會	https://innopa.org/international-warsaw-invention-show-iwis/
烏克蘭	烏克蘭國際發明展	烏克蘭教育科學部 烏克蘭智慧財產局 烏克蘭工業產權局 烏克蘭科學院	因國際情勢不穩定，相關現況請洽詢中華創新發明學會

主辦國家	競賽名稱	主辦單位	網址
德國	德國紐倫堡國際發明展	AFAG 展會公司	http://www.iena.de/
瑞士	瑞士日內瓦國際發明展	Promex 展會公司	http://www.inventions-geneva.ch
法國	法國巴黎國際發明獎	法國發明暨製造協會	http://www.concours-lepine.fr/fr/
馬來西亞	馬來西亞 ITEX 國際發明獎	馬來西亞發明及設計協會（MINDS）	http://www.itex.com.my
美國	美國匹茲堡國際發明獎	美國匹茲堡國際發明展覽會大會	http://www.inpex.com/
英國	英國倫敦國際發明展	英國發明協會	http://zh.britishinventionshow.com
日本	日本東京創新天才發明展	由日本知名發明家中松義郎博士所創辦	http://w-g-c.org
韓國	韓國首爾國際發明展	韓國發明促進協會（KIPA）	http://www.siif.org/
克羅埃西亞	克羅埃西亞 INOVA 國際發明展	克羅埃西亞發明人協會	http://inova-croatia.com/invitation/

資料來源：作者自行整理

三、教師如何引導創新發明團隊

　　教師帶領學生（高中、國中、小學）從事「創意發明」活動時，首先教師本身必須瞭解整個創意發明的運作流程，包括：如何引領學生「腦力激盪」，發覺日常生活中的困擾或不方便等問題、如何做現狀分析、對策思考、對策評價、如何製作樣品、如何參加創意競賽或發明展等。另外，必須搭配智慧財產（專利）的保護措施，如此才能全面兼顧發明創作與智權保護的完整性。

電貅（牧草草）：讓祖先的厝撥雲見日，讓慎終追遠莊嚴美好

　　《論語》中的《學而》篇：「慎終追遠，民德歸厚矣。」在華人社會講究禮節習俗的世界裡，「慎終追遠」與「飲水思源」格外受到重視。然而，隨著臺灣從農業社會步入工商社會，民眾生活步調變得更加快速，另外，隨著年長者的逐漸凋零，在傳統習俗祭典上，也從過去的繁文縟節走向節約簡便。少子化的趨勢，讓清明祭祖工作負擔也變得日益沉重，此時，

公司小檔案
· 公司名稱：電貅股份有限公司
　（EShoot Co.，Ltd）
· 品牌名稱：牧草草（MuCao）
· 負責人：王徽之執行長
· 公司官網：http://mucao.com.tw/

若能有一個大家都認同信賴的「福陵管家系統平臺」，透過專業資訊化的掃墓服務來解決您的不便，不僅可「讓祖先的厝撥雲見日，讓慎終追遠莊嚴美好」，相信也會讓祖先再次感受被關愛的幸福，「牧草草（MuCao）平臺」，因此因應而生（圖1）。

圖 1　電貅（牧草草）服務平臺

電貅股份有限公司（EShoot Co.，Ltd）成立於2015 年 6 月，是一家以「科技始終為服務人群」為宗旨的新創科技公司。創辦人王徽之執行長（圖2）表示，公司創業主要以「線上廣告、行銷與平臺經營」為營業項目，但一直要求實事求是的他強調，待在冷氣房裡做出來的產品與服務，在缺乏站在消費者立場的實際體驗環節，等於光說不練的不落地，是成就不出感同身受的好產品與服務的。

圖 2　電貅公司王徽之執行長（右二）和團隊夥伴與作者張耀文老師（中）合影

王執行長回憶開發「牧草草平臺」的過程時提到，每年清明節與重陽節前後，他們家兄弟們總會去外公、外婆墳前整理祭拜，但在 2019 年的重陽節，因為時間上兜不攏，大家就心照不宣的取消一次，2020 年清明節前夕，當他們再去整理祭拜時，映入眼簾的是意想不到的雜草橫生與墓前香爐花架的損壞剝落。由於事發突發，手上並未準備相應工具，只能花費更多時間氣力整理環境，最後，再把損壞剝落的香爐和花瓶暫放角落。整理過程中，兄弟幾人不約而同想起外公、外婆曾經疼愛他們的點點滴滴，再看看眼前這片髒亂不堪的景象，無法言喻的難過，湧上心頭。當時的他，腦海突然一閃而過「如果有個像蝙蝠俠（Batman）布魯斯・韋恩（Bruce Wayne）身旁的管家阿福，替我們打理一切，那該有多好？」的念頭。

回到家，王執行長開始思考架構，如果能有一個大家都公認信賴的系統，就像阿福為蝙蝠俠布魯斯・韋恩打理韋氏企業一切大小事般，在大家忙於工作、忙於家庭、忙於生活中大大小小的瑣事時，協助圓滿處理好這些普羅大眾的我們都一定會面臨到的事難與心難，一切配套方案都能客製化，工作流程都標準化，收費價格也都透明化，並透過現在人隨身攜帶的手機即可完成所有事的系統平臺，那該有多好。

生、老、病、死，是人生的必經過程，早期社會普遍是以中國清朝時期傳入臺灣的殯葬、祭祖、掃墓等落葉歸根、入土為安的土葬習俗安葬逝去親人為主。邁入二十一世紀的現在，雖然多數人處理親人的身後事已改採取火化方式進行，但環顧全臺各地，推估仍有近

500 萬座土葬墓園，平時缺乏管理，以致雜草叢生，只能期盼清明節、重陽節等重大節日，後人能夠清掃整理，才有機會讓墓園重見天日。

王執行長表示，當他決定投入牧草草平臺商模服務的開發過程，無論生理層面、心理層面以及安撫團隊軍心層面，有很長一段期間，都讓他身心疲憊。為了能更接地氣，他曾與團隊連續待在宜蘭市第二公墓墓區整整 60 天，空檔時間就在墓地旁的圓明寺借用空間辦公，等到團隊漸穩，才更確立了牧草草的服務流程與核心價值。

透過走入現場的實地訪談與調查，確認民眾對於掃墓祭祖服務的高度需求，牧草草提供「一站式掃墓祭祖整合服務平臺」，為顧客解決一切不便（如工作忙碌無法撥空或因 COVID-19 疫情等因素無法返國的掃墓問題等）、帶來更多幸福的服務為目的，也讓無法以金錢衡量的慎終追遠與飲水思源的價值觀能夠延續。

牧草草平臺初期以宜蘭縣 12 個鄉鎮市為起點，現已逐步服務至全國各縣市鄉鎮市區。消費者可直接在「牧草草 App」平臺進行線上預約服務，無論是單次性的墓園除草，季節性的如過年、清明、中元、重陽、祖先生辰忌日等特定節日墓地除草、墓園外觀及地面清洗、植草種樹、修牆補磚、墓碑字體補色、祭祀三牲四果及金紙準備等服務，還是全年代客掃墓的包套服務，一切需求，皆能為客戶提供完整客製化服務。平臺通過「服務品質監控系統」，藉由系統化、制度化、透明化管理，嚴格跟進每一筆訂單，只要身為消費者的您一鍵預約，一站式標準化流程、客製化貼心掃墓祭祖服務，即可讓一切掃墓祭祖的家事無憂。

展望未來，牧草草平臺將在「線上福地資訊建置與整合服務」加以優化，透過牧草草平臺官網建構的「訂單預約系統」，不僅方便消費者藉由平臺快速了解服務內容，並可依個別需求客製內容，提供高品質服務。透過「服務流程追蹤」原則制定作業規範，仔細跟進每項案件，將現場施工前後過程拍照並上傳系統，再透過「LINE 即時客服」讓委託人透過行動裝置便可一目了然。另外，公開透明的服務項目與價格，讓消費者感受到每一塊錢都花得清楚明白，不必擔心坐地起價的陋習與問題。再者，牧草草相信，「教育」會是牧草草商模扎根每處、創生地方的最後一哩路，唯有建立完整的「人員教育訓練機制」才能快速蓄積足夠的服務能量。等到人員完成共同課程後，還須依據本身職務完成對應的課程並經測驗合格後，才能投入作業。此外，牧草草持續投入「建立福地 GPS 圖資資料庫」，不僅要讓福地位置與路線都能被完整記錄且可查詢，在搭配福地衛星定位與現況照片，未來無論是親人或其他施工團隊，都能據此準確找到先人福地並進行清理與祭祀。

　　牧草草以傳統孝悌文化為本，運用科技服務掃墓祭祖為用，不僅能改善公墓環境、讓逝者安息，讓無法返鄉掃墓的異鄉遊子能夠安心，並且能增加地方就業機會、讓參與的施工團隊擺脫零工經濟的安身立命。在守護傳統文化、完成客戶委託的同時，也能對「低碳足跡」做出貢獻。期許牧草草平臺在客戶的長久信賴基礎之下，未來能更不斷延伸出讓客戶有感的創新加值服務。

公司媒體報導影片網址

延伸思考

1. 從牧草草平臺的案例中，您可以發想出其他的延伸的周邊的新加值服務嗎？

2. 因應高齡化與少子化的社會發展，您能想出具創新性且價值意義的新服務？

腦力激盪 ···

1. 請每 5 人分成一組，每組提出 1 個你們認為最有創新的產品或服務為何？
   請說明他們的創新獨特之處。亦請每組提出至少 1 個創新失敗的案例。

2. 請利用 TRIZ 40 個發明原理，找出周邊利用「分割（Segmentation）原則」所開發
   出的產品？

Chapter 03

讓好創意變成好生意

　　因應全球經濟成長趨緩，各國政府均認同需要透過創新創業來刺激整體國家經濟發展，造就創新創業發展在全球遍地開花。中國大陸國務院更在 2015 年喊出「大眾創業，萬眾創新」的雙創政策，積極推動青年創新創業發展。

　　本章將探討創意轉化成生意（From Idea to Business）中許多的重要因素，最終透過章節結束前之問題與討論，來驗證在本章節內容之學習成效。

──────── 創業經營語錄 ────────

　　三流的點子加一流的執行力，永遠比一流的點子加三流的執行力更好。

　　　　　　—日本軟銀公司董事長：孫正義

3-1 創意、創新、創業與創富

一、從創意到創業

　　創意是一個動腦思考的過程，創新則是需要將創意發明加以商業化發展，創業則需要將創新結合創業家精神（Entrepreneurship）來加以實現。而要讓小創意做成大生意，必須要叫好又叫座，透過商業化與事業化來實現。一個完整的三創教育在於「解決問題、發掘機會、創造價值」。從創意到創業的轉化過程如圖 3-1 及圖 3-2 所示。跨領域想像思維是整體三創教育的核心，目標則是以提升學生原創能力到產出創意商品或衍生新創事業的培育流程。而創業設立公司很容易，但要創業成功致富需要更多的努力和運氣。

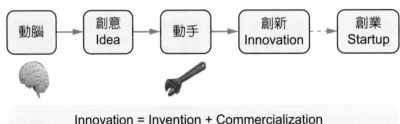

圖 3-1　從創意到創業

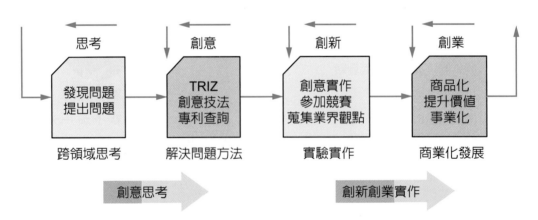

圖 3-2　三創教育發展程序

二、如何驗證創意

常常有人會問，要如何知道您的創意是有效，有可能成為生意，以下提出幾點看法供各位參考：

1. 先釐清你的產品和服務是屬於哪一類。
2. 想辦法找出改善空間。
3. 揪出你的可能假想敵。
4. 蒐集、分析與整理所學事務。
5. 不斷提出質疑，再做判定。
6. 委請親朋好友及專家顧問提出建議。
7. 先行測試小規模市場，再做調整。

以上幾點是在驗證創意時可以多加思考，是否很清楚自己的產品服務定位，是否可以經過初步市場的考驗等，有沒有沒想到的問題，進而再將創意朝向商業化價值創造上發展。

三、創意變生意的經典案例

（一）發明大王愛迪生發明電燈泡，創辦奇異電器公司

雖然坊間傳聞愛迪生並非電燈泡原始發明人，但不得不佩服其能將各式各樣的創意與專利進行商品化，並成立百年企業奇異電器公司（General Electric Company）（圖 3-3），並在已故傑出 CEO 傑克 · 威爾許（Jack Welch）的帶領下，開創奇異電器的企業榮景。

「天才是百分之一的靈感，
百分之九十九的汗水」

美國專利第223898號，電燈。

- 一生中共申請1,093件專利。
- 不眠不休地做了1,600多次耐熱材料和600多種植物纖維的實驗，才製造出第1個炭絲燈泡。

Thomas Edison
湯瑪斯 · 愛迪生

1892年創立奇異公司（GE）

圖 3-3　愛迪生創立奇異電器公司

（二）「英國設計之王」戴森（James Dyson）

戴森（Dyson Ltd.）以吸塵器起家的企業，陸續在乾手機、吹風機、空氣清淨機等領域，展現「破壞式創新」，儼然已成為另一個「科技 × 創新」的標誌。關鍵人物，就是不斷將「失敗」掛在嘴邊，為了研發全球首臺無集塵袋吸塵器，嘗試 5,127 次才成功，目前身價 98 億美元、打造年營收 82 億美元科技大廠的「現代愛迪生」—戴森公司創辦人詹姆士・戴森（Sir James Dyson）（圖 3-4）。

圖 3-4　英國發明大王 James Dyson

（三）婆婆媽媽的好幫手—好神拖

好神拖為旋轉拖把的全球創始品牌，不斷在家庭清潔領域提供更多巧思，開發出更好用、更實用、更耐用的清潔用具，獲得德國紅點設計獎、臺灣精品獎等殊榮。一個看似簡單的創意，曾創下一年三個月業績達十億元臺幣的驚人成績（圖 3-5）。

好神拖
一年三個月創
十億元業績

圖 3-5　好神拖商品

3-2　創業浪潮席捲而來

　　創新創業為促進經濟成長與活絡市場的有效途徑之一，也是新世紀經濟產業成長的動力來源。因此，全球各國政府皆非常重視創新創業的議題。中國大陸在國際舞臺為擁有驚人經濟成長力量的國家，透過「大眾創業、萬眾創新」的雙創政策，在中國境內掀起創新創業浪潮，各國政府也不遑多讓在境內廣設創業基地與創客空間，透過創業資源與資金支持，期盼為各國新經濟注入新動能。由表 3-1 可以看出全球知名企業的創辦人創業時均相當年輕。

表 3-1　全球知名企業的創辦人創業年齡

創業者	所創企業（國籍）	創業時的年齡	所屬行業
馬雲	阿里巴巴（中國）	35	互聯網（電商）
馬化騰	騰訊（中國）	27	互聯網（通訊）
李彥宏	百度（中國）	32	互聯網（搜尋引擎）
Mark Zuckerberg	Facebook（美國）	20	互聯網（社群軟體）
Rosalia Goyanccbea	Zara（西班牙）	31	零售業（服裝）
Jeff Bezos	Amazon（美國）	31	互聯網（電商）
Michael Dell	Dell（美國）	19	資訊業（個人電腦）
Hasso Plattner	SAP（德國）	28	資訊業（資料庫）

資料來源：作者自行整理

3-3　創業與創業家精神

　　近些年，創業教育已成為世界各國不少大學的重要教學內容，也是每個國家發展的重要戰略。特別是中國大陸在「大眾創業、萬眾創新」的雙創政策助燃之下，各地創業活動及支持的出臺政策讓人印象深刻，確實也創造了經濟成長的動能。臺灣早於二十年前在學習西方的創意創新與創業教育方式後，在臺推動三創（創意、創新和創業）教育，多年下來也有不少亮眼成果。但創新創業教育到底要學什麼？教我們開公司賺錢？還是要教我們解決問題的能力？聯合國教科文組織（UNESCO）則對創業教育下了定義：「從廣義上來說是指培養具有開創性的個人，未來社會越來越重視員工的原創、創新、冒險精神，創業和獨立工作能力以及技術、社交等管理技能。」

各國創業教育專家普遍對創業的相關看法，大致將創業和創業家（Entrepreneur）定義如下：「創業」是個人和團隊將必要的資源與資金整合在一起去發掘機會，以創造財富、商業價值、社會福利和社會影響的發展過程。「創業家」是那種能夠識別問題，尋求答案，挖掘潛在需求，願意承擔風險與接受挑戰的個人或團隊。

對某些經濟學家來說，創業者是指在有盈利機會的情況下自願承擔風險創業的人。另一些經濟學家則強調，創業者是一個推銷自己新產品的創新者。還有一些經濟學家認為，創業者是那種將有市場需求卻尚無供應的新產品和新工藝開發出來的人。

20 世紀的經濟學家約瑟夫・熊彼得（Joseph Schumpeter, 1883-1950）專門研究了創業者創新和求進步的積極性所導致的動盪和變化。熊彼得將創業精神看作是一股「創造性的破壞」力量。創業者採用的「新組合」使舊產業遭到淘汰。原有的經營方式被新的、更好的方式所摧毀。

現代管理學之父彼得・杜拉克（Peter Drucker）將這一理念更推進了一步，稱創業者是主動尋求變化、對變化作出反應並將變化視為機會的人。

總而言之，創業家是創造新事業體，並承擔風險與肩負達成目標的個人。創業家精神（Entrepreneurship）所關注的在於「是否創造新的價值」，而不在於設立新公司。因此，創業管理的關鍵在於創業過程能否「將新事物帶入現存的市場活動中」，包括新產品或服務、新的管理制度、新的流程等。創業家精神指的是一種追求機會的行為，這些機會還不存在於目前資源應用的範圍，但未來有可能創造資源應用的新價值。因此我們可以說，創業家精神即是促成新企業形成、發展和成長的原動力。

創業家精神是一種天賦。表 3-2 為知名機構 The Global Entrepreneurship and Development Institute（GEDI）所做的 2019 年全球創業精神暨發展指數和分項指數綜合排名—前二十五大，其中美國高居全球創業家精神指標第一名，臺灣則位居第十八名，在亞洲也僅次於香港。

此外，我們可以從全球知名企業家身上找到創業家精神的最佳定義與五大特質[1]：

1. 激情（**Passion**）

   應沒有人能比維京集團（Virgin Group）創始人理查德・布蘭森（Richard Branson）更理解「激情」一詞的含義。始建於 1970 年的維京集團，目前旗下擁有超過 200 家公司，業務範圍涵蓋音樂、出版、行動電話，甚至太空旅行。曾被英國媒體的民意

1　參考資料：https://reurl.cc/yZrAYy

測驗評爲英國最聰明的英國億萬富豪理查 • 布蘭森於 2021 年 7 月 11 日晚上搭乘維珍銀河（Virgin Galactic）的太空船升空，並在約 40 多分鐘後順利回程並降落。這趟旅行標誌著太空旅遊普及化，踏出重要一步。

2.　**積極性（Positivity）**

亞馬遜（Amazon.com）創始人傑夫 • 貝佐斯（Jeff Bezos）非常清楚積極思考的能量。他以「每個挑戰都是一次機會」爲座右銘。事實上，貝佐斯把一家很小的互聯網創業公司，發展成全球最大的書店。隨後亞馬遜朝向多元創新發展，目前已成爲世界公司市值前三大之大型國際級企業。貝佐斯更曾登上世界首富寶座。

3.　**適應性（Adaptability）**

具備適應能力是企業家應具備的最重要的特質之一。每個成功的企業主，都樂於改進、提升或按照客戶意願訂製服務，以持續滿足客戶所需。

Google 創辦人謝爾蓋 • 布林（Sergey Brin）和賴利 • 佩吉（Larry Page）不僅對變化及時反應，還引領發展方向。憑藉眾多新創意，讓 Google 不斷引領互聯網發展，將人們的所見所聞提升到一個前所未有的新境界。

4.　**領導力（Leadership）**

好的領導人一定具有很強的個人魅力和感召力，有道德感，有在組織裡樹立誠信原則的意願；也可能是個熱心人，具有團隊協作精神。在具有強大驅動力和富於靈感的領導風格聞名的玫琳凱 • 艾施女士（Mary Kay Ash）身上我們可以發現這些所有元素。她創建了玫琳凱（Mary Kay Cosmetics）品牌，幫助超過 50 萬名女性開創了自己的事業。

5.　**雄心壯志（Ambition）**

20 歲時，戴比 • 菲爾茲（Debbi Fields）幾乎一無所有。作爲一個年輕的家庭主婦，她毫無商業經驗，但她擁有絕佳的巧克力甜餅配方，並夢想全世界的人都能分享到。1977 年，菲爾茲開設了自己的第一家店（Mrs. Fields），儘管很多人認爲她僅靠賣甜餅無法將業務維持下去。菲爾茲的果斷決定和雄心壯志使得小小甜餅店變成了一家大公司，600 多個銷售點遍佈美國和其他 10 個國家。

表 3-2　2019 年全球創業精神暨發展指數和分項指數綜合排名—前 25 大 [2]

國家 Country	綜合 分數 GEI	綜合 排名 GEI	創業態度 ATT		創業能力 ABT		創業企圖心 ASP	
			分數	排名	分數	排名	分數	排名
美國 United States	86.8	1	83.5	1	89.7	2	87.2	2
瑞士 Switzerland	82.2	2	72.2	9	85.6	3	88.6	1
加拿大 Canada	80.4	3	78.0	3	83.8	4	79.4	3
丹麥 Denmark	79.3	4	75.5	5	90.1	1	72.3	9
英國 United Kingdom	77.5	5	73.5	8	82.6	5	76.3	6
澳洲 Australia	73.1	6	74.1	7	80.1	6	65.2	19
冰島 Iceland	73.0	7	77.8	4	71.0	10	70.1	12
荷蘭 Netherlands	72.3	8	82.3	2	74.4	9	60.3	22
愛爾蘭 Ireland	71.3	9	65.6	15	79.1	7	69.0	14
瑞典 Sweden	70.2	10	67.1	14	77.1	8	66.5	17
芬蘭 Finland	70.2	11	74.5	6	64.6	17	71.4	10
以色列 Israel	67.9	12	64.0	16	62.6	18	77.2	5
香港 Hong Kong	67.9	13	68.4	10	64.7	16	70.5	11

2　資料來源：The Global Entrepreneurship and Development Institute（GEDI）（2019）
　　註：GEI：Global Entrepreneurship Index 全球創業指數；ATT：Attitudes 創業態度；ABT：Abilities 創業能力；
　　ASP：Aspiration 創業抱負。

國家 Country	綜合 分數 GEI	綜合 排名 GEI	創業態度 ATT		創業能力 ABT		創業企圖心 ASP	
			分數	排名	分數	排名	分數	排名
法國 France	67.1	14	56.8	20	66.8	13	77.7	4
德國 Germany	66.7	15	57.8	19	68.2	11	74.0	8
奧地利 Austria	64.9	16	63.8	17	65.1	14	65.7	18
比利時 Belgium	62.2	17	49.8	27	67.4	12	69.4	13
臺灣 Taiwan	62.1	18	53.2	25	58.0	22	75.0	7
智利 Chile	58.3	19	67.8	13	53.3	25	53.6	30
盧森堡 Luxembour	58.1	20	45.6	32	65.0	15	63.7	20
南韓 Korea	58.1	21	67.8	12	46.3	36	60.1	23
愛沙尼亞 Estonia	57.8	22	68.0	11	50.8	28	54.8	27
斯洛伐尼亞 Siovenia	56.5	23	56.5	23	57.6	23	55.4	26
挪威 Norway	56.1	24	63.7	18	60.7	20	43.7	41
阿拉伯聯合大公 國 United Arab Emirates	54.2	25	56.6	22	51.7	27	54.1	28

實務上，在進行創業之前，建議應先問自己以下十個問題，再決定是否投入創業：

1. 有沒有一技之長？
2. 有承擔風險的勇氣？
3. 何時可以損益平衡？
4. 有足夠的資金？
5. 有當老闆的命？
6. 可以創造需求？
7. 知道競爭對手？
8. 人脈資源夠豐富？
9. 已想出獲利模式？
10. 親朋好友會支持我？

3-4 創業管理教育發展與創新

一、全球最棒的創業大學—美國 Babson College

Babson College 是美國的私立商學院，自 1919 年成立以來始終是創業學領域的領導者，已連續多年蟬聯《美國新聞與世界報導》創業系所冠軍，師資幾乎都具創業經驗。

Babson College 課程特色非單純講授，課堂中以個案討論、示範教學、自由組隊，討論各項主題的深層內涵的方式進行，以下列舉 Babson College 其中一個知名課程 FME Program 說明其課程進行方式：

1. 大一新生為期一年的創業必修課程。
2. 概念的產生：每班學生分 18 組進行產品或服務提案，篩選出最有潛力的 2 個提案。
3. 小型企業：每班分成兩組，每家至多 30 人，分別扮演此企業不同成員角色。
4. 課程進度：第一學期進度為將概念商品化、形成企業、設立目標和管理團隊，第二學期主要進度為銷售商品，了解如何與利害關係人進行互動。
5. 學校支援：由兩位授課老師當顧問，提供資金給學生進行創業。
6. 回饋社會：營運結束後，用盈餘去幫助弱勢，做服務學習，回饋社會。
7. 學生成績：並非以盈餘為判斷標準。重點在學生能否學習到經驗，處理事情的方法和把自己的角色扮演好。

二、創業實作學習

從事創業教育與育成輔導近二十年，最常被問到創業家是天生的嗎？創業可以教嗎？（俗話常說：會做生意的小孩很難生），照這樣做就可以開門做生意了嗎？我想要創業，我適合嗎？要怎麼開始？沒有創業經驗的老師或顧問，該聽他的建議嗎？

確實創業是一件很不容易的事，要當創業家更是要十八般武藝，因此創業家是稀少的人才，要創業成功更是困難。但創業其實並不難，花錢請會計師去幫忙公司登記就成立了，難的是如何避免曇花一現，而能持續地成長，在面對新挑戰時，能夠快速地轉型因應，大環境變化眞的很難用一招半式就可以闖江湖，如我們也絕對沒想過阿里巴巴和騰訊這兩家互聯網企業也會去做農業的生意，各個企業會不會成爲他們下一波攻擊的對象。

創業確實可以教，教你的是知識和技能，解決問題的能力，不能保證新創事業的成功，但至少能讓創業家可以避免一些常犯的錯誤。我想從事創業教育的工作者，也會告訴你同樣的話。創業成功或許開創你不一樣的人生，創業失敗或許也讓你的人生面臨挫折或造成大量資源與資金浪費而負債累累。這也是我們常開玩笑說的「三創後的第四創」，只是「創富」還是「創傷」之別。

總之，創業是條不歸路，要下定決心和鼓起勇氣，一但下定決心之後，就先做好心理準備，找好創業導師和支持的力量，勇往直前。至於成不成功也不用別人評價，知道自己的目標達成與否，從中得到你要的成就感、寶貴經驗和想要的東西就好。

課堂創業除了學習創業理論和實務經驗外，更重要的是透過實作個案設計，將課堂單純的學習延伸到實際操作體驗，透過多元的創業實作與典範觀摩，從過程中學習承擔風險與責任，以激發出創業家精神。

以下就創業實作議題和大家分享，其類型一般可以分爲虛擬創業、標竿學習、創業體驗及新創實習等四大類。

1. 虛擬創業：通常是將課堂上的學員進行創業團隊分組，透過選定的創業項目或議題，配合課程進度，最終完成創業計畫書（Business Proposal）後參加創業競賽。虛擬創業的方式多半採取分組創業計畫競賽，或參加校外各式創業競賽。

2. 標竿學習：則是透過企業參訪或傑出企業家的深度訪談，以了解個人或企業的創業歷程、資源運用及創業家精神如何養成。教師可以安排熟悉的企業或以工廠參訪爲優先，學員在參訪過程中應有任務編組，並於活動結束後進行心得分享與反饋，在出訪前應做足功課並注重禮節，也避免觸及商業機密問題。

3. 創業體驗：則是透過提供個人技術、服務和銷售商品，以獲取報酬，亦或是透過小金額創業模擬、角色扮演活動等進行經驗學習，或是透過電子商務平臺進行實際交易競賽，最後提出體驗心得報告。亦或由校方或政府單位提供創業啓動金，創業團隊實際將公司開設起來，經過 3 個月或半年後進行經營成效結算。

4. 新創實習：則是學校媒合外部新創企業提供實習機會，透過實習課程安排，從中學習新創課程中的寶貴經驗。亦可透過實習商店等實際經營，以累積新創過程中之寶貴經驗。

三、翻轉三創教育，從課堂學習到戶外體驗

為創新中華大學校內三創教育發展，該校特與兩岸知名的培訓機構—實踐家教育集團（Doers Group）共同成立「實踐家國際創業學院」，除共同推動全校性跨院系大一創業體驗微學分課程，也辦理各類創新創業專題講座、UDBS 華大實踐家創業營、「富中之富」桌遊體驗學習、體驗中橫四天三夜 108 公里徒步健行活動及「東協國家創新創業實務專題」之海外移地教學。

2019 年更開辦了「團隊合作與戶外領導」學分課程，有別於已舉辦 17 屆的兩岸高校 EMBA 的戈壁挑戰賽，該課程修課學生必須在期初先完成為期四天三夜徒步健行 108 公里之「實踐家絲綢之路千人挑戰賽（敦煌戈壁挑戰賽）募資計畫」、出發前需接受每周體育室安排之體能訓練，遠赴敦煌歷經四天三夜 108 公里的沙漠徒步挑戰後，最終完成期末心得報告與回顧影片製作，才能很辛苦地取得學分（圖 3-6）。

圖 3-6　中華大學師生參加 2019 年實踐家戈壁挑戰賽

這堂「團隊合作與戶外領導」三創學分課程的設計，是希望透過課堂實作能銜接到戶外體驗挑戰，讓學生在學習過程中，學會自己做募資計畫，學習創業過程中所需的團隊合作與領導能力，在沙漠中體會創業可能面臨的孤立無援與孤獨感。在四天三夜的戈壁旅程中和各國來參加的數百位企業主學習創業經驗與人生智慧，從中建立自己的自信心及學會感恩，讓創新創業教育不再侷限

於教室，讓師生們可以在這樣艱難的旅途中留下人生難忘的美好回憶，一路相互扶持，到最終嚐到成功的果實。

　　三創教育的教學創新，如能嘗試用不同的方式開設有趣的新課程，結合校內外產官學研資源，在每一次的三創學習過程中都能讓學生留下深刻的印象及實用的經驗。

3-5　創業類型與方法

一、創業的類型

　　常見的創業類型，因創業的有利或不利因素、獲取資源方式、吸引顧客的途徑、成功的原因和創業的特點區別，大致可以分成冒險型的創業、與風險投資融合的創業、大公司的內部創業及革命性的創業等不同如表 3-3。

表 3-3　創業的四大類型

因素	冒險型的創業	與風險投資融合的創業	大公司的內部創業	革命性的創業
創業的有利因素	創業的機會成本低；技術進步等因素使得創業機會增多	有競爭力的管理團隊；清晰的創業計畫	擁有大量的資金；創新績效直接影響晉升市場調研能力強；對 R&D 的大量投資	無與倫比的創業計畫；財富與創業精神集於一身
創業的不利因素	缺乏信用，難以從外部籌措資金；缺乏技術管理和創業經驗	盡力避免不確定性、又追求短期快速成長，市場機會有限；資源的限制	企業的控制系統不鼓勵創新精神；缺乏對不確定性機會的識別和把握能力	大量的資金需求；大量的前期投資
獲取資源	固定成本低；競爭不是很激烈	個人的信譽；股票及多樣化的激勵措施	良好的信譽和承諾；資源提供者的轉移成本低	富有野心的創業計畫
吸引顧客的途徑	上門銷售和服務；了解顧客的真正需求；全力滿足顧客需要	目標市場清晰	信譽、廣告宣傳；關於質量服務等多方面的承諾	集中全力吸引少數大的顧客

因素	冒險型的創業	與風險投資融合的創業	大公司的內部創業	革命性的創業
成功的基本因素	企業家及其團隊的智慧：面對面的銷售技巧	金業家團隊的創業計畫和專業化管理能力	組織能力，跨部門的協調及團隊精神	創業者的超強能力確保成功的創業計畫
創業的特點	關注不確定性程度高但投資需求少的市場機會	關注不確定性程度低的、廣闊而且發展快速的市場和新產品或技術	關注少量的經過認真評估的有豐厚利潤的市場機會，迴避不確定性程度大的市場利基	技術活生產經營過程方面實現巨大創新，向顧客提供超額價值的產品或服務

資料來源：作者自行整理

二、個體創業 VS 公司內創業

　　創業也可分為個體創業或是公司內創業，兩者各有優缺點，可參閱表 3-4 之比較說明。

表 3-4　個體創業與公司內創業之差異

個體創業	公司內創業
(1) 創業者承擔風險	(1) 公司承擔風險，而不是與個體相關的生涯風險
(2) 創業者擁有商業概念	(2) 公司擁有與商業概念有關的知識產權
(3) 創業者擁有全部或大部份事業	(3) 創業者或許擁有公司權益的很小
(4) 從理論上講，對創業者的潛在回報是無限的	(4) 在公司內，創業者所能獲得的潛在回報是有限的
(5) 個體的一次失誤可能意味著生涯失敗	(5) 公司具有更多的容錯空間，能夠吸納失敗
(6) 受外部環境波動的影響較大	(6) 受外部環境波動的影響較小
(7) 創業者具有相對獨立性	(7) 公司內部的創業者更多受團隊的牽扯
(8) 在過程、試驗和方向的改變上具有靈活性	(8) 公司內部的規則、程序和官僚體系會阻礙創業者的策略調整
(9) 決策迅速	(9) 決策週期長
(10) 缺乏安全網	(10) 有一系列安全網
(11) 可以溝通討論的人少	(11) 可以溝通討論的人多
(12) 存在有限的規模經濟和範疇經濟	(12) 能夠很快地達到規模經濟和範疇經濟
(13) 嚴重的資源局限性	(13) 可用資源較為豐富

資料來源：作者自行整理

三、精實創業

新創事業是推動世界變化的主要因素之一，Google、Facebook、Twitter 這些最初由兩三人組成的公司，改變了全世界的生活方式。然而從統計上來看，絕大多數的初創事業都是失敗的，只有少數人、少數夢想能夠成真。

精實創業（Lean Startup）是一種發展商業模式與開發產品的方法，由艾瑞克 · 萊斯（Eric Ries）在 2011 年首次提出。根據艾瑞克 · 萊斯之前在數個美國新創公司的工作經驗，他認為新創團隊可以藉由整合「以實驗驗證商業假設」、「快速更新、迭代產品」、以及他所提出的最簡可行產品（Minimum Viable Product，簡稱 MVP）及「驗證式學習」，來縮短他們的產品開發週期。初創企業如果願意投資時間於快速更新產品與服務，以提供給早期使用者試用，那他們便能減少市場的風險，避免早期計畫所需的大量資金、昂貴的產品上架與失敗。

「精實創業」的核心關鍵概念有哪些？

（一）最小可行產品（Minimum Viable Product, MVP）

產品或服務不要等到「完美」才推出，只要服務堪用就應該讓消費者使用。當初 Dropbox 的第一版產品只不過是一段影片說明，就可以聽到眾多使用者的迴響。當初 Google 只能搜尋專業技術網站，但使用者都已經知道它的優點。

（二）產品 / 市場驗證（Product / Market Fit）

是指產品和市場達到最佳的契合點，你所提供的產品正好滿足市場的需求，令客戶滿意，這是創業成功的第一步。如在網路產業該如何做產品？其實就是分階段在驗證一整個商業模式。

（三）軸轉（Pivot）

快速推出產品、快速更新，可以讓我們真的知道產品是否讓大家滿意，一旦確認做出來的東西不是大家所需要的，就應該立刻修改方向，這就是軸轉。當初 Flickr 是一個線上遊戲網站，經過「軸轉」，將子計畫改成主計畫，就成為全世界最知名經營照片分享服務的公司。

3-6 讓創意變成生意

要讓透過各項可能的資訊從 0 變成點子 1，在大學內結合創新學院與設計學院資源發展如史丹佛大學的 d.School，透過科技管理、理工類教育與創業教育等協助產品或服務進入市場，並透過商學院專業來協助擴大、普及化，如圖 3-7。

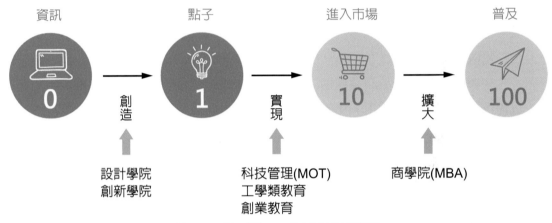

圖 3-7　從 0 到 100 的三創教育學習

要讓好創意變成好生意，並不會很容易就能達成，有時初期看似很成功的創業案例也成功募集投資資金，但成立不久也面臨破產，共享經濟裡的共享單車模式就是血淋淋的案例。近期案例：自動摺衣機夢碎！募資破億日元，這家 AI 新創不到 3 年就破產，背後凶手竟是一件 Uniqlo？[3]

讓創意變生意確實不容易，以下提供十項，筆者多年的教學與實務經驗，供未來想創業的團隊或個人參考及提醒：

1. 做好心理準備與調適

   創業最重要的是心態調整和準備，你的家庭生活可能因而發生改變，你可能破產而一無所有，如何在失敗後還能不屈不撓、東山再起，國外有些開設的創業課程一開始是教心理建設與負債管理，近年來也有不少單位開設「失敗學」這門課，我想我們不應只是一味地學習成功，而忘了失敗經驗更可貴。

3　參考資料：https://reurl.cc/WdrOj5

2. 掌握產業趨勢與新興商機

創業不外乎對於產業與市場要有敏銳嗅覺，即使沒有敏銳嗅覺也該多關注財經新聞及雜誌，並透過學習進修充實知識。例如：如果不嘗試去了解人工智慧發展（AI）、大數據應用（Big Data）和元宇宙（Metaverse）等新發展，就無法了解其對我們未來的影響及可能的商機為何。

3. 籌組創業團隊

擁有一個好的創業團隊相信就成功了一半，能和專長互補及志同道合的夥伴一起拓展新事業，相信是相當讓人興奮的。創業過程難免不如意，應彼此相互激勵。創業團隊的組成也和規劃籌設的事業規模和企業型態而有所不同。

4. 精實產品開發

誠如先前在「精實創業」章節所述，初創企業應投資時間於快速更新產品與服務，以提供給早期使用者試用，那他們便能減少市場的風險，避免早期計畫所需的大量資金虧損、昂貴的產品上架與失敗。

5. 建立商業模式

管理大師彼得・杜拉克：「當今企業之間的競爭，不是產品之間的競爭，而是商業模式的競爭。」簡單來說，商業模式即是一個事業創造營收與利潤的手段與方法。投入創業前，必須先思考企業發展的商業模式，並隨時空環境變化進行修正。

6. 智慧財產權與法規驗證

創業常見與競爭對手進行專利、商標、著作權及營業秘密的智慧財產權大戰，因此，企業發展必須做好智慧財產權保護。另外，也常須面對公司法、消保法、公平交易法、法律契約問題，以及商品技術須進行法規檢驗認證，創業者不得不關心自身權益並避免誤觸法律糾紛。

7. 募集資金與運用

財務計畫對企業經營來說，是件非常重要且專業的事。新創企業主也常憑藉自己的感覺來操作與想像，因此，常無法有效掌握盈虧，以致造成周轉不靈而倒閉。創業要了解資金來源的管道及可能的資金流向，在企業不同的發展階段，做好資金控管以穩健經營。

8. 市場行銷與品牌經營

行銷管理是針對目標市場，透過創造、溝通及傳遞優異的顧客價值，來爭取、維繫並增加顧客的藝術與科學。推銷若要成功，必須要先能將產品推銷給自己。客戶開發第一步：先弄清楚誰是你的目標客戶。而品牌經營絕對不是指一個公司或產品名稱，創業過程中的市場行銷與品牌經營的專業能力可以自己培養，也可以借助外部專業公司顧問進行輔導。

9. 創業風險與退場轉型

創業之路其實也是風險管理之路，承擔風險靠的並非勇氣，而是智慧。有風險相對較有商機，創業失敗也可能奠定下一次創業成功基礎，既然選擇了創業就別害怕失敗，但可以學習少走冤枉路。創業也該先為自己設下退場與轉型策略，如設下停損點或公司成長至一定程度後，委託專業經理人經營而退居幕後等。

10. 善用政府 / 民間創業資源

現今應是最好的年代（如新興技術陸續問世而廣為運用、政府投入創業輔導資源，資金相較過去多很多），但也可能是最壞的年代（如遇上中美貿易大戰波及與全球 Covid-19 疫情）。遇上創新創業蓬勃發展的年代，套一句創業圈常說的話：「站在風口，豬都會飛。」不管如何？別忘了善用政府或民間資源來加速企業發展成功，但也別沉迷於政府的補助資源，畢竟企業還是要靠自己長大，而不是靠政府奶水過活。

彥辰科技：智慧薄型揚聲器技術專家

智慧化時代來臨，科技產品皆走向輕、薄、短、小、無線與穿戴式應用及物聯網方向發展。其中直接與智慧型手機本身功能相關的技術，像是無線通訊、充電技術、影音效果與表現、穿戴式隨身科技等。

目前在全球各式聲電音響產業應用（如車用、高單價、藍牙）每年有高達 300 億美元以上的商機。而臺灣影音播放機及周邊設備產值約為新臺幣 36 億 / 年。談到音響喇叭，多數人印象都是「沈重的大木箱」，由中華大學電機工程研究所畢業的李彥辰同學所帶領的彥辰科技有限公司團隊，與實驗室教授所共同研發之「可撓式超薄揚聲器（Flexible Speaker）」技術，在之後外觀上做成輕薄造型，讓喇叭造型薄如紙片，也被稱之為「紙喇叭」。該技術可製作成各類玩具、有聲 / 聲電商品，如穿戴式喇叭、可攜帶式輕型音響、與物聯網結合的智慧喇叭；大型場地佈置產品如隱藏式喇叭、附掛於畫框後喇叭作為導覽用途、超薄大型音響等等，能應用之處相當多元，附加價值相當高。目前該關鍵技術已成功取得臺灣、中國大陸及美國發明專利證書，目前正進行技術商品化應用。

團隊亦不斷創新思考，將此技術擴大應用到「無線充電」及「噪音發電」上。因為充電線圈及平面喇叭兩者頻率不同，不會相互干擾。並已實驗證實線圈雙用之可行性，一片有兩種功能：撥放音樂和無線充電，相信會是搶佔客群之優勢。而噪音發電則是利用震動或蒐集噪音來產生電能，未來將衍生新的發明專利，為臺灣發展綠色潔淨能源注入新活力。

彥辰科技團隊陸續參加了「2018 年上海交通大學海峽盃兩岸大學生創新創業競賽」獲得銀獎、「2018 年第五屆粵港澳臺大學生創新創業大賽」獲二等獎（獲得獎金高達人民幣 5 萬元）等海峽兩岸大大小小創新創業賽事並贏得佳績。團隊也懂得利用技術發明專利在學校創新創業中心及創新育成中心的輔導下，在校內進駐孵育，期待成為國內閃耀的新創企業（圖 1 及圖 2）。

圖1　彥辰科技團隊榮獲2018年第五屆粵港澳
　　　臺大學生創新創業大賽二等獎

圖2　中華大學創業中心主任張耀文（右）
　　　及彥辰科技總經理李彥辰（左）

　　彥辰同學也分享了參加兩岸創新創業競賽經驗，他認為臺灣的技術創新相當具有競爭力，只要能把握產業趨勢，相信能夠與其他中國大陸團隊做出差異性。他也認為創業需要耐性，要學習克服困難，透過創業來培養人際關係、透過創業課程來培養商業基礎及參與，在育成中心的輔導下做好產品技術推廣，累積智慧財產管理實務經驗並與國內大型電子公司合作創新產品應用。

　　回顧彥辰科技的創業歷程，我們知道要從創意發明發展成新創事業，需要團隊先做好心理準備與調適、掌握產業趨勢與新興商機、做精實產品開發、建立可運行的商業模式、技術需要透過智慧財產權保護、與創業投資人進行商業談判、運用各項技術發表會開拓市場、善用政府和民間創業資源，並能做好創業風險控管，才能逐步邁向創業成功之路。

　彥辰科技創業專訪

延伸思考 ─────────────────────────────

1. 試探討專利技術衍生創業可能面臨的問題和風險有哪些？

2. 試探討如何運用校園內創業資源與資金協助師生創業？

腦力激盪 ....

1. 請羅列過去一個月內發生在您身上的可能機會或最感興趣和有激情想去做的事，它有沒有可能成為您創業的方向？

2. 試討論創新創業教育教學如何創新，才能引發興趣及產生效益？

NOTE

Chapter 04

辨識機會與商機評估

　　尋找創業機會是實施創業的第一個行為,掌握好的創業機會是成功的一半。對於創業機會的高效把握,是成功創業的重要前提。

　　先前章節探討創意轉化成生意(From Idea to Business)中許多的重要因素,本章將透過新興產業發展趨勢、創業機會來源的辨識及創業機會的評選等面向進行說明,最終透過章節結束前的問題與討論,來驗證本章節內容之學習成效。

• **學習重點** •

4-1　新興產業與區域經濟發展

4-2　創業機會的辨識與來源

4-3　創業機會的評選與篩選

創業速報　聲麥無線(VM-Fi):
　　　　　讓語言溝通沒有距離

────── 創業經營語錄 ──────

　　機會不會上門來找,只有人去找機會(Opportunity will not come to the people, only people to look for opportunities.)。

─查爾斯‧狄更斯
(Charles Dickens)

4-1 新興產業與區域經濟發展

　　談起全球新興產業科技，不得不提到大人物產業（即大數據、人工智慧及物聯網）等三大重要策略產業，還有全新概念的元宇宙（Metaverse）、非同質化代幣（Non-Fungible Token, NFT）和數位轉型（Digital Transformation）議題商機。此外，近年來隨著東協國家經濟崛起，將帶來更多的市場機會，以下將針對這些產業、元宇宙趨勢及區域經濟發展進行介紹，期盼也能從中尋找可能的創業機會。

一、大數據（Big Data）

（一）何謂大數據

　　大數據（Big Data）或稱為巨量資料、海量資料，指的是所涉及的資料量規模巨大到無法透過人工，在合理時間內達到擷取、管理、處理、並整理成為人類所能解讀的資訊。網路上每一筆搜尋，網站上每一筆交易、每一筆輸入都是資料，透過計算機做篩選、整理、分析，所得出的結果可不僅僅只得到簡單、客觀的結論，更能用於幫助企業經營決策，蒐集起來的資料還可以被規劃，引導開發更大的消費力量。

　　繼「數位革命」之後，「資料革命」登場，大數據資料掀起生活、工作和思考方式的全面革新，它是一門新興科技，能夠解讀和預測無數的現象，包括預測機票的價格、好萊塢新片的票房、職業棒球的球員分析、你家裡的青少年是否未婚懷孕！也能協助診斷早產兒的健康情況，幫忙規劃快遞的送貨路線、電動車的充電站應該設置在哪裡等。

　　大數據科技改變我們的生活，對經濟、社會和科學會帶來影響。但在趕搭上這波新潮流的同時，也應該懂得保護自己，避免個人資料和隱私受到侵害。而企業在追求商業的成功發展時，也須留意是否涉及個人資料保護法及相關道德問題。殷切期盼，大數據資料的發展能為人類生活帶來便利性並更有效率。[1]

　　大數據科技牛津大學教授維克多·麥爾·荀伯格（德語：Viktor Mayer-Schönberger）認為大數據有五大觀念，分別是：1. 資料數量要夠大、夠多，量比質更重要；2. 找出「相關性」，而非因果關係；3. 地理位置、情緒貼文、社團圖譜、看似無用的數量紀錄，都是有用的；4. 只要有巨量資料思維，小公司也能靠創新的點子致勝；5. 要小心資料獨裁，不要被巨量資料掌控。

1　參考資料：維基百科

因此，如何從資訊技術到資料科技（From IT to DT），讓 Big Data 變為 Big Impact，成了大數據時代最重要的關鍵課題。

（二）大數據的商業模式重要性

在資訊爆炸的年代，我們每天產生源源不斷的資料量，根據知名研究調查機構 IDC（國際數據資訊）預測，全球資料量在 2025 年將成長至 163 ZB（Zettabyte，1 ZB 等於 1,000 億 GB），是 2016 年所產生的資料量的十倍。如何將運用這些大量且寶貴的資訊來管理工作、優化生活並找出新商機？大數據是一新興技術，但新興技術要能形成產業（Emerging Technology Industrialization）關鍵在於未來的商業模式（Business Model）有沒有被發展出來，而商業模式的發展首重價值鏈之重新定位，對大數據資料所衍生之產品（Product）或產業（Industry）亦是如此。

目前大數據資料可針對零售、醫療、政府、能源、電信、金融、製造與娛樂等八大產業，運用大數據資料分析，創造全新商業模式。而引導大數據資料商業模式發展的核心概念，正是決策支援系統（Decision Supporting System）。如為決策情報服務公司，包括發展具有獨特演算技術之新興服務公司，能夠從不同屬性資料中萃取出具有情報價值的公司。案例：如西班牙服飾 ZARA 運用數據管理來經營零售事業。

一般來說，相關決策支援模式包括整合與診斷資料、找出規律行為、預測未來可能模式並提供改善之建議等。企業如何藉著數據與資訊的大數據資料中創造出商機，發掘潛在的客戶群，將成為未來商戰中致勝的重要關鍵。

二、人工智慧（Artificial Intelligence, AI）

（一）何謂人工智慧

人工智慧（Artificial Intelligence, AI）的定義可以分為兩部分，即「人工」和「智慧」。「人工」比較好理解，爭議性也不大。有時我們會要考慮什麼是人力所能及製造的，或者人自身的智慧程度有沒有高到可以創造人工智慧的地步等等。

至於什麼是「智能」，問題就多了。這涉及到其它諸如意識（Consciousness）、自我（Self）、思維（Mind）（包括無意識的思維）等問題。人唯一瞭解的智慧是人本身的智慧，這是普遍認同的觀點。但是我們對我們自身智慧的理解都非常有限，對構成人的智慧的必要元素也瞭解有限，所以就很難定義什麼是「人工」製造的「智能」了。因此人工智慧的研究往往涉及對人的智慧本身的研究。其它關於動物或其它人造系統的智慧，也普遍被認為是人工智慧相關的研究課題。

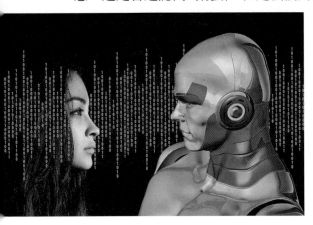

人工智慧目前在電腦領域內，得到了愈加廣泛的重視。並在機器人、經濟政治決策、控制系統、模擬系統中得到應用。[2]

（二）人工智慧產業發展

人工智慧的誕生可追溯至 1956 年，歷經發展困境和短暫甦醒，在 2016 年人工智慧 Alphago 打敗世界棋王得到重生機會，再度受到市場關注。目前人工智慧的熱門商業應用主要聚焦在語音識別（Speech Recognition）、虛擬助理（Virtual Agents）、生物信息（Biometrics）、機器處理自動化（Robotic Processes Automation）、知識工作輔助（Knowledge Worker Aid）、內容創作（Content Creation）、情緒識別（Emotion Recognition）、圖像識別（Image Recognition）和智能營銷（Marketing Automation）等。但要有人工智慧先要有"工人"智慧，必須先投入大量人力和時間去做蒐集和整理資料。

IDC（國際數據資訊）公司則揭露，未來五年，幾乎每一家企業都會加快數位轉型（digital transformation），而 AI 人工智慧將扮演催化劑的功能。資誠（PwC）《全球企業領袖調查報告》調查指出，有高達 85％的 CEOs 認為 AI 將在未來五年大幅改變公司營運方式，63％的企業領袖甚至認為 AI 對產業的影響力將大於網路革命。

2　參考資料：MBA 智庫百科

　　AI 產業廠家主要包括兩大類：提供 AI 技術和應用 AI 技術的公司。提供 AI 技術的公司，主要集中在 ABC 三大項，即：Algorithm 演算法、Big Data 大數據、Computing 運算力，圍繞半導體晶片、雲端服務。應用 AI 技術的公司，包括：用在製造業的機器人、提供金流服務的金融科技、醫療產業的精準醫療等。根據 PWC 2020 年 4 月的報告預估，到 2030 年，全球 AI 市場規模將達 15.7 兆美元，而 AI 技術產值約 6.6 兆美元、AI 應用為 9.1 兆美元，商機潛力可期。

　　目前 AI 投資應用蓬勃發展，包括智慧音箱、人臉辨識、自駕車、醫療診斷、智慧農業等技術，已陸續融入日常生活中，逐漸改變未來產業結構及生態，當然也帶來科技法律修法和倫理道德問題。雖然目前主要 AI 核心技術掌握在美、中兩國手中，不過 AI 技術落實需要運算晶片、零組件、系統組裝等硬體代工廠配合，臺廠應該好好把握這樣的機會，亦可善加運用經濟部技術處「AI 領航推動計畫」等資源來加速新事業發展。

三、物聯網（Internet of Things, IoT）

（一）何謂物聯網

　　物聯網 IoT 技術（Internet of Things, IoT）是網際網路、傳統電信網等資訊承載體，讓所有能行使獨立功能的普通物體實現互聯互通的網路。IoT 一般為無線網，而由於每個人周圍的裝置可以達到 1,000 至 5,000 個，所以 IoT 可能要包含 500 兆至 1,000 兆個物體。

　　在 IoT 上，每個人都可以應用電子標籤將真實的物體上網聯結，在 IoT 上都可以查出它們的具體位置。通過 IoT 可以用中心電腦對機器、裝置、人員進行集中管理、控制，也可以對家庭裝置、汽車進行遙控，以及搜尋位置、防止物品被盜等，類似自動化操控系統，同時透過收集這些小事的資料，最後可以整合成大數據資料，包含重新設計道路以減少車禍、都市更新、災害預測與犯罪防治、流行病控制等社會的重大改變，實現物和物相聯。[3]

　　例如：遍布全臺數千家的全家便利商店，其實每一家的招牌燈都不是隨意地由人工開啟，而是由背後一套自動化系統控制，自動化控制動態能源。全家便利商店導入能源管理系統，能偵測各地分店現場

3　參考資料：維基百科

的光線亮度動態調整開啓時間，由總部 IT 直接監控全臺近千家分店，自動化管理店內各項電力使用，而節能效果可節約 1 成以上，這正是最典型的物聯網應用之一。

（二）物聯網產業發展

後疫情時代及俄烏戰爭後，全球產業鏈勢必重新佈局，企業加快數位轉型，利用科技創新突圍、加值服務創新和強化企業競爭優勢，成為未來發展的重要關鍵。隨著人工智慧（AI）、物聯網（IoT）及 5G 相關技術持續演進，兩者結合為智聯網（AIoT），產業界均認為這些技術的整合，更能打造出高含金量的客製化創新商品、整合解決服務方案，衍生出大量的科技新商機。根據知名研究機構 Maximize Market Research 在 2020 年的統計資料，2019 年全球物聯網收益為 703.3 億美元，預計 2027 年將達到 12,373.7 億美元，2020 至 2027 年的複合年增率高達 43.11％（見圖 4-1）。企業導入 AIoT 後，盈利能力將顯著提高，具前瞻眼光的企業莫不競相投入，加速體質轉骨與革命性的整合，讓產業升級轉型、提升客戶體驗，以為企業帶來大幅提高營收。

臺灣近年來在人工智慧（AI）、5G 創新科技持續推展，2021 年 4 月，行政院國家發展委員會透過新聞發布，宣告全球物聯網迎來爆發性成長的黃金十年，臺灣物聯網產值也有望在 2023 年突破新臺幣 2 兆元；未來將持續推動亞洲．矽谷 2.0 計畫，加速產業進化，並在 2025 年達成全球市占率 5％的目標，企業須好好掌握這一波物聯網科技所帶來的龐大商機。如圖 4-1 所示：

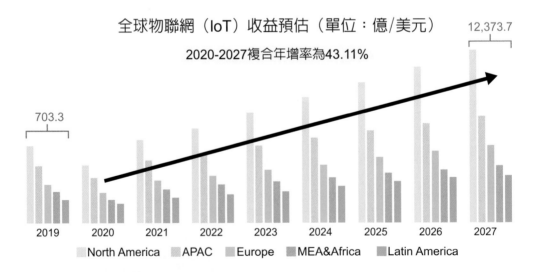

資料來源：Maximize Market Research，2020/4

圖 4-1　全球物聯網收益預估 [4]

4　參考資料：http://www.tuvrblog.com/zh-tw/2739.html

四、元宇宙（**Metaverse**）

　　2020 年起受到全球新冠肺炎疫情，爲了保持社交距離與禁止民眾群聚，全球推動居家辦公，讓線上交流與合作成爲必須，而非選擇。過去在科幻小說或好萊塢科幻電影中才看得見的虛擬世界和線上生活方式，逐漸成了現實生活的一部分。元宇宙（Metaverse）3D 虛擬世界的概念，在 1992 年美國作家 Neal Stephenson 的科幻小說 Snow Crash 中首度出現，至今已經過了 30 年。至於什麼叫做元宇宙？尚未有明確定義，關於元宇宙的討論，目前主要是探討一個持久化和去中心化的線上 3D 虛擬環境。元宇宙大致可解釋爲是 AR 與 VR 的延伸概念，並融合 3D 投影技術，透過虛擬與現實世界的互動與連通，爲社會、經濟、文化活動創造全新的價值。元宇宙結合區塊鏈（Blockchain）、加密貨幣（Cryptocurrency）、非同質化代幣（Non-Fungible Token），就能在虛擬世界中，進行實際的經濟活動。目前 Apple、Google、Meta、Samsung……全球科技巨頭皆積極投入開發，迅速催生結合虛擬與現實的世界，促成元宇宙議題的大爆發。

　　無論元宇宙有無全球科技巨頭說的那麼好、那麼神通廣大，如果不能爲使用者提供幫助或好處，也將只是無用之物。元宇宙的應用應是將內容、網路、平臺與裝置等資源整合的均衡發展，它必須要充滿趣味性、有情感的互動連結、能讓使用者有全新且多元體驗、必須要能創造經濟效益和創業機會等，讓元宇宙得以順利推展。當元宇宙成爲日常後，人們可以不必親自到達現實空間或特定地點，只要透過元宇宙就能彼此連結。

　　現今「元宇宙熱」正以驚人的氣勢擴散到各領域，相信也不會只是一時流行，迎接元宇宙世界的到來，如何不被淘汰呢？掌握關鍵技術和累積實務經驗，透過創新的商業模式，以建構企業或個人的元宇宙平臺才是王道。只有實際地經歷和認識，才能從中獲得新的機會。學生們可以嘗試走進參與元宇宙平臺和活動的階段，可以嘗試學習製作虛擬替身所使用的配件、設計空間圖，藉由增加創造收益的經驗，以積累和創造自身未來就業或創業的競爭力。

五、區塊鏈（**Blockchain**）及非同質化代幣（**NFT**）

（一）區塊鏈

　　區塊鏈（Blockchain）是藉由密碼學與共識機制等技術建立與儲存龐大交易資料區塊串鏈的點對點網路系統。區塊鏈是不可變的共用分類帳，更精確來說就是「去中心化的分散式資料庫」，可在商業網路中促進記錄交易與追蹤資產的程序資產可以是有形的（房子、汽車、現金、土地）或無形的（智慧財產權、專利、著作權、品牌）。幾乎任何有

價值的東西都可以透過區塊鏈網路追蹤與交易，以全面降低風險和成本。區塊鏈很適合提供儲存在不可變總帳中的即時、共用及完全透明資訊的管理，而且只有獲得許可的網路成員才能存取這些資訊。區塊鏈可追蹤訂單、付款、帳戶、生產及其他等等。由於成員共用的是單一觀點的事實，可以看到交易從頭到尾的所有細節，其去中心化、不可篡改性和匿名性（加密）的三大特點，具有相當高的安全性，能夠實現社會在沒有信任基礎的情況下，也能以低成本創造出可以正常交易的場所。目前在區塊鏈的應用當中，當屬加密貨幣投資最受大眾歡迎，相關應用也陸續出爐但仍不夠普及，有些技術仍待克服，唯有能在法律規範下保護使用者，降低相關風險，是區塊鏈能否健全發展的重要關鍵。

（二）非同質化代幣（NFT）

2021 年起，NFT 成為繼元宇宙之後的又一熱門話題，國內外更掀起加密藝術投資熱。相較於元宇宙概念的解讀眾說紛紜，NFT 在玩法和定義上顯得更加的簡單。NFT 的全名為 Non-Fungible Token，翻成中文就是「非同質化代幣」，與同質化代幣（如比特幣（bitcoin））的概念相反，每枚 NFT 上都有一個編碼，具有不可替代、不可分割、獨一無二的特色，是用於表示數位資產（包括 jpg 和視頻剪輯形式）的唯一加密貨幣令牌或代幣 (token)，可以買賣。NFT 作為數位經濟的一種，數位收藏品成為了虛擬資產變現的一種重要途徑。

NFT 雖瞬間火爆，但其使用成本其實是非常高的，因為運用到區塊鏈技術，要花費大量的運算資源，來確保節點同步性的特性。這使得加入資訊到 NFT 上和交易 NFT 不僅花錢，而且極度的耗電。再者，目前坊間並沒有保證哪個區塊鏈會成為元宇宙的標準，或是根本就不會有哪個區塊鏈成為標準。NFT 只是在它存在的區塊鏈上具備獨特性，事實上，世界上不同的地區因為政治、產業發展等因素，一旦競爭的區塊鏈多了，無疑將直接衝擊 NFT 核心的「非同質化」特性。此外，是法律和法規可能的限制也是影響發展的重要關鍵。法律規章落後技術發展數是家常便飯的事，隱私權相關的法律或是牽涉金錢交易的部分，勢必政府不太可能過於自由開放。雖然 NFT 可以為元宇宙帶來諸多的好處，每天都有許多新聞報導有些人靠著 NFT 賺得盆滿缽滿，但也造成不少虧損，其雖具有發展潛力，但風險卻也會伴隨而來。

六、數位轉型

在創業或企業發展的過程中，總會面臨各種經營上的問題或困境，除了商品或服務創新無法突破，整體供應鏈受到國際節能與環保要求（如對於 ESG、SDGs 或淨零排放的重視），再加上受到全球新冠（Covid-19）疫情所帶來的影響，更重要的是無法迴避企業數位轉型（Digital Transformation）浪潮的衝擊。

（一）何謂數位轉型

數位轉型是一個結合數位科技與既存營運模式的過程，從營運流程、價值主張、顧客體驗、數位文化到徹底轉型，成為一個極為敏捷，以顧客的價值與體驗為核心，且不斷更新、持續轉型的組織。或可說是廣泛的應用數位科技，在組織的各個層面皆整合應用科技以效率化流程。然而企業要進行數位轉型也不是一步到位，必須先審視企業內部是否已全面數位化，再來是進行數位優化後，才能全面推展至數位轉型發展。推行數位轉型也將有以下幾點益處：

1. 可以加強經營數據的收集。
2. 更強的企業資源管理。
3. 數據驅動的客戶需求洞察。
4. 創造更好的客戶體驗。
5. 鼓勵數位文化（強化跨部門協作）。
6. 增加公司利潤。
7. 提高經營的敏捷性。
8. 提高公司生產力。

（二）數位轉型步驟與關鍵

筆者對於企業在推行數位轉型工作的步驟或程序建議依序如下：

1. 企業應先組建跨部門團隊。
2. 建構正確的轉型基礎設施。
3. 在良好的領導指揮下推行。
4. 制定和適時調整戰略。
5. 應有明確的計劃時間表。
6. 組建數位轉型的 A-Team。
7. 思考最大化的投資價值。

8. 堅持目標，但有細微的變化。

9. 使用社交媒體平臺及宣傳。

10. 持續讓整個程序得以順利運行。

而成功的數位轉型關鍵，筆者有以下幾點建議：

1. 應以設計思考（Design Thinking）來展開數位轉型。

2. 開發產品或服務要將「客戶的需求」納入考量，才能創造良好的顧客體驗。

3. 認清新科技會不斷帶來劇烈顛覆，同時也會帶來新的市場和創業機會。

4. 克服數位經濟挑戰，人人須培養數位新技能。

5. 重新思考企業的商業模式，找出新的獲利模式。

6. 建立企業內部跨組織的科際整合團隊，以利全面推展數位轉型。

7. 尋求專業輔導機構合作與顧問指導，以加速企業轉型與避免資源浪費。

（三）企業數位轉型案例

無論傳統產業或新興事業均有不少案例是透過數位轉型找到新的機會。以下列舉些成功案例，供讀者們參考，並希望能從這些案例中找到啓發。

1. 傳統化工業

如國內臺塑集團及長春石化已成爲臺灣人工智慧學校的合作夥伴，試圖透過 AI 導入在生產管理上做出突破。又如國外企業 Ecolab 公司以物聯網爲基礎推出淨水服務、Siemens 使用數位分身來訓練勞工和優化石油和然氣能源的運用，以及 P&G 彙整各方利害關係人想法，進而影響民生消費用品產業的生態系。

2. 米其林輪胎 [5]

米其林（Michelin）的數位轉型動作，持續著「圍繞輪胎運轉，創造攸關價值給顧客」這樣的理念，透過數位可能性的應用而實踐「不斷再合理化」。

(1) Effitires 輪胎管理系統，以 PPK（pay per kilometer，每公里價格）的計價方式，搭配以導入物聯網機制的車載電子裝備、支援服務團隊與諮詢訓練，提供車隊經營主訂閱制的全套輪胎解決方案。

(2) Effifuel 方案契約。該方案讓米其林與顧客共同預設燃料節省目標，融入整套輪胎解決方案中。若在米其林的管理之下，達不到原先設定的節能目標，米其林便會根據合約，支付一定比例的賠償。

---

5 參考資料：https://www.thenewslens.com/article/124045

3. 黑橋牌香腸

   國內老字號的知名品牌香腸 - 黑橋牌，在數位轉型策略與作法如下：

   (1) 打造全新 APP，增加與目標客群的連結管道。

   (2) 店內安裝人流感測器，作為人員安排及商品配送的參考依據。

   (3) 安裝熱點分析及建立商品銷售排行榜，做為調整調整產品展示之位置依據。

   (4) 安裝電子看板，輪播食譜做法、產品資訊及優惠環境，提供消費者有趣又熱情的購物環境。

4. 全聯福利中心

   全聯福利中心運用行動支付服務，除了縮短結帳時間之外，還能收集使用者資料及消費數據，根據痛點擬定精準的行銷策略，等到消費者習慣使用行動支付後，再進一步推出線上電商 px go，除了讓消費者在線上訂購商品之外，還能查詢門市商品庫存，提升消費者使用體驗及品牌黏著度，朝向 OMO（Online-Merge-Offline）的數位轉型策略前進。

5. 曼都國際（曼都髮型）

   年齡超過 55 歲的臺灣美髮龍頭 - 曼都國際（Mender International），其擁有海內外超過 400 家門市，藉由數位轉型的幾項作法，讓整體服務再升級：

   (1) 建立智慧線上平臺，提供 24 小時服務不斷線。

   (2) 運用大數據分析，比顧客更了解顧客。

   (3) 自有電商「曼都好物生活網」，把傳統髮廊販售的髮品、保養品搬到線上。

   (4) 開發「曼都 4D 智能魔鏡」，用 AR 科技為美髮體驗加值。

   堪稱是國內企業數位轉型最成功的典範案例之一。

   在了解上述數位轉型的觀念、成功關鍵因素及企業實務案例，無論您是否是新創企業都應透過數位轉型來使得企業未來發展上能更具競爭力，而能夠提供數位轉型服務的新創團隊，也需快速在這波浪潮中找出企業的營運發展定位和事業機會。

七、東協國家經濟發展

　　近些年來，全球吹起一波東協熱潮，全球目光聚焦在東協十國的經濟發展。東協十國包括：印尼、新加坡、馬來西亞、菲律賓、泰國、汶萊、越南、緬甸、寮國、東埔寨等，土地總面積逾 446 萬平方公里、人口超過六億，且經濟發展程度不一，宗教、

政治、語文及文化截然不同，2015 年底東協成立東協經濟共同體（ASEAN Economic Community, AEC），整合成為一個總人口（僅次於中國大陸及印度）大於北美自由貿易區及歐盟的全球第三大市場，且 GDP 達 2.5 兆美元，為全球第六大經濟體。

過去臺商前往東協國家投資，著眼於追求當地所擁有的天然資源及廉價勞工的低成本，隨著東協國家的崛起，該區域的消費能力逐漸受到各國重視，外人投資金額逐年增加，外資企業大舉進駐，造就東協國家新一波快速成長。

AEC 的特色為，每年平均 5-7％經濟成長率，處於高經濟成長階段，且中產階級平均所得逐漸提高、擁有超過五成的年輕勞動力及人口紅利、年輕族群敢消費等。整體而言，AEC 勞動力充沛且相對年輕、天然資源豐富，加上對外人投資提供許多優惠條件，以及積極融入區域經濟整合，形成磁吸作用。臺青與臺商更應把握此一契機，前往東協布局及深化鏈結，並尋找出可能的事業新機會。

參考資料網站：
東南亞國家聯盟：https://asean.org/
臺灣東南亞國家協會研究中心：http://www.aseancenter.org.tw/
新南向政策專網：https://newsouthboundpolicy.trade.gov.tw/（圖 4-2）

圖 4-2　新南向政策專網

4-2　創業機會的辨識與來源

在這個知識經濟爆炸的年代，創業者若想在茫茫的市場經濟浪潮中找到合適的創業機會，需要具備一定的素質，並要學會如何練就發現創業機會的眼光。創業是發現市場需求、尋找市場機會、透過投資經營事業，來滿足市場需求的活動。創業需要機會，機會要靠發現。

Ardichvili, et al.（2003）[6]認為創業機會可分為三個階段：機會識別（Opportunity Recognition）、機會發展（Opportunity Development）與機會評估（Opportunity Evaluation）。如何意識到市場需求或未完善的資源，進而發掘特定市場需求與特定資源的關聯性，將創業機會趨漸明朗化而產生市場價值或創造創業的可能性。

在我們談論創業機會的同時，先來談談牛仔褲發明人李維 • 斯特勞斯（Levi Strauss）的小故事。

李維斯（Levi's）是著名的牛仔褲品牌，由猶太商人 Levi Strauss（李維 • 斯特勞斯）（圖 4-3）創立。當初他跟著一大批人去西部淘金，途中一條大河攔住了去路，許多人因而感到憤怒和沮喪，但他卻說「棒極了！」他設法租了一條船給想過河的人擺渡，結果賺了不少錢。不久擺渡的生意被人搶走了，他又說「棒極了！」，因為採礦出汗很多，飲用水都不夠用，於是別人採礦他賣水，又賺了不少錢。後來賣水的生意又被搶

圖 4-3　李維 • 斯特勞斯
（Levi Strauss）

走了，他又說「棒極了！」，因為採礦時工人跪在地上，褲子的膝蓋部分特別容易磨破，而礦區裡卻有許多被人丟棄的帆布帳篷，他就把這些舊帳篷收集起來洗乾淨，做成褲子，銷量很好。

1853 年，Levi Strauss 成立了生產帆布工裝褲的 Levi Strauss & Co. 公司。1873 年，他與另一夥人 Jacob Davis 把他們生產的扣鈕牛仔褲上所用的「撞釘」註冊專利，標誌著第一條牛仔褲的誕生。李維 • 斯特勞斯（Levi Strauss）將各種問題轉為機會，最終實現了致富夢想，得益於他有一種樂觀、開朗的積極心態。

6　參考資料：Ardichvili, A., Cardozo, R., & Ray, S.(2003). A theory of entrepreneurial opportunity identification and fevelopment. Journal of Business Venturing, *18(1)*, 105-123.

　　另一個故事是由中國喜劇演員徐崢所主演的賣座電影《我不是藥神》（圖 4-4），為一部投資金額並不大、也沒有大明星等加盟的影片，卻在全球賣座高達 4.53 億美元，徐崢也因該部電影優異演出榮獲第 55 屆金馬獎最佳男主角肯定。該部電影故事情節感染了全體中國人，隨著癌症患者的增多，許多家庭因病返貧，在疾病面前，如何活得更有尊嚴及找到降低藥方成本，是每一個患者不得不考慮的問題，有痛點就需要解決，解決痛點問題就是機會，但同時也隱藏著一定的風險（如新藥的研發失敗機率高，成功後也可能被對手模仿）。如何識別與鑑定這些風險，選擇利用好這個機會，也是每個創業團隊投入創業時所必須先思考的課題。

圖 4-4　《我不是藥神》電影海報

　　創業過程中，創業團隊嘗試著找出人們的痛點商機，投資者也不斷問團隊：您解決了什麼痛點？對於痛點創業，我們應重新思考解決痛點需求的背後意義：

1. 痛點真的是痛點？還是不痛不癢？
2. 痛點是哪些讓用戶感覺困擾、感到難受、承受痛的體驗而亟待解決的需求？
3. 痛點不應是滿足需求，而是去創造需求。
4. 痛點不應只是短期快速獲利，無長尾效應（The Long Tail）。
5. 從痛點找小的切入點，降低複雜性和成本。
6. 解決痛點的方式反覆運算，容易被大平臺反向覆蓋。
7. 從創造舒適點尋找可獲利的商業模式。

　　創業往往是從創業家發現、把握、利用適當的創業機會開始的。依個人看法，所謂的創業機會，即適於創業的商業機會，是指具有吸引力的、較為持久的、有利於創業的商業活動發展，創業家可以基於此為客戶提供有價值的產品或服務，並同時使創業家自身獲益。

一、創業機會及特徵

　　創業機會主要是指具有較強吸引力的、較為持久的、有利於創業的商業機會，創業者據此可以為客戶提供有價值的產品或服務，並同時使創業者自身獲益。環境的變化，會給各行各業帶來良機，人們透過這些變化，就會發現新的前景。變化主要包括：(1) 產業結構的變化；(2) 科技進步；(3) 通信技術革新；(4) 政府放鬆管制；(5) 經濟資訊化、服務化；(6) 價值觀與生活形態；(7) 人口結構變化。以人口因素變化為例，列舉以下可能的創業機會：

1. 人口高齡化程度逐步加深：可以尋找為老年人提供健康保健用品或老年照護的方案。
2. 獨生子女比例持續上升：可以尋找為獨生子女服務的業務專案。
3. 女性地位逐漸得到重視：可以尋找為年輕女性和上班族女性提供服務的用品和項目。
4. 家庭結構日益簡單化：可以尋找為新興家庭提供新媒體文化娛樂的用品。

二、高科技產業的創業機會

　　在高科技產業的創業機會多半來自三個方面，包括：技術面、市場面及政策面。以下分別說明三個面向所帶來的機會：

（一）技術的機會

　　即技術變化與破壞式創新所帶來的創業機會。

1. 實現新功能的新技術的出現。
2. 新技術替代舊技術。
3. 競爭前技術的新突破。
4. 國家或地區之間技術差距所引發的技術轉移與擴散。
5. 新技術帶來新的技術問題。

（二）市場的機會

　　基於市場變化而引發的創業的商業機會。

1. 市場中出現了憑藉高技術手段才能滿足的需求。
2. 經濟中形成的新的主流需求。
3. 先進國家或地區產業轉移帶來的市場機會。
4. 發達國家或地區對落後地區的示範效應誘發的市場需求。

（三）政策的機會

即政府政策變化創造的創業機會，也包括經濟體制本身的變化。

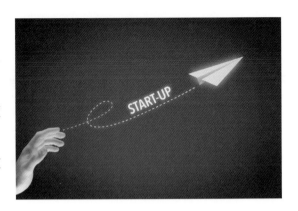

1. 政策變化使得創業家可以去做原本不被允許做的事情。
2. 政策變化促使創業家去做原本不必要做的事情。

4-3 創業機會的評選與篩選

機會不能從全部顧客身上去找，因為共同需要容易識別，基本上已很難再找到突破口。但如果我們時常關注某些人的日常生活和工作，就會從中發現某些機會。因此，在尋找機會時，把顧客或者行業分類，認真研究不同客戶群的需求特點，機會自然就會浮現。

如何判斷一個好的創業機會呢？美國創業教育之父傑佛瑞‧A‧蒂蒙斯（Jeffry A. Timmons）在其著作中多次提出，好的創業機會應該有以下四個特徵：第一、它特別能吸引顧客；第二、它能在你的創業環境中運行流暢；第三、它必須在機會之窗存在期間被實施；第四、你必須擁有一定的資源和技能（包括人、財、物、資訊和時間等）。

一、機會識別

從創業過程角度來說，創業機會識別是創業的起點。識別正確的創業機會是創業者應當具備的重要技能。創業機會以不同形式出現。許多好的商業機會並不是突然出現的，而是對於「一個有準備的頭腦」的一種回報。在機會識別階段，創業者需要弄清楚機會在哪裡和怎樣去尋找。現有的創業機會存在於：不完全競爭下的市場空隙、規模經濟下的市場空間、企業集群下的市場空缺等。

潛在的創業機會來自於新科技應用和人們需求的多樣化等。新科技應用可能改變人們的工作和生活方式，出現新的市場機會；通信技術的發展，使人們在家裡辦

公成為可能；互聯網的出現，改變了人們工作、生活、交友的方式；網路遊戲的出現，使成千上萬的人癡迷其中；網上購物、網路教育的快速發展，使資訊的獲取和共享日益重要。一方面，根據消費潮流的變化，捕捉可能出現的市場機會；另一方面，根據消費者的心理，通過產品和服務的創新，引導需求並滿足需求，從而創造全新的市場。

二、衍生的市場機會

衍生的市場機會來自於經濟活動的多樣化和產業結構的調整等方面。首先，經濟活動的多元化為創業活動拓展了新途徑。一方面，現代社會人們對信息情報、諮詢、文化教育、金融、服務、修理、運輸、娛樂等行業提出了更多、更高的需求，從而使社會經濟活動中的第三產業日益發展，為中小企業的創立和發展提供了廣闊的空間。

另一方面，社會需求的易變性、高級化、多樣化和個性化，使產品向優質化、多品種、小批量、更新快等方面發展，也有力地刺激了中小企業的發展。其次，產業結構的調整與政府企業的改革為創業活動提供了新契機。

三、影響創業機會識別的因素

成功的創業機會並非所有潛在創業意願都能把握，它是創業意願、創業能力和創業環境等多因素綜合作用的結果。首先，創業意願是機會識別的前提。創業意願是創業的源動力，它推動創業者不斷地去發現和識別市場機會。沒有創業意願，再好的創業機會也會視而不見。

其次，創業能力是機會識別的基礎。識別創業機會在很大程度上取決於創業者個人的綜合能力。國內外研究和調查顯示，與創業機會識別相關的能力主要有：遠見與洞察能力、資訊獲取和處理能力、技術發展趨勢預測能力、模仿與創新能力、建立各種關係的能力等。

最後，創業環境的支持是機會識別的關鍵，包括政府政策、社會經濟條件、創業和管理技能、創業資金和非資金支持等方面。一般來說，如果社會對創業失敗比較寬容，有濃厚的創業氛圍，國家對個人財富創造比較推崇，有各種管道的金融支援和完善的創業服務體系，產業有公平、公正的競爭環境，那就會鼓勵更多的人創業。

四、創業機會的評估

（一）蒂蒙斯 Timmons 評價因素法

談到創業機會的評估方法，不妨參考有美國創業學泰斗之稱的蒂蒙斯（Jeffry A. Timmons）評價因素法。Timmons 於 1999 年在其所著的《New Venture Creation：Entrepreneurship for the 21st Century》一書中概括了一個評價創業機會的框架，涉及八類指標，分別從產業和市場、經濟條件、收穫條件、競爭優勢、管理團隊、致命缺陷、創業家的個人標準、理想與現實的戰略差異等方面，共 53 個項目的詳細評價因素，對創業機會進行評估，具體的評價因素指標見表 4-1。

表 4-1　Timmons 評價因素指標

項次	指標因素
一、產業和市場	（1）市場容易識別，可以帶來持續收入 （2）顧客可以接受產品或服務，願意為此付費 （3）產品的附加價值高 （4）產品對市場的影響力高 （5）將要開發的產品生命長久 （6）項目所在的行業是新興行業，競爭不完善 （7）市場規模大，銷售潛力達 1,000 萬到 10 億 （8）市場成長率在 30% -50%，甚至更高 （9）現有廠商的生產能力幾乎完全飽和 （10）在五年內能占據市場的領導地位，達到 20% 以上 （11）擁有低成本的供應商，具有成本優勢
二、經濟條件	（12）達到盈虧平衡點所需要的時間在 1.5-2 年以下 （13）盈虧平衡點不會逐漸提高 （14）投資回報率在 25% 以上 （15）項目對資金的要求不是很大，能夠獲得融資 （16）銷售額的年增長率高於 15% （17）有良好的現金流量，能占到銷售額的 20% -30% 以上 （18）能獲得持久的毛利，毛利率要達到 40% 以上 （19）能獲得持久的稅後利潤，稅後利潤率要超過 10% （20）資產集中程度低 （21）營運資金不多，需求量是逐漸增加的 （22）研究開發工作對資金的要求不高

項次	指標因素
三、收穫條件	（23）項目帶來附加價值的具有較高的戰略意識 （24）存在現有的或可預料的退出方式 （25）資本市場環境有利，可以實現資本的流動
四、競爭優勢	（26）固定成本和可變成本低 （27）對成本、價格和銷售的控制較高 （28）已經獲得或可以獲得對專利所有權的保護 （29）競爭對手尚未覺醒，競爭較弱 （30）擁有專利或具有某種獨佔性 （31）擁有發展良好的網路關係，容易獲得合同 （32）擁有傑出的關鍵人員和管理團隊
五、管理團隊	（33）創業者團隊是一個優秀管理者的組合 （34）行業和技術經驗達到了本行業內的最高水準 （35）管理團隊的正直廉潔程度能達到最高水準 （36）管理團隊知道自己缺乏哪方面的知識
六、致命缺陷	（37）不存在任何致命缺陷問題
七、創業家的個人標準	（38）個人目標與創業活動相符合 （39）創業家可以做到在有限的風險下實現成功 （40）企業家能接受薪水減少等損失 （41）企業家渴望進行創業這種生活方式，而非簡單為了獲利 （42）企業家可以承受適當的風險 （43）企業家在壓力下狀態依然良好
八、理想與現實的戰略差異	（44）理想與現實情況相吻合 （45）管理團隊已經是最好的 （46）在客戶服務管理方面有很好的服務理念 （47）所創辦的事業順應時代潮流 （48）所採取的技術具有突破性，不存在許多替代品或競爭對手 （49）具備靈活的適應能力，能快速地進行取捨 （50）始終在尋找新的機會 （51）定價與市場領先者幾乎持平 （52）能夠獲得銷售管道，或已經擁有現成的網絡 （53）能夠允許失敗

資料來源：Timmons，J.A.（1999），New Venture Creation，5th ed.Boston：Irwin McGraw-Hill

對於上述的 53 項問題，請您做出簡單的「是」、「否」判斷，然後將答案為是與否分別相加，求得兩者的比值，比值越大，則意味著機會價值的可行性越高。

（二）創業主題的選定

怎樣才是一個好的創業題目或機會？相信許多人都有這樣的疑惑，以下筆者提供個人的幾點淺見：

1. 創業者該挑選容易成長（Growth）的題目創業，適合「成長」的主題必須是「你的快速 PMF（Product ／ Market Fit）主題」，例如創業者自身很熟的主題（靠專業就可賺到錢）或是周遭需求量很大的主題（最好有剛需）。

2. 很多人創業死亡的原因非常簡單：他們在一開始就挑選了一個 0 分的題目，一個對他們自身來說完全不具備優勢及可行性的產品方向，下場可想而知，因此挑對題目很重要。

3. 許多創業團隊所解決的痛點，有些只是短期問題或是許多人都發現的議題，解決痛點不應只是短期快速獲利，而無長尾效應。

4. 眼光不用放得太大，換個角度「解決身邊問題」，或許也是小而美的創新創業方式。

5. 好的創業題目絕對不是用「想」的，而是去「發現和解決問題」，如果是一個靠想像的創業，那真的有點可怕。

6. 隨著時空變化修正，創業最後長出來的東西，百分之百跟最初的想法絕對不會完全一樣，如何最適合的產品和服務，讓企業運營可以持續營利才是重點。

7. 預期投放到市場達到盈虧平衡的時間點是否會過長？是否已擁有一些初始的用戶？是否位處成長中的市場中呢？這些因素都須納入考量。

聲麥無線（VM-Fi）：讓語言溝通沒有距離

科技日新月異，各式嶄新的技術應用帶來眾多創新商品與服務的誕生，其中 5G（5th generation mobile networks 或 稱 5th generation wireless systems／第五代行動通訊技術）帶動全球市場的破壞式創新。5G 的效能目標是高資料速率、減少延遲、節省能源、降低成本、提高系統容量和大規模裝置連接。根據美國高通公司（Qualcomm）分析指出，預估到 2035 年，全球 5G 產值逾 13 兆美元，由此可見技術端與應用端的商機巨大。5G 之所以比過往幾代通訊技術更受關注，在於它更想滿足產業發展的需求，應用面更廣。為健全 5G 的發展，5G 的殺手級應用則需要更多元創新，不僅大型網通或電信業者摩拳擦掌的搶進 5G 新市場，臺灣新創團隊聲麥無線有限公司（VMFi Inc.）也扮演極為關鍵的角色，便透過 5G 優化、推出顛覆式創新的「5G 高速 AI 語音翻譯系統服務（如圖 1）」。

公司小檔案
· 公司名稱：聲麥無線有限公司（VMFi Inc.）
· 公司創辦人：彭德新執行長
· 產品名稱：5G 高速 AI 語音翻譯系統
· 公司網址：https://www.vmfi.net/

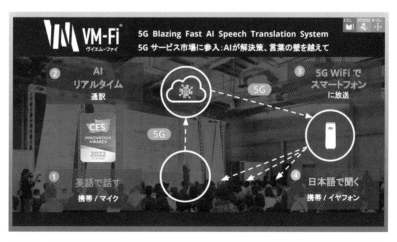

圖 1　聲麥無線（VM-Fi）公司的 5G 高速 AI 語音翻譯系統示意圖

成立於 2020 年 9 月的聲麥無線有限公司，創辦人彭德新執行長（如圖 2）因發現現場上同聲傳譯老師，人力資源非常昂貴，大多數小型中級會議與教育企業負擔不起。再者，設置口譯員的口譯室，音訊系統和接收無線電室，在活動之前，中期和之後，由人和時間設置的成本也很高，因此聲麥無線便致力於解決會場同聲傳譯服務的問題，於是結合過去在外商

工作中累積的遊戲中文化實戰經驗，投入 5G 與 AI 技術的整合應用開發，耗時長達 32 個月 2 週又 6 天研發出「VM-Fi 智慧語音導覽系統（如圖 3）」與後續繼續推出「5G 高速 AI 語音翻譯系統服務（如圖 4）」，加上近年全球新冠疫情（Covid-19）迫使企業加速數位轉型（Digital Transformation）發展的衝擊，該項創新技術的應用成果，一推出便獲業界口碑推薦，被美商高通臺灣，稱為最有感的 5G 服務。

圖 2　作者張耀文老師（左一）與聲麥無線公司彭德新執行長（右一）合影

圖 3　日月潭觀光日本遊客體驗影片　　圖 4　2022 5G 高速 AI 翻譯體驗影片

　　彭執行長特別指出，公司第一代「VM-Fi 智慧語音導覽系統」能取代傳統無線導覽設備，收聽者直接透過自己的手機下載 APP，並連結 VM-Fi 訊號通訊，即可馬上收聽語音內容，是一個能讓世界連結成無距離溝通障礙的服務。搭上 5G 和 AI 時代浪潮，聲麥無線研發並提供 5G 和 AI 技術，解決方案中實現熾熱的即時語音翻譯。公司也透過位於埔里的國立暨南國際大學創業育成中心的輔導，在暨大曾喜鵬教授與林玉雯執行長的協助，鏈結日月潭周邊觀光資源，進行觀光導覽語言轉譯的場域實證和實測。這項方案除可應用在觀光旅遊產業（如日月潭旅遊解說翻譯），跨國教育訓練、公關活動、商用會展及運動賽事轉播的翻譯說明，甚至需同步口譯翻譯的場合。

　　彭執行長進一步表示，為消弭一對多的跨語言交談障礙，團隊成員研發出這一個整合 AI 語音辨識、翻譯與無線技術的語音服務（Voice as a Service）-VM-Fi，只要將英語老師講的語音收錄到設備，即可透過人工智慧將英語翻譯成 AI 中文發音，與會貴賓、參展者、或者是消費者只要下載 App、連結 VM-Fi 訊號，即可聽到人工智慧的中文轉譯語音，輕鬆消弭跨語言溝通障礙。在一樣的使用情境下，採用 VM-Fi 至少可以節省 50％的硬體設備成本支出，30％的硬體維護費用，以及 70％的維護人力成本等。彭執行長強調，「對會展、教育、觀光與飯店業者來說，VM-Fi 不僅有助於降低無線電設備跟聘請專職翻譯等跨語言溝通成本，還能夠進一步提升滿意度，期望能透過 5G 的三大特色：高速、低延遲、大流量，進一步優化產品服務能量，提供整合語音、影像與數據傳輸等多元應用服務，以更精準、高效且靈活的方式打造無國界的跨域溝通服務。這項「VM-Fi 聲麥無線 5G 即時 AI 語音翻譯解決方案（VM-Fi，Smart 5G Blazing Fast AI Speech Translation System）」開發成果，榮獲美國「CES 2022 智慧城市創新獎」，其優異的商用通訊方案，吸引全場目光。目前產品服務已支援中文、英語、日語和韓語轉譯，未來也將推出西班牙語轉譯功能。

　　此外，彭執行長也分享參加國內外的創業企劃競賽和美國 CES 展的參展獲獎經驗，這項 5G 結合 AI 技術的殺手級應用創新，除「美國 CES 2022 創新獎」獲獎外，先前也獲得「高通 2020 臺灣創新競賽入選團隊」、「日本 Resor Tech 2020 Grand Prix Award, Overseas Division 大獎（唯一獲獎團隊）」，公司自 2020 年起也是經濟部中小企業處「新創共同供應契約採購」核定得標廠商。這些肯定和獲獎都讓國內外企業看見聲麥無線（VM-Fi），無形間也增加公司曝光度和許多業務合作機會。

　　展望未來，公司也將在日本設立公司，協助日本觀光會展產業數位轉型，尤其是三年後即將到來的「大阪‧關西 2025 年世界博覽會（Expo 2025 Osaka，Kansai，Japan）」大型世界展會，協助解決會場每日超過 20 萬參訪人潮的 AI 即時自動翻譯與大量高速通訊需求。彭執行長也相信 AI 不是取代人們的工作機會，而是可以透過 AI 來讓人的服務賦能，讓人的服務更有價值，可為人們編織智慧城市的美好生活。

延伸思考

1. 試思考「聲麥無線（VM-Fi）」除了在會展活動、教育訓練、觀光旅遊和賽事轉播翻譯外，還有哪些可能的潛在運用？

2. 試探討人工智慧時代，人與機器如何共生及合作？

腦力激盪 ....

1. 試思考 5G 時代的殺手級創新應用的可能商機有哪些？

2. 元宇宙（Metaverse）議題爆發，您對於元宇宙發展趨勢與商機的看法為何？

創業團隊組成與經營

　　創業一開始最大的挑戰不是營收，而是團隊！對投資人而言，唯一信賴新創公司的理由，也是「團隊（Team）」。投資人多透過募資簡報和對話等，目光多集中在團隊是否擁有熱情、活力和高度創業動機，最重要的是能找到有共同願景和價值觀的人一起合作。本章節將聚焦在創業團隊的構成與作用、建構與發展、新創公司之人力資源管理等議題的探討，最終透過章節結束前之問題與討論，來驗證在創業團隊組成與經營內容之學習成果。

● **學習重點** ●

5-1　團隊的構成與作用

5-2　創業團隊的建構與發展

5-3　新創公司之人力資源管理

創業速報　新東方教育科技集團

—————— 創業經營語錄 ——————

「一個人作的夢，夢想只會是夢想而已；一群人共同作的夢，夢想就會成真。」

— Yoko Ono（小野洋子 / 日裔美籍多媒體藝術家、歌手及和平活動家）

5-1 團隊的構成與作用

　　籃球之神 Michael Jordan 曾說：「天生好手可以贏得比賽，但團隊合作可以贏得冠軍。」現在讓我們一同回想一個您曾參與過或欣賞過表現最好的團隊，您覺得這個團隊能表現如此出色，最主要的原因是什麼？依筆者個人經驗，團隊合作成功的五大要素，包括：有效溝通、求勝態度、團隊中心、動機（激勵）和團隊紀律。

一、NBA 金州勇士隊

　　以近年來 NBA 例行賽最多勝隊伍－金州勇士隊（Golden State Warriors）為例，該隊以精準外線、小球戰術及追求團隊合作下，在 2015 ～ 2017 賽季共贏得 140 勝，若非總冠軍賽前鋒格林（Draymond Jamal Green）被禁賽和中鋒博古特（Andrew Michael Bogut）因傷退賽，相信金州勇士隊已奪下 2016 年 NBA 總冠軍。良好的球隊相處氛圍，更吸引前奧克拉荷馬雷霆隊前鋒杜蘭特（Kevin Durant）加盟，震驚全 NBA，隨後更連續奪得兩屆 NBA 總冠軍。但勇士在 2018 ～ 2019 年賽季因重要球星在總冠軍戰受傷，兵敗多倫多後，杜蘭特離隊，透過球團重整與耐心等待，除培養多名潛力新秀外，總教練（Steve Kerr）知人善任，讓球隊內部氛圍融洽，且球員均能在教練指導下發揮所長，最終在柯瑞（Stephen Curry）和威金斯（Andrew Wiggins）表現優異帶領下，再度奪下 NBA 2021 ～ 2022 賽季年度冠軍（圖 5-1）。

圖 5-1　NBA 金州勇士隊主場

二、西遊記

談起團隊合作，不得不提起古老傳說—西遊記。雖然「唐僧團隊」陣中有個豬一般的隊友，但其在西方取經路上，也扮演一定的角色。理想的團隊並不是一等一戰將的集合體，「唐僧團隊」囊括德者、能者、智者和勞者，各司其職：唐僧有德，目標明確且品德高尚，雖沒有斬妖除魔的能力，卻有無比堅定的心智；齊天大聖孫悟空的能力最高，像是強悍又有主見的專業經理人，只要能打動他，就會一路追隨領導者；天蓬元帥豬八戒則是辦公室裡常見的人物，喜歡耍小聰明、愛拍馬屁、總愛指使別人做事、常偷懶，但只要給點好處就會心滿意足地工作，還能調節氣氛，討領導歡心；捲簾大將軍沙悟淨看似平庸，卻最值得信任，他任勞任怨，絕對會乖乖上班；當然也別忘了唐僧的座騎—白龍馬[1]。

三、天龍特攻隊

美國著名影集—天龍特攻隊（The A-Team），劇中核心角色—泥巴、怪頭、小白、哮狼，這一群從越戰退伍的英雄，他們嚮往自由自在的冒險生涯，不願意受到拘束。他們冒險犯難解決困難，只要價錢合適，誰都可以請他們去賣命，但是他們也常毫無代價地為正義而戰鬥，所以他們組成了天龍特攻隊（圖5-2）。

圖 5-2　天龍特攻隊（**The A-Team**）

隊中核心人物各自扮演著重要角色，缺一不可，以下簡單說明人物特色：泥巴，善於易容術，天龍特攻隊的領導人與團隊大腦，喜歡冒險，每次出任務都像演一齣戲，並且經常找機會逗樂子；小白，外型瀟灑，頭腦靈活，沒有他弄不到的東西，大至航空母艦，小到狗熊身上的跳蚤，他都能夠弄得到手；哮狼，整天神經兮兮；他的飛行技術是一流的，不管任何飛行器具，他都能夠駕馭自如；怪頭，外型神勇，他是一個面惡心善的人，對機器有天才，任何破銅爛鐵到了他的手中，都可以變成怪異的攻擊武器。劇情雖然誇張，卻也透過團隊合作完成了許多不可能的任務。

1　參考資料：《經理人月刊》第 113 期

回到正題，當您已有創業構想與初創資金，接下來很重要的事就是尋找創業夥伴。那什麼叫做團體（Group）、什麼叫做團隊（Team）？這兩者有著很大差異，團隊是一個社會實體，由兩個以上的成員組成，經過密切的協調與整合，以回應環境的需求，完成共同的目標。而電影《模仿遊戲（The Imitation Game）》中劇情也告訴我們：「不是把一群人放在一起，就會變成團隊！」團體與團隊只有一線之隔，但兩者所能產生的績效與貢獻，卻是天差地別。所有的領導者都應該捫心自問：我的團隊真的是團隊，還是僅只是團體而已？

創業團隊，是團隊的一種，目的是實現成功創業。從狹義上理解，創業團隊是指具有共同目的、共擔創業風險，且共享創業收益並成立營利性組織的一群人，主要目的是為消費者提供新的產品或服務。從廣義上理解，創業團隊除了包括狹義上的創業團隊外，還包括創業過程中相關的利益關聯者，如風險投資商、商品供應商等。

接下來我們來思考幾個問題：哈佛大學 MBA 和麻省理工 Ph.D 組合就是勝利方程式嗎？您心目中的夢幻團隊組成為何？存在嗎？團隊參加競賽是為了獎金還是真正想創業？您想建立怎樣的新事業團隊？根據美國的創業調查顯示：美國高成長企業超過 70% 以上，均為團隊創業類型；風險投資業者普遍相信，團隊創業成功所獲報酬高於個人創業；創投評估投資對象，團隊因素為重要評估指標；成功創業家須具備組成與經營團隊的能力。

真正成功的創業團隊則具備以下幾點特質：形成內聚力與一體感、團隊利益第一、堅守基本經營原則、對企業的長期承諾、成員願意犧牲短期利益來換取長期的成功果實、全心致力於創造新事業的價值、建立合理的股權分配、公平彈性的利益分配機制、經營成果的合理分享—分紅配股、股票選擇權和專業能力與性格互補的完美搭配（表 5-1）。

　　發展創業團隊須留意以下常見問題：團隊需要有威權的主管來仲裁；互信基礎是越來越厚實還是越來越薄弱、過於執著創業構想，感性凌駕理性；創業初期加入的成員，有時很難接納優秀人才加入；股權平均分配與貢獻度不一致；親近朋友或家庭成員間因為合作創業翻臉；創業目的不是為了控制新事業，要捨才能得。試問您要一家持股 100% 的平凡公司，還是要一家持股 20% 的賺錢公司？

表 5-1　創業團隊與一般團隊之差異分析

比較項目		創業團隊	一般團隊
目的		開創團隊或拓展新事業	解決某類具體問題
職位層級		團隊成員居於高層管理者職位	團隊成員並不局限於高層管理職位
權益分享		一般情況下，團隊成員擁有企業股份	並不必擁有股份
組織依據		基於工作原因而經營性地共事在一起	基於解決特定問題而臨時性地相聚在一起
影響範圍		影響組織決策的各個層面，涉及的範圍廣	只是影響局部性的、任務性的問題
關注視角		戰略性的決策問題	戰術性的、執行性的問題
領導方式		以高管層的自主管理為主	受公司最高主管的直接領導和指揮
衝突化解過程	表現方式	認知性衝突隱性化；情感性衝突緩慢堆積而成	認知性衝突公開化；情感性衝突瞬間對峙形成
	解決機制	內部溝通	內部溝通，借助上訴途徑請高管成員仲裁
團隊成員對團隊的組織承諾		高	較低
團隊成員與團隊之間的心理契約關係		心理契約關係特別重要，影響到企業家精神強度	心理契約關係尚不正式，其影響力很小

資料來源：陳忠衛，創業團隊企業家精神的動態性研究。北京：北京人民出版社（2007）

5-2 創業團隊的建構與發展

　　創業者組建創業團隊沒有統一的模式，創業團隊能否成功組建取決於目標、性格、價值觀、商機等因素。創業團隊的組建是一個複雜的過程，不同類型的創業專案需要的團隊結構不同，具體組建的步驟也不同。

創業團隊的組成和新創事業想成打造的組織型態或事業規模有關。如要成立微型企業、中小企業、隱形冠軍（Hidden Champions）企業、社會企業（Social Enterprise）或是規劃成未來將被併購（Mergers and Acquisitions）的新創企業等，其團隊的組成結構會有所不同。

對初創企業來說，合夥人通常是由創業團隊中的成員組成，當我們在挑選合夥人時，要從角色分工、專業能力、人脈資源和性格態度等角度來綜合性考量。初創成員大致有事業的總負責人（執行長／CEO）、負責企業營運管理的人（CO／營運長）、財務負責人（財務長／CFO）、行銷負責人（行銷長／CMO）和技術負責人（技術長／CTO）等編制，當然仍需以公司實際需求進行組織編制，並依企業未來發展進行調整。此外，當沒有找到合適的合夥人或是創業團隊也不要貿然創業，不然在創業的激情過後，也可能是團隊解散之日。

如何找到志同道合的創業團隊？除了透過引薦或是由專案執行過程中發掘外，您可以試著透過網路社群、創業小聚、創業競賽、相關公協會活動、校園創業體驗營、創業咖啡館（Co-working Space）、自造者工廠（Maker Space）和育成加速器（Accelerator）等管道。

除建立創業的核心團隊外，更重要的是借重虛擬團隊的力量，如外部投資者、律師、會計師、諮詢委員會及外部專家顧問，事實證明，善用虛擬團隊將有助於提升企業獲利40%。

談起創業團隊的勝利方程式，很多人會說：若有哈佛大學的 MBA 加上麻省理工 Ph.D 成員來結合最棒。但這是我們心目中的夢幻創業隊伍組成嗎？現實的創業環境中存在嗎？要找到這些人一起來創業容易嗎？在整個創業的過程中，最想和誰共乘潛水艇，如何選擇對的合夥人，在在都需要面對與克服。怎樣的創業團隊籌組才能有效運作，更容易成功，筆者有幾點建議與看法：

一、建立優勢互補的創業團隊

建立專長互補的創業團隊，創業團隊的人力組成與管理一直是成功的重要關鍵，團隊內需要具有主內的經營管理者，與主外具有戰略眼光的領導者。而技術與市場兩方面的人才都是不可偏廢。例如：團隊成員多為研發人員，天生多半不擅財務操作和收款，常造成財務管控與周轉上的困難。而團隊成員更是要能有提出建設性與批判性建議的人，而非全數聽從領導人的指示，造成內部創新性的不足。

二、選擇對創業項目有熱情與信心的人加入

初創的企業人力與資源不足，需要有每天長時間工作的準備，如果對創業缺乏熱情與信心，無法支持長期的奮鬥。團隊需要有可以激勵與鼓舞夥伴的人，這樣才能讓團隊隨時保持在高昂士氣，迎接各種挑戰。而企業成員願意犧牲短期利益來換取長期的成功果實，相信較能看到開花結果。

三、要能果斷解決換人及解聘員工

創業過程中，通常經過一段時間磨合，會有理念不合或不適任的人離開，特別在解雇員工與人員重新洗牌方面，是需要相當大勇氣。當然只要能堅持公司利益大於私人利益，相信最終的結果還是有利於公司發展。

四、以法律保障個人權益和利益分配

創業初期常因團隊成員為好友或師長，所以一開始就要將基本的權責界定清楚，尤其是合理的股權分配、合理彈性的分紅方式、融資比重、增資多寡、撤資拆夥的退場機制及人事安排都得考量清楚，唯有訂定合理規範，才可確保組織運作更加順遂，避免不必要的糾紛。

五、建立順暢溝通管道與目標共識

溝通是創業很重要的一環，團隊成員間常會面臨不斷的問題與挑戰，以及團隊謀合摩擦，這需要不斷地溝通來降低矛盾衝突，並要能考量團隊的遠景目標和理想，彼此建立共識，最終才可能達成勝利。

六、健全報酬管理制度規劃

創業過程中應有著健全的報酬管理制度規劃，透過分紅配股、獎金、股票選擇權、增資認股權、技術貢獻股，提供學習成長、表演舞臺、實現理想和自主管理；創業初期需要借助無形精神報償，可將股權以信託方式集中管理，做為長期經營之承諾；保留部份股票做為後期延攬優秀人才加入之用等機制，都有助於替團隊留下好人才。

七、推行 OKR 管理和學習型組織

在 Google 等知名企業內推行的目標與關鍵結果（Objectives and Key Results, OKR），這款目標管理方式有別以往的關鍵績效指標（Key Performance Indicators, KPI）管理，強調組織的上下層之間，要更高頻率溝通，可隨時修正、討論彼此的目標和關鍵結果，有助於雙方不只是抵達目標，並走上一條最好、最快或最適合的道路。另一方面，學習型組織（Learning Organization）也是新創公司在管理上可以推行的方式，這將有助於團隊合作達成目標和透過團隊學習來共同創新。

八、不同時期的團隊擴充

創業團隊在不同發展階段會有人力需求擴充的差異如下：

（一）種子階段（Seed Stage）

初創階段的新創公司有時是創辦人單槍匹馬，或是一群共同創辦人一起打天下，對投資人而言，比較喜歡有共同創辦人的新創公司，一個創辦人離開，剩下來的共同創辦人還是可以運作，況且有分工的團隊，營運效率也會比較好。

（二）早期階段（Early Stage）

當產品開發完成後，公司則進入一個成長的早期階段，會逐步找到各自的分工和定位，若要擴大市場銷售，可以找具備財務和行銷的專業人才加入，當然也別忘了可以善用外包和管理，將公司人力資源做最好的布局和規劃。

（三）成熟階段（Advanced Stage）

在此階段，公司的產品和服務多已獲得市場肯定，或許也有擴大市場規模及進行國際市場布局的打算，可以針對發展需求進行人力擴充。

（四）退場轉型（Exit）

隨著公司成長，對社會的影響力也越來越大。或許規劃朝向股票上市櫃發展，也或許面臨市場變化，必須進行企業轉型發展。因此，公司勢必要有更清楚的組織結構和功能定位，以便指揮調度。

此外，除了上述如何建立成功的創業團隊與有效運作，創投公司對於新事業機會團隊面的評估有下列幾點，提供各位參考：

外部創投公司對於創業團隊在提報營運計畫書及了解創業團隊是否值得投資上，通常都會以下列九點做為參考之指標，如：1. 與個人目標的契合度、2. 機會成本多寡、3. 對於失敗的底線為何、4. 個人偏好、5. 風險承受程度、6. 負荷承受度、7. 誠信正直的人格、8. 專業坦誠、9. 產業經驗與專業背景。因此，在尋求創業投資時，必須先問自己和團隊對這些問題的看法與回應方式，才能建立創投對團隊之信任與信心，進而參與投資。

以上為筆者多年來從事新創創業輔導及合夥創業之經驗，希望可提供各位做為未來在衍生技術商業化與事業化之團隊發展參考。創業團隊每個人都有自己的脾氣，磨合是門藝術，團隊成員的穩定度要時常維繫、關心，應學習「野雁的精神」—相互扶持、鼓勵、讚美。

創業團隊隨著企業發展，老成員會離開或新成員選擇加入是很正常的事，營造一個好的創業團隊發展環境，是領導人該努力的目標，期許新創企業的團隊都能合作創業成功，進而促進國家產業經濟之繁榮。

5-3 　新創公司之人力資源管理

一、創業團隊常見問題

（一）利益分配制度不完善

團隊在創立初期往往沒有對成員的利益分配明確化、制度化，在企業發展初期，很多創業團隊成員因沒有考慮，或者是礙於面子，沒有明確提出未來具體的利潤分配方案，等企業產生效益，規模不斷擴大後，利潤分配成為團隊成員之間爭執的焦點。一旦處理不好，就會造成團隊的分裂。

（二）團隊衝突

團隊衝突一般出現在團隊運營過程中，在經營管理等方面想法不同而出現的問題，這與團隊成員的性格特點和團隊成員結構有關。當團隊出現衝突時，團隊成員中善於聽取意見，並能綜合大家意見尋求解決方案的成員責任重大，否則問題長期得不到解決，容易造成人心的渙散，最終導致團隊的渙散。

（三）信任危機

信任危機一般有兩種情況：一是由於利益分配等問題，導致創業團隊內部利益衝突；另一種是團隊內部與團隊外部主體間的信任情況，遭到各種因素的影響而產生懷疑的情況。解決信任危機的方式是財務公開、決策公開和利益公平。

（四）發展瓶頸的出現

發展瓶頸一般出現在創業團隊運營一個階段後，面對團隊取得的成績或者失敗的風險，團隊成員共同一致的目標受到動搖以後，成員對於創業團隊的發展情況意見不一，使得創業團隊的發展遇到限制的情況。創業團隊在企業發展過程中總會遇到各種意想不到的問題，創業團隊成員應該針對不同情況及時制定相應的解決策略，為了企業的發展，每個人都能夠大度包容、同舟共濟，企業才有可能得到長遠的發展。

二、公司人力資源管理常見問題

公司營運發展的成功與否，其中「人」的因素佔了很重要的部分，在人力資源管理上也會常遇到一些管理問題，如下：

1. 員工離職率太高。
2. 組織找不到合適的員工。
3. 員工敬業心太低。
4. 員工做事錯誤百出。
5. 員工上班時間大半在聊天。
6. 員工常鬧派系鬥爭或糾紛。
7. 公司對工作安全不關心。
8. 薪資制度欠公平。
9. 員工訓練不足，工作技能及績效不高。
10. 員工權益不受重視，勞資關係不佳。

三、國際人力資源管理

當企業逐步走向國際化，所要面對的跨國管理更是需要因地制宜，以下提出三點管理課題，能有效利用國際人力資源，才能讓公司真正邁向全球發展。

（一）涉及更多的功能及活動

如地主國籍員工配置與適應、與地主國的關係、派外經理人的甄選調任、管理訓練、跨國績效評估、回任與前程發展等。

（二）需具備跨國界、跨功能的國際觀

如瞭解不同國家的風土民情、文化價值觀、相關勞動法令、稅務法規，管理多元文化的工作團隊等。

（三）須更涉入員工生活

如對派外經理人眷屬照顧、子女教育津貼、安排宿舍、健康醫療補助、不定期慰問以抒解海外工作壓力等。

新東方教育科技集團

談起創業團隊案例，不得不提中國大陸「新東方教育科技集團（New Oriental Education & Technology Group Inc.）」的創業團隊故事，該故事還被改編成由知名影星黃曉明、佟大為和鄧超所主演的電影「海闊天空（中國大陸電影片名：中國合夥人）」。電影的最後，三位合夥人分道揚鑣，一句經典臺詞：「千萬別跟丈母娘打麻將，千萬別跟想法比你多的女人上床，千萬別跟好朋友合夥開公司」，一時引起社會的熱議。

> **公司小檔案**
> ・ 創業團隊案例：新東方教育科技集團
> ・ 創辦人：俞敏洪（新東方創始人，現任新東方教育科技集團董事長）
> ・ 公司網址：http://www.neworiental.org/

新東方教育科技集團，由 1993 年 11 月 16 日成立的北京「新東方學校」發展壯大而來，目前集團以語言培訓為核心，擁有短期培訓系統、基礎教育系統、文化傳播系統、科技產業系統、諮詢服務系統等多個發展平臺，是一家集教育培訓、教育產品研發、教育服務等於一體的大型綜合性教育科技集團。新東方教育科技集團於 2006 年 9 月 7 日在美國紐約證券交易所成功上市，成為中國大陸首家海外上市的教育培訓機構。近期受到中國大陸政府「雙減政策（註：目的在於減輕義務教育階段學生作業負擔、校外培訓負擔）」及新冠疫情（Covid-19）影響，大幅關閉新東方全國各地分校及大量裁員，但也從危機中看見了企業轉型的新機會，挺過艱辛的 2021 年。

出生於江蘇的新東方創辦人俞敏洪，為中國創業企業的標竿人物，1980 年考入北京大學西方語言文學系，畢業後留校擔任北京大學外語系教師。1991 年 9 月，俞敏洪從北京大學辭職，展開自己的創業生涯。1993 年，俞敏洪創辦了新東方培訓學校，創業一開始，俞敏洪單槍匹馬，在僅有不到十平方米的辦公室裡，在零下十幾度的天氣，自己拎著漿糊桶到大街上張貼招生宣傳廣告。

在新東方創辦之前，事實上北京已經有多所同類型學校，參加新東方培訓的多是以出國留學為目的。隨著出國熱，以及人們在工作、學習、晉升等方面對英語的多樣化要求，大陸內地掀起了學習英語的熱潮，越來越多的優秀教師加入到英語培訓這個行業，也有為數不少英語教師選擇自行個人開班創業。俞敏洪也意識到要把新東方做強、做大，英語培訓行業必須要具備足夠的一流師資。

所以，他需要找到更多的合作夥伴，幫他控制住英語培訓各個環節的品質。而這樣的人，不僅要有專業知識和能力，更要和俞敏洪本人有共同的辦學理念。他首先想到的是遠在美國的王強、加拿大的徐小平等人（圖 1），實際上這也是俞敏洪思考了很久所做的決定，更重要的是這些人作為自己在北大時期的同學、好友，在思維上有著一定的共同性，肯定比其他人能更好地理解並認同自己的辦學理念，合作也會更堅固和長久。這時他也遇到了一個和他有著共同夢想的朋友杜子華，杜子華像一個漂泊的遊俠，研究生畢業後遊歷了美國、法國和加拿大，憑著對外語的透徹領悟和靈活運用，在國外結交了許多朋友，得到了不少讓人羨慕的機會，也非常重視中國的教育發展。

圖 1　新東方三位創始人俞敏洪（左一）、徐小平（中）、王強（右一）[2]

　　1994 年，在北京做培訓的杜子華接到了俞敏洪的電話，幾天後兩人碰了個面，談話中，俞敏洪講述了新東方的創業和發展、未來的構想、自己的理想、對人才的渴望等，這次會面改變了杜子華單打獨鬥實現教育夢想的生活，杜子華決定在新東方實現自己的追求和夢想。

　　1995 年，俞敏洪來到加拿大溫哥華，找到曾在北大共事的朋友徐小平。這時的徐小平已經來到溫哥華 10 年之久，生活穩定而富足。俞敏洪不經意地講述自己創辦新東方的經歷，說服了當年社團指導老師徐小平返國加入新東方。隨後，俞敏洪又來到美國，找到當時已經進入貝爾實驗室工作的同學王強。就這樣，徐小平和王強都站在了新東方的講臺上。

2　圖片來源：大陸長沙晚報

1997 年，俞敏洪的另一個同學包凡一也從加拿大趕回來加入了新東方，新東方就像一個磁場，凝聚起一個個年輕的夢想，這群在不同土地上為了求學，洗過盤子、貼過廣告、做過推銷、當過保姆的年輕人，終於找到一個突破口，年輕人身上積蓄的、需要爆發的能量在新東方充分得到了釋放。從 1994 年到 2000 年，杜子華、徐小平、王強、胡敏、包凡一、錢永強、周成剛等人陸續被俞敏洪網羅到了新東方。

1995 年，俞敏洪逐漸意識到，學生們對於英語培訓的需求已經不只限於出國考試。甫加入新東方的胡敏就應這種需求，開發出了雅思（IELTS）英語考試培訓而廣受好評。徐小平、王強、包凡一、錢永強等人則分別在出國諮詢、基礎英語、出版、網路等領域各盡所能，為新東方搭起了一條順暢的產品鏈，公司內部鼓勵提出個人意見，也讓老師們發展自身獨有的特色，讓新東方成為一個有思想、有創造力的地方。

俞敏洪的成功之處是為新東方組建了一支年輕又充滿激情和智慧的創業團隊，俞敏洪的溫厚、王強的爽直、徐小平的激情、杜子華的灑脫、包凡一的穩重，五個人的鮮明個性讓新東方總是處在一種不甘平庸的氛圍當中。俞敏洪本人所具備的包容性，幫助他帶領著他的創業團隊，不僅將新東方從小做大，還將新東方帶到了美國的資本市場，成為中國第一個在海外成功上市的民營教育機構。雖然隨著時空變遷，有些創業團隊成員因股權紛爭和經營理念差異離開了新東方，徐小平和王強現成了天使投資人，新東方的創業故事提供了我們對創業團隊的建構和管理上的啟發，俞敏洪的創業故事是勵志。[3]

延伸思考 ─────────────────────────────────

1. 初創企業應如何做好團隊的股權分配？如何合理地激勵創業團隊？

2. 創業難免意見不合，如何降低創業團隊的衝突？新東方三位創辦人的衝突是否有助於企業的發展？

───────────────────────────────

3　參考資料：百度文庫─創業團隊案例（新東方）

腦力激盪 ···

1. 課堂團隊遊戲—破冰之旅

   遊戲規則：

   (1) 首先發給課堂上每位同學一張 A4 紙，並請同學們在 A4 紙上畫出 5×5 矩陣方格。

   (2) 請在 25 個方格中，挑選一個方格，並寫下自己的姓名、興趣和專長等三項基本資料。

   (3) 請同學們離開座位，請每位同學主動詢問其他同學的姓名、興趣和專長三項資料，並寫入剩餘任何一個方格中，最先完成 3 條賓果（Bingo）連線者，可以舉手喊賓果。

   (4) 請老師邀請全班最先喊賓果的同學到講臺前來，由老師抽問所填同學興趣和專長資料，若都能答對者，則該名同學可以獲得精美獎品一份或於學期總成績結算時給予加分鼓勵。

2. 創業電影欣賞—海闊天空（中國大陸電影片名：中國合夥人／大陸新東方集團的創業故事）。

NOTE

06

商業模式設計與創新

　　創業家依據願景目標找出可持續獲利的商業模式（Business Model）就變得相當重要。例如：谷歌（Google）創辦人為搜尋引擎服務訂下的願景：「在網上搜尋是一種可靠的、快捷的搜尋方式。」然而要達成這樣的願景目標，提供優質的搜尋引擎服務，就必須思考公司的營運商業模式。

　　本章節將聚焦在商業模式意涵、商業模式創新的經典案例及商業模式之設計與建構等議題之探討，最終透過章節結束前之問題與討論，來驗證在商業模式設計與創新內容之學習成果。

● **學習重點** ●

6-1　商業模式的意涵與類型

6-2　商業模式創新的經典案例

6-3　商業模式之設計與建構

創業速報　洄遊吧：以食魚教育創新的商
　　　　　　業模式，推動花蓮地方創生

─────── 創業經營語錄 ───────

　　創業的"魔鬼三角"是：團隊、融資、商業模式。

　　　　　　─百度公司（Baidu）創辦人：李彥宏

6-1 商業模式的意涵與類型

一、何謂商業模式

已故的管理大師彼得 · 杜拉克（Peter Drucker）曾說：「當今企業之間的競爭，不是產品之間的競爭，而是商業模式的競爭。」由此可知，商業模式將決定企業成敗。

近年來，企業的生存競爭變得越來越艱難，不得不隨時因應環境與對手變化，以調整既有的模式或構思全新的商業模式，來拉開與競爭對手的距離。

什麼是商業模式（Business Model）？根據維基百科（Wikipedia）定義：為實現客戶價值最大化，把能使企業運行的內外各要素整合起來，形成一個完整的、高效率的、具有獨特核心競爭力的運行系統，並通過最優實現形式滿足客戶需求、實現客戶價值，同時使系統達成持續贏利目標的整體解決方案。簡言之，商業模式即是一個事業創造營收（Revenue）與利潤（Profit）的手段與方法。

由上述可知，商業模式大概包含了幾個面向，包括：如何為客戶創造價值、整合企業經營內外資源、獨特業務營運流程及獲利模式（Profit Model）。而一個好的商業模式應是讓客戶不斷上門消費，甚至成了死忠顧客，其他競爭者想加入戰局，因有著高門檻，也不得其門而入。

商業模式競爭也像一場遊戲，如何打造平臺、創造舞臺，讓許多人參與賽局，透過資源分配讓每個人得到他想要的，甚至得到更多，讓商業遊戲得以不斷進行，進而從中獲取企業利益。

二、常見商業模式類型

　　商業競爭中，各種商業模式不斷推陳出新，以下列舉較常見之商業模式類型，創業團隊或經營者可依公司經營規劃進行模式設計，從中找到企業生存之道。

（一）多方平臺型

　　指的是創建以買賣或訊息交換為目的場所或平臺，透過服務手續費及銷售佣金提成來賺錢。例如：Facebook、任天堂。

（二）吉列模型（印表機模式）

　　產品本身以低價或免費形式提供，透過附屬產品或消耗品的持續銷售而獲取利潤。例如：吉列刮鬍刀和刀片、印表機和墨水（碳粉）及雀巢膠囊咖啡機和各式口味膠囊。

（三）免費增值型

　　透過提供免費的服務來增加用戶數，再將其中的一部份用戶導到高附加價值的付費服務來獲取利潤。例如：獨角獸企業 Dropbox 提供基本雲端儲存空間，用戶可以隨時隨地存取資料，但免費的空間容量有限，若要增加使用容量則需另外付費。

（四）無增值型

　　保證核心服務品質，盡可能削減不必要的服務，以最低價提供服務的獲利模式。例如：連鎖百元理髮，只為需要的服務付費。

（五）O2O（Online To Offline）/ OMO 模式

　　O2O 是透過網路平臺提供優惠券或紅利點數等附加價值，來引導顧客到實體店面進行消費的獲利模式。例如：日本連鎖超商 Lawson 利用 Facebook 及 Line 發送限量優惠券，吸引顧客前往店面消費。近年來市場通路則轉型為 OMO（Online Merge Offline）模式。

（六）加盟模式

　　提供想加盟本企業業務的人或是企業，提供從事本企業業務的權利稱之為加盟模式。例如：加盟 85°C 咖啡、全家便利超商等各種連鎖體系。

（七）「羊毛出在狗身上，豬來買單」模式

　　廠商販售商品給客戶時的傳統思維是「羊毛出在羊身上」，商品的價值在於客戶花錢買單。「羊」指的是客戶，「羊毛」指的是金錢，客戶所獲得的益處，都是由自己口袋裡的錢交換來的。

「羊毛出在狗身上，豬來買單」的關鍵是，多了「資訊」交易的價值。商人交易的不只是「商品」與「金錢」，更重要的是商品背後的使用「資訊」。「羊」是客戶、「狗」是商品公司、「豬」則是想獲得數據的公司。有人願意出錢幫客戶買單，客戶使用新產品的意願自然大大地提升。這種新型態的商業模式，將「資料」的價值擴大。如：四川航空免費接送服務。

（八）自助服務模式

為按照顧客使用量計價和自助服務的繳費方式，意向消費者公平地提供商品和服務的商業模式。例如：日本連鎖品牌停車場 Times 依消費者停車時數多寡計價，並由消費者利用自動化機臺完成自助服務。

（九）其他模式

如鴻海精密公司的全球電子製造代工模式（Electronics Manufacturing Service, EMS），台灣積體電路公司的全球晶圓代工模式（Foundry），指接受其他無廠半導體公司委託、專門從事半導體晶圓製造，而不自行從事產品設計與後端銷售的公司。

創意 新視界

打造超級 App，Grab 瞄準 6 成東南亞人都要的金融服務

在東南亞你可以沒有 Uber，但你可能不能沒有 Grab 或 Go-Jek。總部位於新加坡、2012 年從馬來西亞起家的 Grab，發展至今已成為當地最龐大的服務生態系。以乘車服務為起點，一路衍生電商服務、食物和生鮮外送、數位金融支付、保險、貸款和醫療等多樣化的服務，涵蓋用戶的日常生活一切所需。Grab 創辦人陳炳耀（Anthony Tan）也正帶領 Grab 團隊，將透過募集更多資金，以打造超級 App，讓 Grab 的業務變得更有彈性，能提供 6 成東南亞民眾都需要的金融服務，也是東南亞最有能力辦到的公司。

圖片說明：Grab App（圖片來源：Google Play）

6-2　商業模式創新的經典案例

一、美國航空 VS 西南航空

　　西南航空（Southwest Airlines）有別於其他美國航空公司，走的是國內直飛航線客戶的路線，只使用一種機型及城市近郊的小機場，運用點對點航線，不採用預訂機位的制度等，創造出獨特成功的經營模式，與美國航空比較如表 6-1。

表 6-1　美國航空 VS 西南航空營運模式比較

<table>
<tr><td colspan="2">　　　　　　　航空公司
比較項目</td><td>American Airlines
（美國航空）</td><td>Southwest Airlines
（西南航空）</td></tr>
<tr><td colspan="2">客戶群</td><td>全球航線客戶</td><td>美國境內直飛航線客戶</td></tr>
<tr><td rowspan="2">價值
主張</td><td>首要價值</td><td>產品</td><td>價格</td></tr>
<tr><td>差異化價值</td><td>通路</td><td>服務</td></tr>
<tr><td colspan="2">差異化</td><td>廣泛的產品種類：
航班涵蓋全球各地</td><td>有限的直飛航班：
容易維護、培訓成本低</td></tr>
<tr><td colspan="2">產品和服務的
範疇</td><td>非常廣泛：連結全球各地</td><td>狹窄：只覆蓋幾個特定城市</td></tr>
<tr><td colspan="2">組織設計與執行</td><td>樞紐和輻射式：高固定成本</td><td>點對點航線，更低的彈性成本，
強調成本控制</td></tr>
<tr><td colspan="2">價值創造與營利</td><td>控制樞鈕城市，
要求高上座率</td><td>追求高上座率</td></tr>
<tr><td colspan="2">人才與引力</td><td>較高工資，良好的職涯發展規劃</td><td>股權激勵</td></tr>
</table>

資料來源：作者自行整理

二、四川航空的免費接送服務

　　中國大陸四川航空（Sichuan Airlines）曾採取只要乘客購買五折以上機票，則提供乘客 24 小時機場往返成都市區任何點的免費接送服務。

　　四川航空公司發現來往成都市區和機場間的出租車司機常排班苦等或繞了半天沒有生意可做，於是想出結合出租車司機提供免費機場與市區間免費搭乘的服務，幫客人節省時間及約 RMB 150 元計程車搭車費用，期盼能刺激搭乘川航增加公司營收。於是向車商風行菱智公司提出以每輛 RMB 9 萬元一次性購入市價 RMB 14.8 萬元 MPV 休旅車，

共購置了 150 臺休旅車（7 人座），並提出未來會在每輛車上由司機在載客途中向乘客介紹風行菱智車輛優點與車商服務。

　　爲提供免費搭乘的服務，四川航空號召了 150 名出租車司機來加入服務並提供穩定的客源，但前提是所有參與的出租車司機必須要以每臺 RMB 17.8 萬元價格向四川航空購買休旅車，在每一次的接送服務中，四川航空則支付搭載每位乘客 25 元勞務費，亦必須協助風行菱智公司在車上向客戶介紹車輛優點和車商服務。

　　以下我們來說明川航何以成爲最大贏家（圖 6-1）：

1. 150 臺每年廣告量 = 6 × 3 × 2 × 365 × 150 = 1,971,000 人次（197.1 萬次）
   每臺出租車最多可載 6 名乘客，每天機場市區來回 3 趟，一年 365 天，共有 150 臺出租車參與接送及車體廣告服務。

2. 川航從車輛銷售價差可獲利 =（17.8 − 9）× 150 = 1,320 萬元。

3. 川航平均每天線上線下多出售了約 1 萬張機票。

4. 150 臺印有「免費接送」巴士，進行品牌傳播。

5. 川航與車商簽約期滿之後還可以通過車體廣告出租盈利。

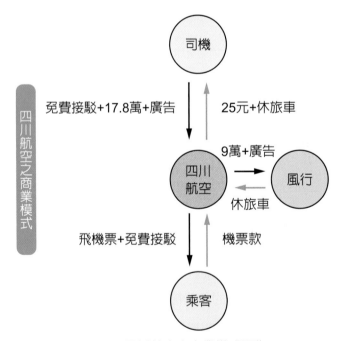

圖 6-1　四川航空之商業模式運作

三、Grameen Bank（鄉村銀行）的小額信貸

2006 年 10 月，諾貝爾和平獎結果出爐，得主是來自孟加拉的穆罕默德‧尤努斯（Muhammad Yunus）（圖 6-2）及其所創辦的「鄉村銀行」（Grameen Bank），俗稱窮人銀行。尤努斯在孟加拉為幫助窮人擺脫貧困而創建 Grameen Bank，它的目標客群是鄉村最貧窮的人，特別是貧困婦女。獨創的「小額信貸」制度，已成功促使無數赤貧人民在無需擔保或抵押的情況下，借到小額貸款（平均貸款額度是 130 美元），用來創業與改善生活水準，以逐漸擺脫貧窮。

尤努斯過去看見許多家庭只因為缺了如此微薄的錢，就遭遇不幸。不過，更令尤努斯驚訝的是，他只要求借款人認真工作，等到有能力時再償還，但這些人卻全數準時還錢。自此，尤努斯的足跡踏遍了一個又一個的鄉村，提供村民小額貸款，擺脫中間人的剝削。這段經歷讓尤努斯相信，借錢給窮人並非不可能的生意，促使他研擬及推行「鄉村銀行計畫」（Grameen Bank Project），並於 1983 年正式創立「鄉村銀行」。

圖 6-2　穆罕默德‧尤努斯（Muhammad Yunus）[1]

鄉村銀行雖然是一家營利的私人銀行，但是尤努斯的經營哲學是：傳統銀行怎麼做，鄉村銀行就要反其道而行。事實證明，免除擔保品、推薦人、信用紀錄或法律規定等繁文縟節，只憑「信任」做生意，銀行還是可以運作，而且還能賺錢。自創立以來，鄉村銀行已借款給六百多萬孟加拉人，每年平均借出 8 億美元的小額貸款。貸款的資金來源是存款及銀行內部資金，而其中存款的 67%，更是來自借貸人本身。採用獨特的集體借款方式：即借款人必須是 5 人一組，彼此互為保證人，這個保證人的機制，旨在發揮同儕壓力及同儕支持，確保每個人都能如期還款。在孟加拉，這個連帶保證的做法非常管用，因為人們都不想在鄰居和親朋好友面前丟臉。鄉村銀行便發揮了顯著的約束力，借款人的還款率近 99%。

1　圖片來源：https://www.managertoday.com.tw/articles/view/33

四、中美知名互聯網公司營利模式

如下表所示，表 6-2 為中美知名互聯網公司營利模式說明：

表 6-2　中美互聯網公司營利模式

企業名稱	營利模式
谷歌（Google）	Google 主要是圍繞「廣告 + 互聯網增值服務」這個營利模式稱霸互聯網。簡單來說，Google 其實就是一個廣告平臺，至於 Google 的互聯網增值服務，主要來源於 Google 的各類產品。
臉書（Facebook 已更名為 Meta）	Facebook 是全球最大的 SNS 社區，盈利基於「廣告 + 互聯網增值服務 + 開放 API 分成」模式。
亞馬遜（Amazon）	Amazon 是傳統的 B2C 公司，盈利模式在於商品的買賣差價，產品銷售主要分為「電子產品 + 媒體產品 + 其他日用產品」三大部分。
騰訊（Tencent）	1. 騰訊的營利模式主要圍繞「互聯網增值服務 + 移動及電信增值服務 + 廣告」展開，其中互聯網增值服務式為騰訊營利的主力軍。 2. 騰訊業務拓展至社交、娛樂、金融、資訊、工具和平臺等不同領域，是中國規模最大的網際網路公司。目前，騰訊擁有中國國內使用人數最多的社交軟體騰訊 QQ 和微信 WeChat，以及中國國內最大的網路遊戲社區騰訊遊戲。在電子書領域，旗下有閱文集團，運營有 QQ 讀書和微信讀書。
阿里巴巴（Alibaba）	1. 阿里巴巴是電子商務 B2B 公司，但是阿里巴巴不直接參與到商品的交易當中，只是搭建一個 B2B 所需要的基礎設施，買賣信息。營利模式是「會員費 + 廣告」。 2. 服務範圍包括 B2B 貿易、網上零售、購物搜尋引擎、第三方支付和雲端計算服務。集團的子公司包括阿里巴巴 B2B、淘寶網、天貓、一淘網、阿里雲計算、支付寶、螞蟻金服等。
百度（Baidu）	1. 百度的營利模式是「競價排名 + 網站聯盟」。 2. 百度是一家主要經營搜尋引擎服務的網際網路公司。

資料來源：作者自行整理

五、商業模式衍生發明專利

　　一項獨特的營運獲利模式絕對會使同業競相學習模仿，如果商業營運模式不具有技術門檻，相信見了光就會一文不值。所以，在產品服務還沒問世之前，好的營運構想就該以專利或營業秘密的其中一種方法來保護其智慧財產權。

　　像是美國這樣一個網路與各類媒體開放而商業活動頻繁的地區，商業模式類型的專利數量驚人。所幸，專利是屬地主義的產物，美國專利權並不及於美國以外的地區。如

果是以亞洲華文社會爲對象的商業模式，可能需要考慮多個華文地區的專利侵權或佈局。相信在未來幾年之內，專利戰火很快就會波及商業模式這個新的領域。怎樣才能申請商業模式型態衍生的專利呢？如能具體交代藉助軟硬體資源，來實現商業方法，就可以！由此可知，若是單純的商業方法本身，是不能作爲專利申請之標的，然而，利用電腦軟體與硬體等技術來實現商業方法，則將「有機會」成爲專利申請之標的！

　　以先前熱門的共享單車行業爲例，如果有人首創了「共享單車」的商業模式，即用戶可以隨處借單車使用，再隨處歸還，這種單純的商業模式由於不包含任何技術方案，不可能被授予專利權。但是，如果通過符合新穎性、創造性和實用性要求的技術方案來實施該模式，如開發者設計了單車的 GPS 定位系統和與智慧型手機相連的開鎖系統等，該項發明做爲一個整體包含了技術方案，則可能被授予專利權。

　　綜上所述，對手機 APP 類的商業模式來說，單純的創意是不值錢，也不能申報專利的，必須做出一個產品爲基礎。

6-3 商業模式之設計與建構

一、商業模式畫布

　　什麼是商業模式？商業模式做爲一個廣泛使用的概念，每個人都有自己的定義。但是亞歷山大・奧斯特瓦德（Alexander Osterwalder）於 2010 年提出了一套叫商業模式畫布圖（Business Model Canvas）的工具，把設計和表述商業模式，變得簡單、高效。商業模式畫布圖係指一種能夠幫助創業者催生創意、降低猜測、確保他們找對了目標用戶、合理解決問題的工具。

　　商業模式畫布圖不僅能夠提供更多靈活多變的計畫，而且更容易滿足用戶的需求。更重要的是，它可以將商業模式中的元素標準化，並強調元素間的相互作用。這套商業模式畫布圖（如圖 6-3）包括 4 個視角：爲誰提供、提供什麼、如何提供、如何賺錢；9 個模塊：目標客層、價值主張、通路、客戶關係、收入來源、核心資源、關鍵活動、重要合作夥伴以及成本結構。以下簡述各個模塊之意涵：

1. 目標客層（Customer Segments, CS）：企業或組織所要服務的一個或數個客群。
2. 價值主張（Value Propositions, VP）：以種種價值主張，解決顧客的問題，滿足顧客的需要。
3. 通路（Channels, CH）：價值主張透過溝通、配送及銷售通路，傳遞給顧客。

4. 顧客關係（Customer Relationships, CR）：跟每個目標客層都要建立並維繫不同的顧客關係。

5. 收益流（Revenue Streams, RS）：成功地將價值主張提供給客戶後，就會取得收益流。

6. 關鍵資源（Key Resources, KR）：想要提供及傳遞前述的各項元素，所需要的資產就是關鍵資源。

7. 關鍵活動（Key Activities, KA）：運用關鍵資源所要執行的一些活動，就是關鍵活動。

8. 關鍵合作夥伴（Key Partnership, KP）：有些活動要借重外部資源，而有些資源是由組織外取得。

9. 成本結構（Cost Structure, CS）：各個商業模式的元素都會形塑你的成本結構。

8. 關鍵夥伴 （Key Partners） 誰是關鍵的供應商和夥伴？	7. 關鍵活動 （Key Activities） 營運有哪些必要的活動？	2. 價值主張 （Value Proposition） 我們為客戶解決了什麼問題？	4. 顧客關係 （Customer Relationships） 如何與客戶建立關係？	1. 客戶區隔 （Customer Segments） 誰是最重要的顧客？
	6. 關鍵資源 （Key Resources） 營運所需的關鍵資源？		3. 通路 （Channel） 如何有效接觸顧客？	
9. 成本結構 （Cost Structure） 可能主要的花費？			5. 收益金流 （Revenue Streams） 可能的收益來源？	

圖 6-3　商業模式畫布圖

二、商業模式畫布案例

操作商業模式畫布，最重要的是團隊聚在一起集思廣益，根據創業主題進行各個模塊的討論，以下列舉觀光牧場、外送平臺 Foodpanda 及環保材料商 Grind 的商業模式案例供學習參考。

（一）觀光牧場商業模式畫布圖

8. 關鍵夥伴 （Key Partners）	7. 關鍵活動 （Key Activities）	2. 價值主張 （Value Proposition）	4. 顧客關係 （Customer Relationships）	1. 顧客區隔 （Customer Segments）
(1) 關鍵合作的旅行社 (2) 酪農養殖戶 (3) 協助行銷推廣的企畫公司	(1) 季節性行銷推廣活動 (2) 國際旅展 (3) 策略聯盟行銷活動	(1) 酪農業體驗 (2) 農村體驗 (3) 休閒放鬆 (4) 教育學習體驗 (5) 歡樂體驗	(1) 對長期合作旅行社回饋 (2) 對住宿旅客過節簡訊恭賀或優惠	(1) 學生團體 (2) 工商團體 (3) 家庭親子遊客 (4) 都會型遊客 (5) 北臺灣遊客
	6. 關鍵資源 （Key Resources） (1) 酪農業文化 (2) 自然資源 (3) 觀光與農業專長 (4) 品牌名聲 (5) 房間與餐廳設施		**3. 通路** （Channel） (1) 現場販售 (2) 旅展販售 (3) 網路販售 (4) 其他網路交易平臺	

9. 成本結構 （Cost Structure）	5. 收益金流 （Revenue Streams）
(1) 人事成本　　　　(2) 行銷與業務成本 (3) 餐飲成本與住宿成本　(4) 商品成本 (5) 軟硬體維護成本　　(6) 教育訓練成本 (7) 園區場地租金成本　(8) 水電成本費用	(1) 門票收入　　　(2) 房間住宿收入 (3) 餐飲收入　　　(4) 紀念品收入 (5) 遊憩設施活動收入

資料來源：作者自行整理

（二）Foodpanda 商業模式畫布圖

8. 關鍵夥伴 （Key Partners）	7. 關鍵活動 （Key Activities）	2. 價值主張 （Value Proposition）	4. 顧客關係 （Customer Relationships）	1. 顧客區隔 （Customer Segments）
(1) 合作店家 (2) 外送員 (3) 銀行支付業者 (4) 其他聯盟業者	(1) 商家合作簽約 (2) 外送員招募篩選 (3) 平臺維護與資料分析 (4) 廣告行銷	(1) Food Delivery Online	(1) 會員制 (2) 追蹤系統 (3) 反饋評分	(1) 忙碌沒空閒買餐點或生活購物民眾 (2) 不想外出用餐民眾
	6. 關鍵資源 （Key Resources） (1) 派單與接單系統 (2) 快速配餐外送員 (3) 數據資料庫		**3. 通路** （Channel） (1) App (2) 社群媒體	

9. 成本結構 （Cost Structure）	5. 收益金流 （Revenue Streams）
(1) 外送員薪水及獎金 (2) 行銷推廣費用 (3) 平臺維護費 (4) 公司員工薪資及福利	(1) 外送費用收入 (2) 合作店家服務收入

資料來源：作者自行整理

（三）Nike（耐吉）Grind 商業模式畫布

8. 關鍵夥伴 （Key Partners） (1) 物流公司 (2) 耐吉核心業務 (3) 舊鞋回收零售商	7. 關鍵活動 （Key Activities） (1) 回收鞋子與分解	2. 價值主張 （Value Proposition） (1) 再生顆粒：高品質再生材料 (2) 高品質運動用品的面層 (3) 永續循環設計	4. 顧客關係 （Customer Relationships） (1) 共同創造	1. 顧客區隔 （Customer Segments） (1) 耐吉設計師 (2) 優質面層製造商
	6. 關鍵資源 （Key Resources） (1) 位於美國和比利時的再生設備		3. 通路 （Channel） (1) 耐吉商店 (2) 運動鞋回收桶	
9. 成本結構 （Cost Structure） (1) 研發和創新費用 (2) 再生材料製造成本 (3) 員工薪資福利			5. 收益金流 （Revenue Streams） (1) 再生顆粒銷售	

資料來源：作者自行整理

三、商業模式創新與反思

　　雖然商業模式畫布圖已成爲各國課堂討論商業模式議題，普遍所使用的分析工具，但其在眞實的商業模式分析上，仍有些許限制，以下提供幾點觀察供讀者們參考：

1. 商業模式畫布是一項靜態分析，但畢竟商業是動態競爭，您要隨時留意市場動態變化，商業模式不是一成不變，要靈活調整，並因應不同發展階段做轉型。

2. 該工具分析上較難呈現商業套利和交換行爲，另有些商業關鍵營業資料取得不易，分析上仍有盲點。

3. 應善用新興科技或數位轉型，能讓您的商業模式煥然一新。

4. 商業模式可以學習，但多無法複製，畢竟每個企業內外因素條件不同，應多反向思考現有商業模式破口，並予以創新和加值。

5. 社會企業與營利企業的追求的目標不同，因此在分析商業模式時，社會企業對於社會影響力的重視程度會更勝於商業收益的多寡。

6. 商業模式分析應結合設計思考方法，以眞正找出問題和解決之道，對顧客創造物超所值，讓自己有利可圖。

7. 構思出好的商業模式，更需要有好的執行力，不然也枉然。

洄遊吧：
以食魚教育創新的商業模式，推動花蓮地方創生

近年來在臺灣，「青年返鄉創業」、聯合國「永續發展目標 SDGs（Sustainable Development Goals）和企業經營指標 ESG（Environment, Social and Governance）」，以及「地方創生」等議題，受到各界廣泛重視和討論，也讓我們有幸能在臺灣，這塊我們熱愛的土地上，看見許許多多的精彩故事。其中位於花蓮七星潭的「洄遊吧有限公司（FISH BAR）」，以「以食魚教育創新的商業模式，推動花蓮地方創生」的優異表現，深獲各界推崇與媒體報導肯定。

> 公司小檔案
> - 公司名稱：洄遊吧有限公司
>   （FISH BAR）
> - 負責人：黃紋綺（創辦人兼執行長）
> - 公司官網：https://www.fishbar.com.tw

畢業於國立中山大學海洋環境與工程學系研究所的洄遊吧公司創辦人黃紋綺（如圖1）。因為喜歡大海、對海裡的魚深深著迷，想和更多人一起分享海洋的奧秘，也基於對故鄉的愛和期許貢獻所學專業，毅然決然先放棄出國繼續深造的機會，選擇了一條青年返鄉的創業路，於 2016 年 12 月和一群喜歡海洋的花蓮在地青年組成洄遊吧有限公司，在故鄉花蓮開啓了他們的創業旅程。

圖1　洄遊吧創辦人黃紋綺（中）、國立東華大學育成中心吳其璁經理（右一）與作者張耀文老師（左一）合影

黃執行長告訴筆者，家族長期在七星潭海邊以較環保且永續的「定置漁網」的友善捕魚方式來討生活，但抓魚的人多，會行銷的人少，加上以捕魚維生的長輩年紀漸大，因此，「洄遊吧（FISH BAR）」以打造「食魚教育」及「海洋永續」為核心，提供「洄遊鮮撈（Product）」、「洄遊平臺（Knowledge）」和「洄遊潮體驗（Activities）」三個面向的服務，希望透過「魚」這日常生活中最接近海洋的媒介，串連人和海洋的關係，與傳統漁業合

作再創生，提供新式食用野生漁獲的服務，重新喚起人們對海洋資源的珍惜與保育，一起洄遊海洋，了解漁獲從大海到餐桌的不容易。

　　洄遊吧販售永續海鮮真空冷凍漁獲，分享海洋、魚類與漁業的相關知識，規劃與帶領七星潭漁業及食魚教育體驗活動，為全臺灣第一間將「食魚教育」概念結合體驗活動、水產和文創商品及知識平臺的公司，整合學術及業界知識，冀望同時提供食魚教育、漁業專業知識及技能之正確性。藉此三個新式食用野生漁獲服務，連結消費者、漁業人員和學術單位的交流與反饋，讓海洋的資源利用及環境，達到相互平衡永續發展，也能將所學的海洋環境與工程專業知識，運用於花蓮的地方創生推動工作（洄遊吧的創新商業運作模式如圖2所示）。

圖2　洄遊吧（FISH BAR）創新商業運作模式（圖片來源：洄遊吧官網）

　　一直在洄遊吧創業路上陪伴輔導的國立東華大學創新育成中心資深經理吳其璁回憶說道：洄遊吧的「食魚教育」商業模式既創新且有趣，黃執行長的團隊在草創初起即開始對地方創生提出了想法，找到了問題也提出了解決方法，並能抓出自身優勢將其放大。在2016年12月至2017年11月間，連續兩年獲得「文化部青年村落行動計畫」補助，逐步完成「從文史和田野調查著手」、「食魚教育課程開發與產業人才培訓」以及「產品開發與社區漁人地圖繪製」等工作。隨後透過育成輔導取得如農委會水保局、經濟部中小企業處及經濟部商業司等部會的創業資源，逐步完成洄遊吧產品與服務的軟硬體建置，為擴大服務能量建立基礎。

　　2022 年，迴遊吧創業進入第六個年頭。展望未來，黃執行長說六歲也將是下一個創業階段的開始，創業一路以來，一點都不容易，所幸一路上有創業夥伴相伴及社會各界的支持。另外，嶄新的「食農教育法」在立法院三讀通過，迴遊吧也將把握這個全新機會，將推出「臺灣全島食魚教育活動及永續海鮮的加工品」，要讓食魚教育更好玩、更有趣！「一個人可以走得很快，但一群人可以走得更遠」，迴遊吧期許自己在食魚教育這條路上能夠走得更長遠，這過程需要喜愛海洋的你一起來參與！未來讓我們一起繼續迴遊吧！

迴遊吧訪談視頻網址

延伸思考 ———————————————————————————————

1. 青年返鄉創業或二代接班常會面臨和長輩的意見紛歧問題，如何透過良好的溝通和經驗傳承，讓創業之路走得更順遂？

2. 迴遊吧在七星潭開啓「食魚教育」的成功的商業模式，對於食魚教育您有什麼更好玩的體驗活動或想法？

腦力激盪 ∙∙

1. 「食農教育法」已在立法院三讀通過，對於食農教育法下的全新創業機會，您的創新想法呢？

2. 請嘗試尋找日本或其他國家中，透過「食農教育」的模式，成功推動「地方創生」的案例，並討論其創新或成功之處為何？

Chapter

07

財務規劃與資金運用

　　財務與資金是創業過程中不可或缺的一大環節，若是缺乏充足資金及做好長期妥善的財務規劃，在創業這條路上將走得更加顛簸。

　　本章節將透過制訂財務計畫、創業資金取得方式、創業投資與融資策略等單元進行財務規劃與資金運用內容說明，最終透過章節結束前之問題與討論，來驗證在財務規劃與資金運用內容之學習成果。

• 學習重點 •

7-1　制訂財務計畫

7-2　創業資金取得方式

7-3　創業融資與投資策略

創業速報　引爆募資熱潮的空氣淨化器品
　　　　　牌 POIEMA

—— 創業經營語錄 ——

　　融資關鍵是要盡量搞清楚，每個投資者對公司發展是有益的還是阻礙。

—騰訊（Tencent）創辦人：馬化騰

7-1　制訂財務計畫

　　財務計畫（Financial Plan）對企業經營來說，是件非常重要且專業的事。新創企業主也常憑藉自己的感覺來操作與想像，因此，常無法有效掌握盈虧，以致造成白忙一場或周轉不靈而倒閉。對於財務規劃，多數人多屬陌生，本章節嘗試用簡單方式來教導新創企業如何透過重要財務報表的學習，來規劃健全的公司財務。而當中三大重要的基本財務報告包括：資產負債表（Balance Sheet）、損益表（Income Statement）和現金流量表（Cash Flow Statement）。以下簡單說明三大財務報表之用途與差異，並列舉案例供學習參考：

一、資產負債表（Balance Sheet）

　　資產負債表利用會計平衡原則，將合乎會計原則的資產、負債、股東權益交易科目分為「資產」和「負債及股東權益」兩大區塊，在經過分錄、轉帳、分類帳、試算、調整等等會計程序後，以特定日期的靜態企業情況為基準，濃縮成一張報表。其報表功用除了企業內部除錯、經營方向、防止弊端外，也可讓所有閱讀者於最短時間了解企業經營狀況。資產負債表又叫「T 字帳」，報表需達成平衡，即資產 = 負債 + 股東權益，如圖 7-1 所示。新創公司在編列預估資產負債表時，可以根據表 7-1 格式分別填入 1 ～ 3 年之資產負債預估值。

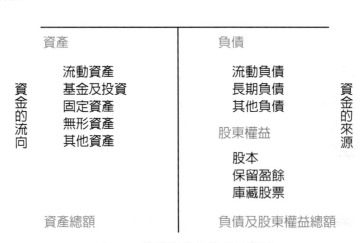

圖 7-1　簡易資產負債表示意圖

表 7-1 資產負債預估表

項目名稱	基期（N）	N＋1年	N＋2年	N＋3年
流動資產				
現金				
應收票據				
應收帳款				
存貨				
遞延所得稅				
應收款項及其他				
長期投資				
固定資產				
土地				
房屋				
設備及儀器				
無形資產				
其他資產				
資產總計				
流動負債				
短期借款				
應付票據				
應付帳款				
預收款項				
長期負債				
其他負債				
股東權益				
股本				
資本公積				
法定公積				
保留盈餘				
負債及股東權益總計				

二、損益表（Income Statement）

損益表的項目，按利潤構成和利潤分配分為兩個部分。利潤構成部分先列示銷售收入，然後減去銷售成本得出銷售利潤；再減去各種費用後得出營業利潤（或虧損）；再加減營業外收入和營業外支出後，即為利潤（虧損）總額。利潤分配部分先將利潤總額減去應交所得稅後得出稅後利潤。其下即為按分配方案提取的公積金和應付利潤；如有餘額，即為未分配利潤。損益表中的利潤分配部分如單獨劃出列示，則為「利潤分配表」。新創公司在編列預估損益表可以根據表 7-2 格式分別填入 1～3 年之損益預估值。

銷貨收入淨額＝銷貨收入總額 － 銷貨退回、折讓與折扣

銷貨毛利＝銷貨收入淨額 － 銷貨成本

本期淨利（淨損）＝營業淨利（淨損）－ 營業費用 － 所得稅費用

每股盈餘（EPS）＝本期淨利（淨損） ÷ 總股數

表 7-2　損益預估表

項目名稱	基期（N）	N＋1年	N＋2年	N＋3年
營業收入				
－營業成本				
營業毛利				
－銷售費用				
－管理費用				
－研發費用				
營業淨利				
營業外收入				
利息收入				
投資收益				
－營業外支出				
稅前淨利				
營利事業所得稅				
本期淨利				
每股盈餘（EPS）				

三、損益平衡點（Break-Even Point）

損益平衡點（Break-Even Point，又稱盈虧平衡點或收支平衡點，即為總收入等於總成本之銷貨水準，亦是利潤為零的銷貨水準）常用於管理會計上的使用，是本量利分析（Cost-Volume-Profit, CVP analysis）中一項重要的指標。其意涵為企業之銷貨額（或量）至少要達到損益平衡點，否則企業將發生虧損，反之，若企業銷貨額（或量）超過損益平衡點，則能夠獲利。如圖 7-2 所示。

損益平衡點銷售額＝固定成本 ÷ ｛1 －（變動成本 ÷ 銷售額）｝

損益平衡點銷售量＝固定成本 ÷ ｛平均單價 ×（1 －變動成本率）｝

＝收支平衡點銷售額 ÷ 平均單價

損益平衡點在以數量為橫軸、金額為縱軸，圖中是銷售收入線與總成本線的交點。

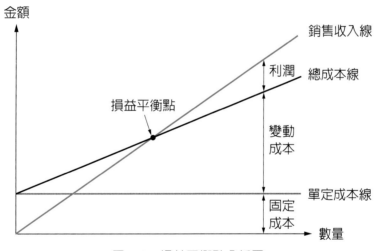

圖 7-2　損益平衡點分析圖

損益平衡點最重要目的是幫助經營者做決策，有助於經營者分析以下資訊：

1. 最慘這個月會虧多少，應該準備多少準備金？
2. 每賣出一個產品，實際成本是多少、有多少利潤？
3. 需要賣出多少商品或需要多少客人才能達到損益平衡點？
4. 進而推算每月、每周或每天至少要賣多少商品才有可能賺錢？
5. 推導出創業項目的可行性評估、有沒有賺錢的機會？
6. 找出銷售力道強的商品或是要加強的商品（透過試算邊際貢獻率）？

四、現金流量表（Cash Flow Statement）

　　現金流量表是一份顯示於指定時期（一般為一個月、一季。主要是一年的年報）的現金流入和流出的財務報表。顯示資產負債表（Balance Sheet）及損益表（Income Statement / Profit and Loss Account）如何影響現金和等同現金，以及根據公司的經營，投資和融資角度作出分析。作為一個財務分析工具，現金流量表的主要作用是決定公司短期生存能力，特別是繳付帳單的能力。

　　過去的企業經營都強調「資產負債表」與「損益表」兩大報表，隨著企業經營的擴展與複雜化，對財務資訊的需求日見增長，更因許多企業經營的中斷肇因於資金的週轉問題，漸漸地，企業資金動向的現金流量表也獲得許多企業經營者的重視，將之列為必備的財務報表。而影響現金流量變化主要來自營業活動、投資活動和融資活動。

（一）營業活動

　　包括生產、銷售、運送公司的產品，以及從顧客中收取款項。例如：購入原料、建立存貨、廣告及運送貨物。

（二）投資活動

　　針對公司因生產製造及售賣貨物而購買的固定資產，以及變賣任何公司不再需要的固定資產。

（三）融資活動

　　包括從投資者如銀行及股東投入的現金，以及當企業把收入回饋投資者的現金流出。其他影響企業長期負債及股本的活動亦列為融資活動。

　　新創公司在編列預估現金流量表時，可以根據損益表並利用表 7-3 格式分別填入 1 ～ 3 年之現金流量預估值。以分析新創企業如何在自給自足情況下獲取現金來源的可行性，並提供可能的預警，告知創業者是否該進行階段性募資或融資計畫。

表 7-3 現金流量預估表

項目名稱	基期（N）	N＋1年	N＋2年	N＋3年
營業活動之現金流量				
本期淨利（損）				
折舊／攤銷				
應收票據減少（增加）				
應付帳款減少（增加）				
存貨減少（增加）				
投資活動之現金流量				
購置固定資產				
無形資產減少				
遞延資產減少				
融資活動之現金流量				
短期借款增加（減少）				
應付票據增加（減少）				
期初現金				
本期現金增加數				
淨現金流量				

五、不同階段的財務規劃

　　企業在成長的過程中會歷經不同的發展階段，而財務規劃也會有所不同，在準備創業期的財務規劃上，著重的是如何估算創業所需資金和籌措到創業資金，在過去輔導的過往案例中，創業團隊常是少估算初創和營運成本，樂觀估算可能收益，因此，充足的週轉金變得非常重要。然而創業後隨之而來的是要面對如何能有穩定的獲利，才可讓公司的開銷都能應付自如。當企業站穩腳步後就進入到了創業中後期，財務規劃的重點則落在如何擴大營運所需的資金，是否有和其他企業併購考量或進行公司上市櫃準備，或從公開市場上尋求較大筆的資金（圖 7-3）。

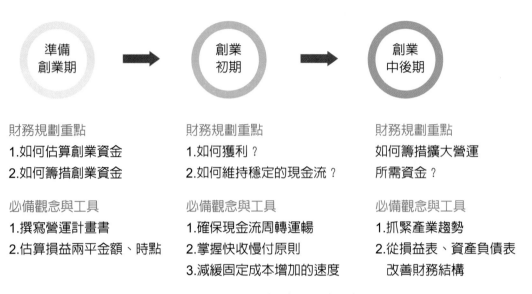

財務規劃重點
1.如何估算創業資金
2.如何籌措創業資金

財務規劃重點
1.如何獲利？
2.如何維持穩定的現金流？

財務規劃重點
如何籌措擴大營運
所需資金？

必備觀念與工具
1.撰寫營運計畫書
2.估算損益兩平金額、時點

必備觀念與工具
1.確保現金流周轉運暢
2.掌握快收慢付原則
3.減緩固定成本增加的速度

必備觀念與工具
1.抓緊產業趨勢
2.從損益表、資產負債表
改善財務結構

圖 7-3　不同階段的財務規劃重點

六、財務管理之重要性與提醒

在創業過程中，財務管理工作是許多新創業者覺得最困難的部分，也常常因為害怕面對財會事務，以至於造成創業管理風險，以下幾點為財務管理工作相當重要的一些事情，特此列出來供各位作為提醒和參考：

1. 財務工作與會計工作不同，財務工作指的是資金的管理；會計工作則是著重交易紀錄。
2. 財務管理強調讓股東的財富最大化。
3. 財務管理強調讓企業永續經營及做好危機管理。
4. 新創事業應建立財務會計制度及定期財務報表分析。
5. 新創事業應建立預測或預算資訊，財務管理者應定期向經營者報告。
6. 內部應建立零用金管理制度、薪資制度。
7. 建立與銀行往來及會計師的溝通與互動管道。
8. 選任適合的財務工作者或合作夥伴加入。
9. 公司投資與重大合約或交易務必請財務人員參與討論。
10. 先決定商業模式策略以擬定創業資金規劃。
11. 預測未來引進投資、融資等資金需求及取得方式。
12. 善用政府創業資源資金。
13. 企業經營應有損益平衡的思維。

7-2　創業資金取得方式

走上創業這條路，我想許多人都多少會面臨如何籌募資金這件事。如果沒有富有的父母，或是自己沒有存夠創業啓動金，都必須思考如何透過籌募資金管道獲得創業營運資金。接下來就讓我們來談談新創企業爲什麼缺錢？多元創業資金來源管道有哪些？以及取得創業資金技巧等議題。

從事創業輔導工作，看見爲數不少人都是資金告急才開始去尋找資金，在創業後常會發現資金不夠用、錢燒得比想像中快，有時也弄不清楚自己需要多少才夠？何時會不夠？畢竟資金的取得是要付出代價，太多或不夠都不好。此外，也該反思自己，有長期累積個人信用？值得別人信賴或投資嗎？

一、為何企業會缺資金

企業在創業營運過程中爲何會缺資金？理由通常有：剛新設公司、公司擴大經營、營運管理不佳、主要股東意見不合、受到第三人的拖累、整體經濟或行業不景氣及受天災人禍影響等因素。

因此，企業經營者須體察總體財務規劃結構及具備中小企業財務管理觀念，建議應有資金來源及管道分析、債權與股權差異、簡易財報須知與分析賦稅問題、營運資金控管、開源與節流的加強＋回饋機制、如何週轉資金、如何設立停損點及如何將結束營業損失降到最低等財務觀念。

二、企業如何取得資金

先問資金從何而來？基本上有三大來源：

1. 營業活動：從公司採購、銷售交易流程與營運模式中獲得資金。
2. 融資活動：去借錢，並支付固定的利息與出資者。

3. 籌資活動：找人來投資，以分配未來的獲利來吸引投資者。以成本與效益而言，營業活動的資金最佳、融資活動次之、最後才是籌資活動。營業活動的資金來源包括：營業獲利、應收貨款、請客戶開 L/C 付款、請客戶預付材料費用、請客戶預付訂金、應付帳款及延長廠商貨款。

多元的融資管道包括：民間標會、向本國銀行借貸、向親戚朋友借貸、發行債券、股票、向外商銀行借貸、政策貸款、智財融通貸款和近期政府所推動的戰略新版及臺灣創新版政策。

那為何向銀行借不到錢呢？依筆者過去經驗，主要原因有：行業不景氣，金融機構信用緊縮、金融機構審查太嚴、借貸利率水準太高、未能提供足夠的擔保品、金融機構作業時效不能配合和資金取得手續太複雜等因素。

投資人哪裡來？基本上有家人、朋友、前同事、前老闆、同學、業界前輩、創投經理、有錢權貴、知名天使、天使俱樂部和相關領域上下游廠商。當然你也可以尋找政府各部會創業補助資源或考慮當紅的群眾募資（Crowdfunding）方式。

（一）群眾募資（Crowdfunding）

群眾募資又稱群眾集資、公眾集資、群募、公眾籌款或眾籌，是指個人或小企業通過網際網路向大群眾募資的一種集資方式。群眾募資主要透過網際網路展示宣傳計畫內容、原生設計與創意作品，並與大眾解釋通過募集資金讓此作品量產或實現的計畫。支持、參與的群眾，則可藉由「購買」或「贊助」的方式，投入該計畫以實現計畫、設計或夢想。在一定的時限內，達到事先設定募資的金額目標後即為募資成功，開始使用募得的金錢進行計畫。

群眾募資具有協助個人或創業團隊測試出產品本身具有多少市場需求和可能潛在用戶。國外知名的募資平臺如 Kickstarter、Indiegogo、CAMPFIRE 和 READYFOR。臺灣則有 FlyingV、ZecZec 嘖嘖和群募貝果為較知名之募資平臺（如圖 7-4 及表 7-4 所示）。

圖 7-4　嘖嘖募資平臺

表 7-4　國內外知名募資平臺

國家地區	募資平臺名稱	網址
美國	Kickstarter	http://www.kickstarter.com/
	Indiegogo	http://www.indigogo.com/
	Kiva（微型貸款）	http://www.kiva.org/
日本	CAMPFIRE	http://camp-fire.jp/
	READYFOR	http://readyfor.jp/
中國	眾籌網（先鋒集團）	http://www.ucfgroup.com/list/50-1.html
	點名時間	http://www.demohour.com/
	淘寶眾籌	http://www.tmeng.cn/
	京東眾籌	http://z.jd.com/sceneIndex.html
	騰訊公益	http://gongyi.qq.com/succor/index.htm
臺灣	FlyingV	http://www.flyingv.cc/
	WaBay 挖貝	http://www.wabay.tw
	ZecZec 嘖嘖	http://www.zeczec.com/
	群募貝果	http://www.webackers.com
	創夢市集	http://www.ditstartup.com/

資料來源：作者自行整理

消防時尚美學：**ZINIZ SAVIORE** 滅火器

　　變美的滅火器你會買回家嗎？回顧滅火器從發明以來並沒有太大的改變，ZINIZ 創辦人宋沛倫想靠群眾募資掀起防災美學革命，以人性化設計讓滅火器不僅要變漂亮，更重要的是在緊張時能憑藉直覺操作。在國際上獲獎無數的時尚滅火器 ZINIZ SAVIORE，曾於 2016 年和 2020 年分別在 FlyingV 和嘖嘖平臺上成功募資，史上最美滅火器，時尚輕巧宛如藝術品。

（二）群眾募資之差異

　　一般的群眾募資，將贊助者投入的資金視為捐贈性質的，但對創業者或其他人士而言，這也是一個良好的籌資方式，進而發展出了其他的類型。根據群眾募資的籌集目的和回報方式，可以分為商品群眾募資和股權群眾募資兩大類。

1. 回饋性質

　　基於回饋的眾籌已被用於廣泛的目的，包括電影推廣、自由軟體開發、創造性項目、科學研究和公民專案。在許多基於回饋的眾籌平臺上，贊助者向提案者提供的資金與位置無關。

2. 捐贈性質

　　贊助者投入資金後提案者並無承諾回饋，是單純的捐贈性質眾籌。基於慈善捐贈的眾籌是個人幫助慈善事業的集體努力。在慈善眾籌中，資金用於解決環境或社會議題，也有許多關於個人的捐贈性質的眾籌案例。

3. 債權性質

提案者向個人或組織募集資金，並在未來某個承諾的時點償付本金與利息。提案者
必須證明自身的信用及還款能力，以取得他人的信任。

4. 股權性質

贊助者投入資金後，獲得組織的股權。若未來該組織營運狀況良好，價值提昇，則
贊助者獲得的股權價值也相對應地提高。

如何才能成功讓群眾募資專案達成目標？以下有幾點小建議：

1. 分享募資者的故事，讓潛在贊助者知道您的產品理念及他們可以獲得的好處。

2. 提供超值的回饋，讓贊助者因預期獲得超值回報而支持募資專案。

3. 宣傳群眾募資影片，要增加募資影片的曝光度。

4. 向資助者隨時更新專案進度，如遭遇困難也要誠實告知。

5. 若已達到募資資金目標，募資專案仍未結束，務必履行承諾交遞產品或服務。

6. 根據回饋進行設計變更，持續善待消費者和支持者，才能將專案做到極致。

成功案例如下：

1. 泡泡足球：募資商品網址：

2. **FLUX All-in-One 3D Printer**（在 **Kickstarter** 募資平臺實際達成金額 **US$ 1,641,075**）；
募資商品網址：

3. **Touchjet WAVE**：Turns TV into a Touchscreen Tablet（在 Indiegogo 募資平臺實際達成
金額 NT$25,106,652）；募資商品網址：

（三）創業加速器（Accelerator）

創業加速器（Accelerator）是提供新創公司為達成成功的方案計畫和辦公室（共同工
作空間）的組織。矽谷知名的創業加速器有 Y-Combinator 和 500 Startups 等，日本則有
Samurai Incubate Inc.（武士道創業孵化器），中國大陸如李開復先生創立的創新工場，
臺灣則以 Appworks、Garage+、StarFab 較知名。

「創業加速器」雖與「創業育成中心」類似，皆是提供資源協助創業團隊，但兩者
目標仍有不同。創業育成中心又稱之為孵化器（Incubator），主要是在新創公司早期階

段協助孵化其創意，使新創企業的創新概念能過渡到現實，成為可執行的商業模式。新創公司在孵化器內完善其創業構想及營運計畫，由孵化器提供各項創業諮詢服務。

　　加速器主要的目的在於密集短期訓練，持續時間從數週到半年，在這段期間達成某個特定目的，如被投資等。加速器通常會對入選的團隊提供一定程度的種子期投資，以換取公司的股權等。

7-3　創業融資與投資策略

一、創業融資策略

　　一般創業融資多為和銀行打交道方式取得，想從銀行取得創業資金，須先弄懂如何與銀行往來？首先認識銀行、選擇往來銀行、培養與銀行打交道的技巧、學會申貸時機的判別與選定、申貸資料的準備與填寫技巧、體認銀行融資審核的重要原則：5P 和企業信用評等標準、如何運用中小企業信用保證基金、銀行放款作業流程和具備金融財務的專業知識。

1. 借款人（People）：信用狀況。
2. 資金用途（Purpose）：貸款真正的使用目的。
3. 還款來源（Payment）：由貸款計畫書估算實際創業後的收入。
4. 債權保障（Protection）：是否需要擔保品、保證人。
5. 授信展望（Perspective）：由創業計畫書、創業現場實地勘查估算。

二、取得創投資金策略

　　為了集資，你需要做個推銷人員。你必須向別人推銷加入你的事業，購買你的產品和服務，與你聯盟，將錢投資到你的事業的好處。集資需要百折不撓，必須有能力面對拒絕。不是所有的錢都一樣：錢有活錢（Smart Money）和死錢（Dumb Money）之分。無論如何，你需要有一個完整的計畫，並於計畫內清楚說明融資金額多寡、募資用途和預計釋放股權比例等細節，以利順利取得投融資資金。

　　向創投募資的訣竅則有幾點供各位參考：最好製造不缺錢的印象、向投資爭取面對面簡報機會、對你不了解的投資人，初次接觸給一份摘要就好、正視簡報創業計畫是成敗關鍵、製造有很多人要投資你的印象，甚至超過你的資金需求等，如果相談不成功，也該從中學習寶貴經驗。

　　創業募資內容的呈現，是否可能洩露公司的核心機密？如何避免？有哪些細節需要小心以對，得以保護自己公司，又可以引起投資人關注。而在有了募資計畫，該怎麼製作募資簡報？如何精準地展現創業營運計畫？是否有相關資源的大補帖可以使用？文案與視覺該怎麼搭配？肢體語言重要嗎？而每一次的簡報時間都一樣嗎？如果投資人所給的時間是 15 分鐘、6 分鐘，甚至只有 30 秒時，簡報時強調的重點該怎麼調整與改變呢？最後除了募資內容的呈現外，像是募資相關法律問題、財務估算、風險評估，更是容易為人所忽略，而這些議題，又有哪些需要注意呢？

　　一般來說，一個公司從新創到穩定成長期，需要三輪投資：

1. 第一輪「天使投資（**Angel Fund**）」：作為公司的啓動資金。
2. 第二輪「風險投資（**Venture Capital**）」：為了進入產品市場化注入資金。
3. 第三輪「大型風險投資機構或私募基金（**Private Equity**）」：上市前的融資。

（一）天使投資（Angel Fund）

　　天使投資（Angel Fund）是指「富有的個人」出資給新創公司，進行一次性的前期投資，為了小額高報酬通常會搶新創的第一筆募資。天使投資人通常是創業家的朋友、親戚或商業夥伴，因為情感讓他們對該創業家的能力和創意深信不疑而投入大筆資金，一筆典型的天使投資往往只是區區幾十萬美元，是風險資本家隨後可能投入資金的零頭。通常天使投資對回報的期望值不是很高，但至少也要 10 到 20 倍的回報才足夠吸引他們。天使投資特徵：

1. 金額小，一次性，審查不嚴格，基於投資人的主觀好惡所決定的。

2. 天使投資是起步公司最佳融資對象，因為投資人本身也是企業家，能了解創業的難處。

3. 天使投資人可能是您的鄰居、家庭成員、朋友、公司夥伴、供貨商或任何願意投資公司的人士。

4. 不但可以帶來資金，同時也帶來人脈，若是知名人士，更可提高公司的信譽。

　　天使投資是一種「參與性投資」，也稱為增值型投資。投資後，天使投資家往往積極參與被投企業戰略決策和戰略設計、為被投企業提供諮詢服務、幫助被投企業招聘管理人員、協助公關、設計行銷策略等等，當然也有投資完後都不管的。

（二）風險投資（Venture Capital）

　　風險投資（Venture Capital）或稱創投基金，是指在促使高新技術成果盡快商品化、產業化，以取得高資本收益的一種投資過程。**風險投資特徵：**

1. 投資對象多為創業期的高新技術中小型企業。

2. 通常佔被投資企業 30％左右股權，投資期限 3～5 年以上，不要求控股權、擔保或抵押。

3. 投資決策有高度專業化和程序化的流程。

4. 風險投資人一般積極參與被投資企業的經營管理，提供增值服務，並滿足新創各發展階段的融資需求。

5. 為追求超額回報，當新創增值後，風險投資人會通過上市、收購兼併或其它股權轉讓方式撤出資本。

（三）私募基金（Private Equity）

　　私募股權投資（Private Equity, PE），是通過私募形式募集資金，對非上市私有企業進行的權益性投資，從而推動非上市企業價值增長，最終通過上市、併購、管理層回購、股權置換等方式出售持股套現退出的一種投資行為。

（四）首次公開募股（Initial Public Offering）

　　首次公開募股（Initial Public Offering, IPO）是指公司第一次將股份向公眾出售（首次公開發行，指股份公司首次向社會公眾公開招股的發行方式），也就是公司上市。

三、種子輪、天使輪、A 輪、B 輪、C 輪融資

創業投融資依資金需求發展大致可分為種子輪、天使輪、A 輪、B 輪、C 輪融資等不同階段，如圖 7-5 所示，以下說明其差異之處：

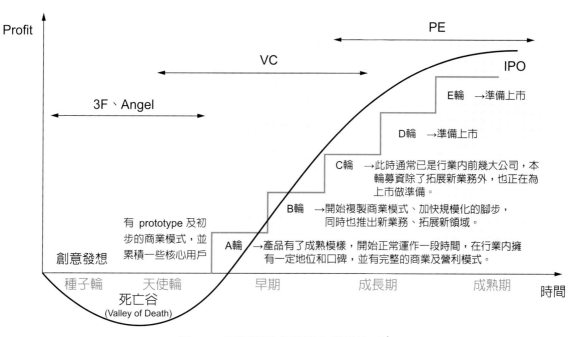

圖 7-5　不同階段的投融資發展策略 [1]

（一）種子輪融資

種子期是指公司發展的一個階段。在這個階段，公司只有 Idea 卻沒有具體的產品或服務，創業者只擁有一項技術上的新發明、新設想以及對未來企業的一個藍圖，缺乏初始資金投入。其次，種子期融資就是創業公司在上述階段所進行的融資行為，一般來說，資金來源是創業者自掏腰包或親朋好友，也有種子期投資人和投資機構，種子期的投資量級一般在 50 萬到 500 萬臺幣左右。

（二）天使輪融資

天使輪是指公司有了產品初步的樣品，可以拿去展示；有了初步的商業模式，積累了一些核心用戶。投資來源一般是天使投資人、天使投資機構。投資金額一般在 500 萬到 5,000 萬臺幣左右。

1　參考資料：http://dahetalk.com

（三）A 輪融資

　　公司產品有了成熟模樣，開始正常運作一段時間並有完整詳細的商業及盈利模式，在行業內擁有一定地位和口碑。公司可能依舊處於虧損狀態。資金來源一般是專業的風險投資機構（VC）。投資金額在 5,000 萬到 5 億臺幣左右。

（四）B 輪融資

　　公司經過一輪燒錢後，獲得較大發展。一些公司已經開始盈利。商業模式、盈利模式沒有任何問題。可能需要推出新業務、拓展新領域。資金來源大多是上一輪的風險投資機構和新的創投機構加入、私募股權投資機構加入。投資金額在 10 億臺幣以上。

（五）C 輪融資

　　公司非常成熟，離上市不遠了。應該已經開始盈利，行業內基本上是前三把交椅。這輪除了拓展新業務，也有補全商業閉環、準備上市的意圖。資金來源主要是 PE，有些之前的 VC 也會選擇跟著投資。投資金額在 50 億臺幣以上。一般 C 輪後就是上市了，也有公司選擇融 D 輪，但不是很多。

四、SPAC

　　除了透過傳統的上市與上櫃籌資方式外，美國資本市場自 2020 年開始掀起 SPAC（Special Purpose Acquisition Company；特殊目的收購公司）上市熱潮。相信多數人應該對 SPAC 制度一頭霧水，根據現有 SPAC 公開資料可知，SPAC 是一種讓私人企業能夠「借殼上市」的管道，是一種沒有營運業務（即沒有任何產品或服務）的空殼公司，唯一的目的是透過首次公開發行（Initial Public Offering, IPO）募集資金後，專門去收購有前景的未上市公司，等同讓被併購的公司能夠借殼上市；換句話說，SPAC 是一種讓私人企業能夠「借殼上市」的公司。也就是說，這個「特殊目的」指的就是「併購未上市公司」，SPAC 的運作流程大致如下：

　　成立一家空殼公司（SPAC → 透過 IPO 上市募集資金 → 尋找有前景的併購目標公司 → SPAC 股東投票決議 → 併購目標公司 → 完成交易程序（如圖 7-6）。近年網約叫車平臺 Grab 及電動車大廠 Gogoro 以 SPAC 形式在美國上市。

圖 7-6　SPAC 運作程序

　　雖然 SPAC 具有可節省上市時間和成本、資金有保障及公司估值更為彈性的多項優點。其對投資人的風險也相對變小，因為 SPAC 公司的發起團隊多半具有豐富投資經驗，為了賺錢，創始人會積極去尋找優秀的併購對象，對投資者來說，投資的風險便大大降低了。但所有的投資都伴隨著一定的風險，這是市場的鐵律，沒有風險是不可能的，必須透過更嚴謹的監管機制，才能使得投資和集資更有保障，也較不至於陷入金錢投資遊戲的陷阱。

引爆募資熱潮的空氣淨化器品牌 POIEMA

近期在臺灣群眾募資平臺 FlyingV 上出現了億元等級的募資案例，是在 2015 年成立，來自新加坡 POIEMA 品牌推出的 POIEMA Fit 空氣淨化器提案所創下，此募資計畫自 2019 年 10 月 29 日至 2020 年

> 公司小檔案
> · 新加坡商維碁有限公司臺灣分公司
>   https://poiema.com.tw/

1 月 23 日，專案募資金額成功達標，POIEMA Fit 空氣淨化器共獲得 19,498 人資助支持，募資金額突破新臺幣 1.6 億元！

眾所周知，隨著空污問題日益嚴重，在選舉時亦成了候選人的口水戰話題，每天出門都明顯感受空氣品質之差，不戴上口罩都覺得不放心，幾乎家中所有傢俱都蒙上一層灰，更別說其他肉眼看不到的微粒污染物，新聞報導全臺各地空氣品質「紅害」或「紫爆」都愈來愈頻繁，都不希望因為空污傷害人體健康，空氣清淨機對於力抗空污的現代人來說已經是必備家電之一，更別提臺灣地狹人稠，天氣變化多端，總讓過敏族群叫苦連天。要有好空氣又不能佔空間，真的不得不挑一臺 CP 值高的空氣清淨機。

POIEMA 於 2017 年底以 SGT450S 機款在 FlyingV 平臺上寫下 6,918 萬元的募資奇蹟。POIEMA 有什麼魔力，讓各方名人與各大平臺無不大力推薦，就連知名 YouTuber 蔡阿嘎也曾用「吃地瓜放屁」實測力推它。POIEMA 主打如同 Dyson 吸塵器的「無耗材」，也就是你再也不用換濾網，只需要 2 個月拿出來清洗一次，再加上通過多種國際專業認證標章，讓 POIEMA 空氣淨化器「大口呼吸，安心入睡」的標語獲得更多的肯定。POIEMA 趁勢追擊，推出性能更強大的 ZERO 機款，除強調靜音設計，清淨力 CADR 值高達 370，無論對 PM2.5、細菌與甲醛都能達到 99.9％濾淨力，也加強出風量，更重要的是價格更親民，為介於效能、美觀與 CP 值之間的最佳選擇。

2019 年底 POIEMA 再推出 POIEMA Fit 機款，並在 FlyingV 募資平臺（https://www.flyingv.cc/projects/24437?ref=search）上架，短短兩小時募資金額便突破千萬元，最終募資總金額突破了新臺幣 1.6 億元大關，超出原設定募資金額 20 萬元，達八千多倍之高，成為臺灣募資平臺史之冠！POIEMA Fit 機款主打追求高 CP 值的小資族群，萬元以內的親民價格，卻擁有零耗材、高效能、低噪音等人性化技術特色（圖 1 及圖 2）。

圖 1　POIEMA 三款空氣淨化器在 FlyingV 平臺均成功募資

圖 2　POIEMA Fit 空氣淨化器獲 19,498 人資助，募資金額突破 1.6 億元

　　合乎小套房的簡約設計，適用於 3-8 坪空間，佔地僅僅一張 A4 大小，在十分鐘內就能淨化 8 坪空間，快速排除污染源，一到家就能呼吸清新空氣。不僅如此，POIEMA Fit 採用獨家零耗材 TPA 雙極獵塵技術，不用換濾網卻能超越同價位品牌的淨化功效，每年替消費者省下好幾千元。

為排除許多消費者對於募資產品的疑慮，POIEMA 也公開各式測試報告，並將所有 SGS、TUV 測試報告全部上網，可說是資訊最透明的家電品牌之一。當然，如果對於產品有任何問題，POIEMA 提供高效率的線上客服，產品維修也有專人到府收送，貼心完善的售後服務，更是讓消費者感到安心。POIEMA 能夠在一片空氣清淨機紅海中衝出驚人業績，成功創下臺灣募資平臺史最高募資金額，靠的是貼近消費者的設計與服務，還有讓人安心的公開檢測報告及清楚到貨時間等資訊。

由 POIEMA 案例我們可知道，除了產品要親民且高 CP 值外，透過好的群眾募資宣傳影片及提案說明，成功讓資助者知道他們的產品設計理念、使用此產品會得到的各種好處，清楚地向資助者告知專案進度，並確實履行承諾。有了先前的成功募資專案，讓更多過去專案資助者願意推薦使用，也使得後續新專案可以順利推展，達到口碑行銷效果。[2]

延伸思考

1. 專案如何在群眾募資平臺順利募資成功，可能因素有哪些？
2. 試比較 3 個以上國內外群眾募資平臺之差異？

---

2 參考資料：FlyingV 募資平臺（https://www.flyingv.cc）

腦力激盪 ··

1. 嘗試訪談一些創業家（例如：大學校園衍生新創企業或育成中心內進駐企業），了解其募資或融資的方式和路徑，並了解他們在過程中遇到的問題及學習到的經驗和教訓。

2. 選取任一國內外股票上市櫃企業之財務公開資料（如股票公開說明書），學習分析財務報表及了解企業經營體質。

業務開發與市場行銷

　　俗話說：「賺錢靠推銷，致富靠行銷」。推銷著重業務個人銷售魅力和技巧，而行銷則靠完整行銷組合的系統化運作。本章節將透過業務銷售、市場調查、行銷相關知識和品牌經營說明業務開發與市場行銷知識和經驗，最終透過章節結束前之問題與討論來驗證學習成效。

● **學習重點** ●

—————— 創業經營語錄 ——————

　　真正的品牌不是出自於行銷部門或廣告商，而是發自這家公司的一切作為。

—星巴克執行長：霍華 ‧ 舒茲
（Howard Shultz）

8-1 新創企業之業務銷售

　　新創公司在進行業務拓展時，推銷若要成功，必須先能將產品推銷給自己。而客戶開發第一步：先弄清楚誰是你的目標客戶。我們必須先問：「為什麼消費者要選擇我們，而不是競爭對手？」在創業過程中，你已學會開報價單嗎？你會研擬買賣相關合約嗎？而好的銷售人員可以把冰箱賣給愛斯基摩人，把貂皮大衣賣給夏威夷人，把梳子賣給光頭和尚。以上三項銷售，看似相當困難，但若能透過好的業務銷售技巧，一樣有機會將產品銷售出去。

　　當我們在進行銷售時，我們會發現大多數客戶不會說出他的問題與需求，也怕好的東西被別人便宜買走！在創業過程中，我們也必須優先思考要賣規格化產品還是客製化產品？或是要賣產品加服務？如何在客戶隱蔽與我在明處建立訊息管道？最好的生意會有重複購買客戶（Repeat Customers），在創業初期公司多數處於人少的行銷組織，如何發揮最大效益、保有足夠的彈性，面對客戶的關鍵時刻能說清楚、講明白，在出門拜訪客戶前，思考還有什麼沒準備好？

　　很多企業其實都缺乏積極的開發業務人員，也有許多業務人員都不喜歡做陌生開發。無論是電話行銷開發，或是直接的陌生拜訪，都是能避免就避免、能減少就減少，所以非常多的業務們常常留在自己的社交圈中，而拉來的新客戶大多是轉介紹而來，這樣一來，當要面對陌生客戶時，他們往往不知所措。以開發業務來說，這樣的心態是相當被動的，當有機會建立一個新的客戶關係，卻因為不習慣與陌生開發交談的喪失，很容易就錯失商機。根據統計，老客戶約佔業績的三分之二；但每年會有一定比例的流失，因此還是有三分之一的缺口需補足。

　　因此，陌生開發是業務必經的路。若以傳統的掃街叫賣、街頭市調實在太不高竿，要以較爲省時省力的方式，幫你開發業務。企業主必須要能發揮個人業務專長，有的人專注於產品本業和服務，擅於講解產品本身特色和特點，如果能夠面對面洽談，則是有高度幫助。不僅可以有辦法和客戶變麻吉，還能夠和客戶分析產品特性。高明的業務則是擅於「陌生開發」，透過電話上的陌生開發，可以快速地繞過總機守門員；慢慢地運用專業話術，進而轉接至目標決策者。有的業務則是對於舊客戶維繫有著無比的細膩手法。也因此有高達近五成的客戶，都願意再幫他介紹客戶，讓客戶源源不絕地上門。以下分享筆者如何開發客戶的一些經驗和技巧：

一、公關或廣告

　　客戶是被吸引過來的，不必費心地要和他推銷和銷售，消費者看見的是經由媒體報導後的特色，進而產生興趣，而後可能在網路上搜尋或和朋友討論後，再透過社群媒體搜尋你。其產生的是一種長期的品牌效益，不一定立即讓業績量大幅成長，但長期而言，對於你的品牌會累積印象，對於品牌慢慢產生信賴感。

　　廣告宣傳不是要去推銷商品，而是去招攬有興趣的人，因此在廣告標題上格外重要。在標題上要先用有吸引力、讓人想看的情報資訊，來吸引人點閱或翻閱。可以試試用如：「知名導遊推薦的十大私藏景點」、「選購家電時不可不知的七個重點！」，以特性來包裝勝於直接宣傳產品。特別在網路資訊爆炸的時代，能讓公司的廣告宣傳有效吸引顧客，或是由顧客主動爲您宣傳，都是產品服務推廣最重要的事。

二、電話開發

　　談起電話行銷，我想多數人都有接過如銀行行銷專員來電，通常我們也不太理會，急忙以正在開會等各種理由快速掛掉電話，倘若角色互換，假設我是電話行銷人員，構成要素包括：客戶名單、關係、產品、需要。雖然與直效行銷構成要素項目類似，但意義不盡相同。客戶名單可說是電話行銷的要件，好的名單則包括了接觸率（Contact Rate）在 35% 以上，正確率要高。同時在產品別和關係的建立基礎上應明確，讓受話者清楚明白你的來電用意，才有進一步談話的可能。

三、創造議題與舉辦活動

　　辦活動不僅僅只是辦活動，而是要讓活動的效益產生。一種是針對顧客辦活動：如依節慶舉辦應景活動、週年慶、年中慶等。知識型產業則可針對客戶舉辦專業講座、讀

書會、研討會、社團聚會等類型。另一種則可以針對媒體曝光目的而辦活動：新品上市發表會、記者會、發表會、競賽活動、公益活動等，將針對顧客的活動同樣發佈給媒體；針對媒體的活動亦可邀請部分 VIP 參與，讓活動的力量更加擴大。

四、持續接觸顧客

與客戶多接觸，頻率很重要，接觸客戶頻率愈高，愈可以縮短客戶購買的距離。可採取以下幾種方式：約見面、電話行銷、E-mail、簡訊、WeChat 或 LINE、發行電子報、Instagram、公司網站、Facebook（Meta）粉絲團及與業界有關的新知快報，以持續地和你的顧客保持接觸。

五、與他人結盟合作

開發客戶最快速的方法就是運用別人的客戶，需嘗試了解「誰擁有我的客戶？」或「我的客戶在誰手上？」，「找出和你有相同目標客戶的人」進行異業結盟合作。要成功談成合作，必須掌握三項要點：

1. 設定關鍵客戶群，共同客戶群是哪些。
2. 找出針對他們興趣所在的促銷方法。
3. 與洽談對象創造夥伴的感覺，明確找出對夥伴的利益。

六、經營職業團體

通常透過有力人士的引薦安排，較能夠進入到公司行號、機關團體做職業團體的開發，通常會配合的工具像是問卷、DM，有時是藉由簡報的方式進行，再進而留下準客戶的連絡資料，後續再進行追蹤。有時候是藉由進入職業團體辦活動的方式進行，目的一樣是在於蒐集準客戶的連絡資料，再進行後續的追蹤。

經營職業團體的好處是族群的同質性高，包括他們共同的語言、共同的話題、共同的擔心，都比較一致明確，甚至如果能打開這個職業團體的成功案例，後續的延伸效益也不錯，不過第一關的困難問題是如何打進職業團體內。

最後，筆者分享個人在實務上的業務銷售武功心法如下：

1. 初次拜訪須做好準備，務必留給客戶好印象。
2. 對於競爭對手要做徹底研究，才能知己知彼。
3. 遲到 =「錢」途黯淡，務必準時赴會。
4. 「誠懇有禮與 EQ 好」，有助行遍天下。

5.　「懶」是致命傷，要作業務工作務必勤快。

6.　仔細「聆聽」，解讀「客戶眼神」。

7.　開啓讓客戶「心動」的說服技巧。

8.　讓客戶做出「買」的決定。

9.　活用通訊器材與市場情報訊息。

10.　建立長久深厚人脈與友誼。

11.　不斷精進業務銷售技巧才能游刃有餘。

創　意　新視界

中國鞋商想評估非洲地區是否是賣鞋子的市場

　　有一天，兩個做球鞋的中國鞋商，坐著同一班飛機來到非洲地區，他們都是到這裡來開發新市場。出了機場之後，兩人迫不及待地出去看看這裡流行些什麼款式的鞋子，卻赫然發現，非洲幾乎所有的人都不穿鞋。

　　第一個鞋商（悲觀）心想：「完了，這裡的人都不穿鞋的。」

　　第二個鞋商（樂觀）心想：「太好了，這裡的人都沒有鞋穿。」

　　樂觀的鞋商，請了企管顧問做了簡單的可行性評估，評估結果如同他的預期，商機無限！立刻就開起了鞋店，還花錢裝潢，店面裡陳列著各式各樣最新款式的鞋子。他心想：「反正這裡的人都沒有鞋穿，只要店一開，客人們馬上就上門了。」

　　悲觀的鞋商則從最小的店面開始經營，借了點錢、買了技術、從最便宜的涼鞋開始賣。

　　故事的結局是樂觀的鞋商，鞋店經營不善，倒了。至於悲觀的鞋商，則慢慢累積財富，隨著時間的變化，慢慢地建立了品牌，利用非洲經驗，行銷到全世界。怎麼會有這樣戲劇性的結果？

8-2 市場調查

　　創業者在創業之前必須先了解並看清自己開展或掌握的產品和服務是否有市場需求，值不值得投入發展。但所有的決策建議必須有「調查數據」來說服為什麼要做或不做。因此，在創業過程中，市場調查就變得相當重要，而市場調查也不能只是在創業前進行，它必須貫穿整個企業的生命週期。

一、市場調查的目的

　　市場調查的目的不外乎是聆聽客戶的聲音、提供經營管理者決策資訊、獲取創新想法、監控市場變化、強化企業競爭力等。

（一）聆聽客戶的聲音

　　許多創業者在推出產品或服務時多會太過自信、自我感覺良好，認為自己的產品或服務一定可以征服顧客。過去的成功經驗也不一定保證未來的成功，透過市場調查來了解顧客的心聲非常重要。

（二）提供經營管理者決策資訊

　　企業在推動市場行銷時，必須確定目標市場和機會，整個市場行銷計畫前期及推動過程必須要時時掌控市場變化，透過市場調查資訊蒐集來進行專案擬定和決策調整修正等。

（三）獲取創新想法

　　透過市場調查，企業可以透過受訪者的調查過程，獲取一些創新的想法，從中找出尚未被滿足的市場需求，藉由顧客需求變化來重新規劃設計新商品或服務，來滿足目標客戶的需求。

（四）強化企業競爭力

　　在市場調查的過程中，市場情報的蒐集除了可了解客戶需求或市場變化，亦可了解到與競爭對手在產品、價格、促銷和通路等行銷策略，從而建立起自己的企業優勢並克服劣勢。

二、市場調查內容與方法

　　創業經營者在進行市場調查時應對創業環境、市場需求、顧客情況、競爭對手及市場銷售策略等訊息展開調查。

　　創業者透過市場調查蒐集資訊的方法有很多種，如利用問卷法、街頭訪問法、電話訪談法、實驗法及 E-mail 問卷等調查研究方法。以下列舉一些常用的間接資料蒐集方法：

1.　網路搜尋：善用谷歌（Google）及百度（Baidu）等搜尋引擎，來調查各行各業的產業現況及商家訊息。
2.　政府公開及統計報告：利用政府所提供之具權威及價值的參考資訊。
3.　國內外相關書籍、報紙及雜誌文獻資料：利用相關統計資料分析、市場行情及預測資料作為參考。
4.　蒐集相關公會、協會等組織所提供之市場及行業情報。
5.　各電視臺所提供有關國內及當地市場資訊。
6.　各種國際組織、駐外單位及國際商會所提供之國際市場訊息。
7.　透過參加專業會展、產品博覽會及交易會所發送的文件資訊。

　　另外，市場調查的直接方式，主要為採取觀察或投入市調資源，找尋欲知的答案及透過數據分析理出有用的資訊。常見的直接資料蒐集方式有：

1.　問卷調查法：透過問題標準化和統一化的數據蒐集程序來進行調查，一份好的問卷設計有助於取得較準確的市場訊息，缺點可能受限於被調查者意願等。
2.　面對面訪談法：可以透過個人或群體面談方式，如詢問購物習慣、舉辦交流座談會或請教專家意見。
3.　電話詢問法：由工作人員透過電話詢問被訪問人有關問題，來獲得可能有用的訊息。
4.　觀察調查法：由工作人員藉由個人感官及紀錄工具，深入被觀察者現場，調查被觀察者的購物等行為，來蒐集市場訊息。

5.　實驗調查法：透過有目的及有意識的改變影響因素，來觀察市場變化現象。如企業做一些包裝實驗、價格實驗和廣告實驗來看看消費者反應。

8-3 行銷基礎理論

俗話說：「賺錢靠推銷（Selling），致富靠行銷（Marketing）。」推銷著重銷售技巧與個人魅力，而行銷則是透過策略來攻佔市場。行銷策略與方法千百種，如何善用行銷策略來使公司生意興隆、業績長紅，都是創業過程中很重要的學習環節。試回想大家生活上是否有過以下的經驗？

1. 無孔不入的行銷手法，透過生活上各種宣傳管道或方法向你推薦。
2. 她們一邊盯著螢幕，一邊以甜美的聲音問候你（如電話客服與行銷）。
3. 以現代科技突破空間，向你問好（如手機簡訊或 Line 訊息）。
4. 服務人員在你面前展開燦爛的笑容，甚至熱情擁抱（如航空公司空姐迎接）。
5. 百貨公司在周年慶時提供現金抵用券或來店禮。
6. 廠商用傳統的方式（卡片或信件）捎來問候。

一、什麼是行銷？

行銷管理（Marketing Management）是針對目標市場，透過創造、溝通及傳遞優異的顧客價值，來爭取、維繫並增加顧客的藝術與科學。

從最早由產品帶動的「行銷 1.0」，談的是行銷 4P；到以顧客為中心的「行銷 2.0」，讓消費者滿意，談的是行銷 4C；再轉變到以人為本的「行銷 3.0」，鼓吹價值、滿足消費者的精神需求。當代行銷之父科特勒（Philip Kotler）又提出「行銷 4.0」做為「行銷 3.0」的延伸，為面對虛實融合新世界的一套全通路的新行銷思維；近期提出「行銷 5.0」則強調科技與人性完美融合時代的全方位戰略，運用 MarTech，設計顧客旅程，開啟數位消費新商機。

- **4P**：**Product**（產品）、**Price**（價格）、**Place**（通路）、**Promotion**（促銷），**4P** 決策又稱之為行銷組合（**Marketing Mix**）。
- **4C**：**Customer Need**（顧客需求）、**Cost**（成本）、**Convenience**（便利）、**Communication**（溝通）。

在人工智慧、大數據、擴增實境、機器人、Beacon、RFID、區塊鏈 FinTech 及元宇宙等不斷冒出來的新科技，改寫產業規則，顧客與品牌間、顧客與顧客之間的關係都已經改變，線上線下相互跨越，形成一體，行銷世界的遊戲規則也將徹底改變。

二、STP 是什麼？

在行銷上，STP 則是最常用的行銷模組之一，幫助行銷人了解自身的產品或服務在目標市場中的定位，藉此決定要用什麼樣的方式傳達適當的訊息給目標客群的消費者。

STP 為三個英文單字的組合，分別是市場區隔 S（Segmentation）、目標市場 T（Targeting）、定位 P（Positioning），也就是將廣大市場區隔開來，再從中找到目標市場，最後在目標市場中找到自己的定位，整個 STP 過程又稱「目標行銷」（圖 8-1）。

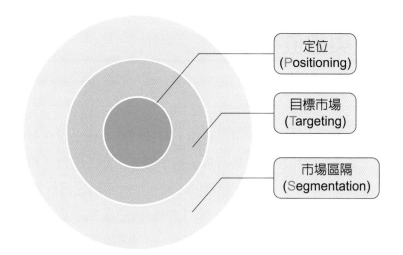

圖 8-1　STP 之間的相互關係

相關案例參考，請掃描下方 QR Cord 觀賞中國大陸鄭雲工作室微電影。

「經理與乞丐的對話」　　「乞丐與美女的對話」

三、常見的行銷方式及手法

在生活處處充滿行銷的環境裡，有著各種不同的行銷手法，常讓我們不知不覺就深陷其中，以下列舉常見的行銷手法：

1. 你會說迷人的故事嗎？人們都喜歡聽故事，故事通常最感動人心（故事行銷）。
2. 運用網路搜尋引擎優化（SEO），讓公司和產品資料能在搜尋頁面排名在前。
3. 經營部落格行銷與社群行銷（如 Facebook、Instagram 或 Podcast），經營粉絲就能創造經濟。
4. 讓消費者「玩」成忠實顧客（體驗行銷）。

5. 網路傳播的病毒式行銷感染力最強。

6. 善用媒體免費新聞曝光（事件行銷）。

7. 數量有限，欲購從速（飢餓行銷）。

8. 捐作愛心公益，提升好感度（公益行銷）。

9. 異業結盟拓展新市場（結盟行銷）。

10. 強調環保及節能功效（綠色行銷）。

11. 利用活動贊助達到議題行銷（如贊助 2024 巴黎夏季奧運）。

8-4 科技與數位行銷

一、科技行銷

　　科技行銷有別於傳統的民生消費用品行銷，科技行銷大致來說它有兩種層面意義，一個是聚焦於將「產品功能和技術規格訴求」給予顧客，亦或稱為「科技產品行銷」；另一個是強調「運用現代科技」作為行銷輔助工具，或者可稱它為行銷科技（Martech）更為貼切（註：Martech 是由「Marketing」與「Technology」結合而成，中文意思為行銷科技，可理解成「將科技技術導入行銷策略」。），在數位時代裡，多年來 Martech 觀念也已經成為市場主流。倘若公司的產品或服務具擁有許多技術含量，或目標客戶多具備技術背景的專業人士，善用科技行銷將更有助於公司的行銷推廣工作。

　　科技行銷也有別於傳統行銷，產品生命周期較短且商品單價較高，更重視行銷過程中的服務體驗。而科技行銷所面對的未來的市場充滿著不確定性、技術不斷的推陳出新，可能一轉眼間技術就退流行，所投入的財務資金需求大，投資報酬風險大，這些都將影響著科技行銷的投入和成功與否的重要因素。

　　此外，順應新興科技的應用問世與產業變化需求，若能結合人工智慧（AI）、大數據（Big Data）、物聯網（IoT）及雲端系統（Clouding System）技術整合於精準行銷策略上，才真正達到成功行銷之目的，將行銷資源做更有效的運用。

二、數位行銷

　　在數位革命時代，多數企業或機構均已採用數位行銷（Digital Marketing）方式來進行行銷推廣工作。根據維基百科定義，數位行銷為利用電腦科技和網路進行推銷的手法，於 21 世紀初期開始發展。數位行銷主要有「拉」與「推」兩種形式，各有其優缺點。數

位行銷研究院（Digital Marketing Institute, DMI）則指出，數位行銷乃使用數位管道對消費者與企業來推廣或行銷產品與服務的方式。

數位行銷的成功關鍵在於「網路社群 + 虛實整合 + 互動科技」，運用網路社群的力量來創造話題，利用線上與線下（O2O）的虛實整合，並利用互動科技來達到效率與趣味性，以增加產品與服務的行銷效果。而 4C 密碼：掌握隨興創作（Creation）、經營網路社交圈（Community）、黏網（Connection）及數位策展（Curation）更是成功的關鍵。未來則會因為人工智慧、聊天機器人、網紅直播主等而產生數位行銷上的改變。

創 意 **新視界**

從 Starbucks 手繪紙杯競賽，看 UGC 成功的秘訣

秘訣一：**利用社群媒體不同的特性，整合活動最大綜效**

1. MyStarbucks Idea：用來蒐集意見，公告活動辦法。
2. Twitter：作為報名平臺，通報活動進度，擴散及吸納粉絲。
3. Instagram：作為報名平臺，方便手機上傳及擴散。
4. Pinterest：展現網友創作的內容，將值得推薦的作品彙整。
5. Facebook：炒熱活動氣氛，加速擴散。
6. 官網：新聞發佈，及整個活動資訊的中心。

秘訣二：**找到消費者為什麼會想要這樣做的 Insight**
鼓勵大家在杯子上塗鴉，創造只屬於你的紙杯。

秘訣三：**傾聽消費者的心聲，並且不吝把榮耀歸給他們**
這整個事件的起始點，是從星巴克專門用來蒐集意見的網站 — MyStarbucks Idea。

秘訣四：**找一個合適的平臺，展示這些作品**
重點是要讓它長期存在，而不是活動結束就下架。

在競爭激烈的數位行銷時代裡，筆者綜觀多年實務經驗，分享影響數位行銷成功與否的二十個關鍵因素：

1. 從網路出發，在數位行銷推動上應做全面數位思考。
2. 跨平臺經營，提升整體經營效率。

3. 整合不同平臺特性與優點，發展自身利基。
4. 搭配具有魅力的事件，讓社群行銷更省力（如為漸凍人發起的冰桶挑戰 Ice Bucket Challenge）。
5. 線上線下（O2O／OMO）的虛實融合，讓體驗更全面。
6. 善用科技（如 VR／AR／MR）創造新奇與互動體驗。
7. 擁抱創新科技，切記降低使用門檻（使用上更友善親民）。
8. 讓體驗過程順暢自然，避免刻意造成反效果。
9. 挑起創意漣漪，讓話題持續不斷。
10. 抓住目標族群，引發情感共鳴（如三菱汽車的青春還鄉廣告）。
11. 粉絲團內容重質勝於重量（內容行銷）。
12. 善用 APP 提供行動體驗。
13. 利用連續活動，營造期待氣氛。
14. 善用新科技精準行銷（如 Zara 服飾的大數據行銷）。
15. 抓住消費者想要展現自我的慾望，創造客戶參與的數位行銷（如 Starbucks 手繪紙杯競賽）。
16. 加入遊戲元素來娛樂消費者。
17. 行銷訊息簡單明確，讓客戶快速抓到行銷訊息重點。
18. 引導網友做出有品質的內容，共創有質感的行銷內容。
19. 把品牌精神無形融入行銷活動，播種行銷種子在消費者心中。
20. 接觸潛在使用者，建立長期關係，創造下一波行銷成長動能。

8-5　文化創意產業行銷

一、文化行銷的概念

　　有別於傳統行銷和數位行銷，文化行銷重點在於將文化產品導入市場，將可使用的文化資源透過各種合適的行銷策略轉為文化產品，進入文化市場達成經濟目的，與消費者產生心理、精神的共鳴，文化行銷其實是在行銷文化。

　　在任何一項產品中，品牌是符號標籤、產品是具體形式，重點在於文化特質內涵。自己的品牌或產品需要運用文化的差異特質，來進行各種行銷組合及行銷策略，並且企圖堆出的不只是一種品牌或產品，而是一種文化。

二、文化的主題行銷

如您是文化創意產業的創業家或從業人員，我們可以針對文化行銷主題的差異來進行區分：

（一）以空間區分

1. 空間規模大小

   包括：國家整體的文化行銷、城市文化行銷、社區文化行銷等。

2. 空間主題特性

   包括：博物館行銷、古蹟文化資產行銷、歷史聚落行銷、藝術文化園區、自然地景行銷等。例如：故宮博物院行銷（圖 8-2）、臺南安平古堡行銷、萬華剝皮寮歷史聚落行銷、野柳與太魯閣自然地景行銷等。

圖 8-2 臺北故宮博物院

（二）以產業主題區分

依產業主題可以分成有形及無形的文化創意行銷主題，包括：會展行銷、表演行銷、特色產品行銷、文化設施及藝術園區行銷、電影行銷、電視劇行銷、大型演唱會行銷等及其他相關產業主題等。

　　例如：世貿館展覽活動行銷、明華園表演行銷、原住民特色產品行銷、法蘭瓷品牌行銷、華山1914藝術園區行銷（圖8-3）、海角七號電影行銷、韓國愛的迫降電視劇行銷、金庸小說文學行銷。

圖8-3　臺北華山1914藝術園區

（三）以活動主題區分

　　國家慶典行銷、傳統民俗節慶行銷、藝術文化節行銷、大型展覽行銷、藝術市集行銷等及其他活動相關主題。

　　例如：臺灣燈節行銷、國慶煙火行銷、跨年晚會行銷、媽祖文化節傳統民俗節慶行銷、金馬獎與金鐘獎行銷、西門紅樓藝術市集行銷（圖8-4）。

圖 8-4　西門紅樓藝術市集

（四）以人物主題區分

　　名人故居行銷、名人的食衣住行特色用品行銷等及其他相關著名人物主題。例如：國父紀念館、士林官邸及林語堂故居（圖 8-5）觀光行銷。

圖 8-5　林語堂名人故居

8-6 品牌經營

在創業過程中，除了業務開發與市場行銷工作外，另一件重要的事就是品牌的經營。許多人常將產品名稱（Name）和品牌（Brand）混爲一談，品牌有其 DNA，有其獨特辨識性，品牌經營要堅持耕耘才能長長久久。

品牌與產品二者相輔相成，產品使得品牌更拉近與消費者之間的距離，坊間談品牌主要是企業商標、標誌等圖案及其文案標語，品牌促使原有產品更具獨特的深刻記憶，有助於產品的行銷推廣，所以，品牌與產品二者是一種循環共生的推動過程。

Nike（耐吉）以它的打勾勾商標及「Just Do It」（圖 8-6）文案建立起運動品牌王國，此王國的企圖心是「只要你有一副身軀，你就是一個運動員；只要世界上有運動員，就會有 Nike」，形成自己鮮明的企業文化，進而取代 Adidas（愛迪達）成爲運動品牌市場主流。

圖 8-6　Nike「Just Do It」

在推動品牌經營之前，我們須了解關於品牌的定義及功能、品牌知識、品牌識別及品牌權益等相關意涵。

一、品牌的相關定義

1. 品牌資產

   爲品牌的財富或價值，品牌帶給企業的有形及無形的資產，包括金錢價值與品牌潛在的銷售能力價值。

2. 品牌識別

   屬於品牌資產的一部份。品牌識別是消費者對於品牌的整體辨別，而且此辨別主要來自於市場定位以及品牌個性。

3. 品牌定位

   爲品牌的市場區隔下，在各種競爭市場環境中自己相對的優勢與利基。

4. 品牌個性

   品牌自己在市場上的獨特性，並以此個性做爲市場利基與消費者辨認之用。

5. 品牌本質

   為品牌的核心或是精髓，也屬於品牌的中心精神。

6. 品牌特性

   與品牌內部結構有關，讓消費者感覺到品牌的信賴與安全性。

7. 品牌文化

   以品牌為中心所建立的一套價值系統，如同國家一樣有其獨特的文化傳統。

8. 品牌形象

   外在的品牌符號所顯示的品牌內在個性及**整體聲譽**。

   除上述的定義之外，應該還須增加「品牌忠誠度」，因為「品牌忠誠度」是讓品牌能一直存在於消費市場的重要關鍵因素之一。「品牌忠誠度」就是消費者對於某一種長期信賴品牌的依賴程度，品牌忠誠度形成消費者習慣性的優先購買所信賴品牌的產品。

二、品牌形象與品牌識別

「品牌形象」及「品牌識別」二者差異之處：

1. 要塑造品牌形象，重點在於建立品牌自我的特色，然而品牌識別的重點，卻是在於如何顯現品牌與品牌之間差異特質。

2. 品牌形象的塑造，在於品牌於消費者心中是否能留下「深刻」的印象。

3. 品牌識別著重在自己的品牌與它廠的品牌，在消費者心目中是否能留下品牌「區隔」的印象。

4. 品牌形象工作屬於「從內而外」的工作，品牌識別工作屬於「由外而內」的工作。

全臺第一大連鎖品牌咖啡店 -- 路易莎咖啡（Louisa Coffee）

　　路易莎職人咖啡公司創辦人黃銘賢先生於 2006 年 3 月創立路易莎咖啡品牌，於 2007 年 5 月在臺北市松山區民生東路上成立首間門市，2012 年正式對外開放加盟。目前全臺門市已達到 508 間，超越星巴克在臺灣的門市數量，為全臺第一大連鎖品牌咖啡店（股票代號：2758）。品牌識別設計則結合咖啡豆形狀和路易莎女神形象，以圓潤、簡單的線條，讓焦點回歸咖啡本身，凸顯出路易莎重視咖啡豆品質的特點。

圖片說明：路易莎咖啡商標　　　圖片說明：路易莎咖啡（建成圓環門市）

三、品牌識別的企劃方法

（一）先進行「大眾」對品牌市場現況的分析

1. 品牌內部環境

   內部員工對於品牌的效忠程度、凝聚力、未來願景及認同程度等分析。

2. 銷售外在環境

   品牌在市場上的問題，包括像是其相關優勢、劣勢、機會、威脅等（SWOT）分析。

3. 品牌的識別效果

   消費者對於品牌的定位、個性、本質、特性等辨識度，以及整體形象與品牌忠誠度等分析。

4. 整體分析

   結合上述三者的整體性、整合性分析，例如：品牌識別與消費市場對象的關係是否緊密聯結，有否其他擴張的可能性等。

（二）對「分眾」進行品牌分析

1. 公共場所隨機取樣調查法

   優點是可將品牌圖形直接面對消費者，缺點是時間過短而無法深入瞭解各品牌間之差異因素。

2. 問卷調查法

   優點是可以在短時間內獲得大量的問卷回應，缺點是無法直接面對消費者介紹產品及討論品牌細節問題等。

3. 分組專題討論法

   優點是將同一族群合在一起較仔細地討論品牌問題，缺點是需要較長的時間與較大的成本。

4. 個別訪問法

   可以一對一深入瞭解品牌的狀況，缺點是耗費最多的成本與時間。

（三）進行品牌定位的推動策略

根據上述的調查分析，找出品牌的定位及行銷策略，然而新的品牌（或是舊有品牌的定位轉型）需要是消費者心目中的品牌，才是品牌成功與否的重要關鍵，所以是消費者最關心的議題。

（四）品牌形象及辨識度的建立

從市場調查反應而來的條件下，以品牌清楚、特有的定位，來顯現出自己的品牌文化、品牌個性等市場特性，並以造型、色彩、質感、線條及符碼等外顯於物，而建立品牌的內在意義價值，形成自己的獨特性而能提供消費族群辨識。

（五）強化品牌的消費者認同工作

許多品牌在推出時都會與消費者做密切的聯繫與雙向溝通，可修正品牌定位及品牌辨識度的差異，並在溝通之中同時建立消費者對於品牌的忠誠度。

（六）進行品牌管理的經營工作

對於品牌建立之後，在各階段推出的產品，其產品種類與品牌的關係，以及產品本身品質的控管等，都會影響品牌形象，所以在品牌經營過程需要進行品牌的管理工作。

四、品牌權益

Aaker（1991）提出品牌權益（Brand Equity）是聯結於品牌、品名和符號的資產和負債的集合，其可能增加或減少該產品或服務對公司和消費者的價值。Farquhar（1989）則認為品牌權益是品牌賦予實體產品的附加價值。

品牌權益是自 20 世紀 80 年代以來歐美行銷學術界研究的重點。面對當時某些市場的不景氣，企業頻繁使用的降價、促銷手段雖然促進了銷量的短期增長，卻有損品牌的長期價值。為此，學者們提出品牌權益概念，呼籲用長遠觀點看待品牌投資，以獲取長期利益。其次，新品牌導入市場的成本高且容易失敗，在已有品牌下進行延伸變得更為普遍。[1]

---

1 參考資料：MBA 智庫百科、Aaker, D. A. (1991). Managing brand equity. New York: Free Press.、Farquhar, P.H. (1989) Managing Brand Equity. Marketing Research, *1*, 24-33

國際品牌行銷經典：日出茶太

臺灣是全世界擁有最多茶飲品牌的市場，珍珠奶茶更成了另類的臺灣之光，而其中國際化程度最高的茶飲品牌就屬「日出茶太（Chatime）」，目前全球擁有超過 2,500 家店，規模僅次於全球最大手搖飲品牌「都可茶飲（CoCo）」。母公司為國際餐飲集團「六角國際（LAKAFFA International）」，

於 2004 年成立於新竹縣竹北市，以「國際餐飲品牌平臺」的企業願景和「一杯珍珠奶茶讓全世界看見臺灣」的創業初衷，致力推廣東方美食至全世界，並於 2015 年以全球知名餐飲集團的身份，在臺灣證券櫃買中心以每股 110 元上櫃掛牌（股票代號：2732），加入觀光事業類股之列。

六角國際致力於餐飲服務產業的經營推廣，公司長期深耕臺灣、放眼全球，透過多品牌專業系統化策略布局與創新，成立 18 年來，已成功經營超過 9 個餐飲品牌，跨足多元化類型，包括屬六角國際旗下的手搖茶飲「日出茶太」、烘焙西點「Bake Code 烘焙密碼」、英式輕食「Engolili 英格莉莉」、傳統小吃及冰品「仙 Q 冰菓室」及隸屬王座國際旗下的「杏子日式豬排」、「段純貞」牛肉麵、「大阪王將」與「京都勝牛」等品牌。集團以「Taiwan Brand, Global Value.」為品牌核心價值，目前全球品牌門市遍及世界六大洲，超過 53 個國家地區，躋身成為國際化布局最廣的餐飲集團之一，堪稱臺灣連鎖餐飲業之成功典範。

2018 年是日出茶太（Chatime）發展相當重要的一年，除榮獲亞洲國際創新獎兩項大獎，更成為在巴黎羅浮宮（法語：Musée du Louvre）開店的首個亞洲品牌，同時進軍墨西哥、模里西斯，正式跨足六大洲。

六角國際藉由多角化經營的方式，以建立成為一個「品牌平臺中心」，讓臺灣品牌輸出國際，也讓國際好的品牌帶進臺灣，真正朝多品牌餐飲集團化去發展。

主要四大品牌經營發展策略如下：

1. 「自營品牌授權國內外代理經營或加盟經營」：包含營運指導、門市設計規劃、產品研發、教育訓練、行銷支援、原物料與包材供給。

2. 「代理國際品牌來臺經營展店」：代理國外優質品牌於國內展店經營，或是再代理到其他國家發展。

3. 「品牌委任代理經營」：接受國內連鎖品牌委託，向海外發展連鎖體系，並參與支援實際營運。

4. 「股權戰略合作」：與中國連鎖餐飲集團杭州瑞里餐飲管理公司簽約，全力拓展區域市場規模，進軍中國大陸手搖茶市場。

　　清晰可見，日出茶太（Chatime）茶飲品牌發展的目標，是從亞太第一手搖飲品牌邁向全球連鎖手搖茶飲業霸主，相信該公司合作夥伴就不能是等閒之輩。母公司六角國際集團創辦人王耀輝董事長就曾透露，有意進行合作的當地國夥伴，不但要對品牌有熱忱，還得有足夠財力及團隊經營等能力資格，日出茶太會審核三年財報，並要求對方至少有三千萬元以上現金流，這些都將決定「總代理商」未來展店規模的能力。

　　日出茶太對「加盟商」的審核也很嚴謹，就連菲律賓第一夫人阿旺塞納（Honeylet Avanceña）也是加盟商（為菲律賓第 100 家加盟商），但據說這件加盟案仍然經過了嚴格審核才過關，絲毫沒有打折空間（圖 1 及圖 2）。

圖 1　菲律賓總統杜特蒂（左三）的夫人阿旺塞納（右三）成為日出茶太第 100 間店的加盟商

圖 2　日出茶太門市（圖片來源：日出茶太官網）

　　回顧六角國際的品牌國際化發展歷程，歷經了許多創業失敗，如 2017 年與馬來西亞代理商終止合約，衍生品牌官司，花了百萬美元代價，最終勝訴。為了凝聚品牌力，導入美式連鎖加盟制度，開起代理商大會，並運用當地各國明星當代言人。據知目前六角國際除了有 30 人專業團隊負責海外事業展店、產品研發、訓練、品牌發展及營運策略等，還有鑽研銷售 42 國各種法規與食安認證的產品研發 20 人團隊，六角國際團隊的後勤支援能力可見一斑，找不到符合當地法規或食安認證的供應商，就會進行輔導，前後已輔導超過 30 家的供應商。

　　此外，六角國際用科技方式製茶，簡化流程，並成立研究檢驗中心，確保食品創新、安全及一致性。採行標準化，讓產品製作、服務流程等相關作業、程序建立在 SOP 制度下一併到位。並運用雲端科技資訊管理，透過雲端系統，同步提供全球門市所需進銷庫存、訂貨系統等資訊，使控管更有效率。

　　新創公司若未來要走品牌國際化，可以借鏡六角國際的實戰經驗。臺灣品牌要在國際化成功，最終仍需要靠好的國際品牌管理，期待六角國際的過去失敗所換得的成功經驗及努力不斷追求創新突破，實現「一杯珍珠奶茶讓全世界看見臺灣」的創業初衷，在國際餐飲領域閃閃發光。[2]

延伸思考

1. 試探討東盟國家手搖飲市場和臺灣手搖飲市場在經營管理上有何不同？
2. 試比較國內幾大手搖飲品牌之連鎖加盟制度之差異？

2　參考資料：六角國際集團官方網頁 https://www.lakaffagroup.com/

腦力激盪 ••

1. 請試想「銷售、促銷、行銷、品牌」之間差異，並填入下列四個題目的空格中。

   (1) 男生對女生說：我是最棒的，我保證讓你幸福，跟我好吧。＿＿＿＿＿＿＿

   (2) 男生對女生說：我老爸有三間房子，跟我好，以後這都是你的。＿＿＿＿＿＿＿

   (3) 男生根本不對女生表白，但是女生被男生的氣質和風度所迷倒。＿＿＿＿＿＿＿

   (4) 女生不認識男生，但她的所有朋友都對那個男生誇讚不已。＿＿＿＿＿＿＿

2. 針對六大旅遊住宿產品市場，試比較其重要需求和特質之差異為何？

產品市場	重要需求	特質
家庭型渡假者		
頻繁出差的商務人士		
預算有限的旅客		
參加活動的旅客		
長住型旅客		
渡假村型遊客		

3. 試比較實體書店（如誠品書店）及虛擬書店（博客來）在行銷 STP 之差異。

智慧財產保護與加值

　　創業過程中，特別是在創新商品與服務開發方面，易衍生智慧財產權問題，新創公司為了保護自身開發的技術能力，更需取得專利以利未來事業發展，無論將來要擴充事業或退場轉型，企業擁有多少的智慧財產權成了重要的指標。本章節將透過新創公司如何保護公司智慧財產、各種形式的智慧財產權介紹、如何對智慧財產權進行保護與加值，以及技術投資換取公司股權等議題進行探討說明。最終透過章節結束前之問題與討論，來驗證在智慧財產權保護與加值議題之學習成果。

• **學習重點** •

9-1　新創公司如何保護公司智慧財產

9-2　商標權（Trademark）

9-3　專利權（Patent）

9-4　著作權（Copyright）

9-5　營業秘密（Trade Secret）

9-6　技術授權與移轉

9-7　技術投資換取新公司股權

創業速報　兩敗俱傷的涼茶商標戰：
　　　　　王老吉 VS 加多寶

———— 創業經營語錄 ————

沒有專利局和完善的專利法的國
家就像一隻螃蟹，這隻螃蟹不能
前進，而只能橫行和倒退。

－（美國小說家）馬克•吐溫
（Mark Twain）

9-1 新創公司如何保護公司智慧財產

創業過程中，特別是在創新商品與服務開發方面，多多少少都涉及到包括：品牌商標（Trademark）、專利權（Patent）、著作權（Copyright）、營業秘密（Trade Secret）、公平交易法等智慧財產權相關議題，而擁有較多的無形資產的企業，相對來說公司的商業價值也會比較高。每個法律所設定的保護目的與要件也不同，企業經營者或相關人員對智慧財產需要有一定程度的了解，此外，也可以透過契約方式來達到超出法律的保護範圍。

在進行智慧財產權介紹之前，首先，舉幾個透過創意發明來創造財富的案例，如：Facebook 以 160 億美元收購 WhatsApp（2014 年 2 月）、蘋果電腦以 1 億美元解決 iPod 專利權問題（新加坡 Creative 公司在 2000 年先申請到專利，而 iPod 在 2001 年 11 月才推出），以及 YouTube 曾受到來自雅虎、微軟等的收購邀約，最終被 Google 以 16.5 億美元天價收購。由此可知，創意發明可創造財富，創意是無形的，其報酬也可能是天價！但若只是「提出」創意，往往變成免費送給他人，必須成為創意的實踐者，才能得到創意所產生的利益。因此，無論企業規模大小，或為新創企業或中大型企業，都必須對辛苦的智慧結晶進行保護與加值。

何謂智慧財產權（Intellectual Property Right）？係指人類利用腦力所創造之智慧成果，此種精神活動之成果，得產生財產上之價值而形成權利，並藉由法律保護之制度。臺灣並沒有一部法律叫「智慧財產權法」，而是由專利法、商標法、著作權法、營業秘密法、積體電路布局法等法律組成，分別就不同的智慧財產權屬性加以保護。

然而，智慧財產權運用上，企業可以自行使用在製造產品銷售、提供技術服務，或談判之籌碼也可以；另一方面，也可採行授權與轉讓方式進行合作。以下就臺灣智慧財產權發展演進過程（表 9-1）及相關網路資源（表 9-2）提供讀者作為學習之參考：

表 9-1 臺灣智慧財產里程碑

發展時間（年月日）	發展演進過程
1999.01.20	制訂「科學技術基本法」
2008.07.01	成立智慧財產法院
2010.06.29	簽訂兩岸智慧財產保護與合作協議
2012.11.29	推動「智財戰略綱領」

發展時間（年月日）	發展演進過程
2013.02.01	營業秘密法增修刑事責任
2014.08.13	經濟部境外實施法規鬆綁
2015.12.15	產業創新條例修法通過（智慧財產權作價入股延緩課稅）
2017.11.22	產業創新條例修法通過（無形資產評價）

資料來源：作者自行整理

表 9-2　臺灣及國際智慧財產權相關網路資源

智慧財產權相關網路資源	網址
全國法規資料庫	http://law.moj.gov.tw/Law/LawSearchLaw.aspx
經濟部智慧財產局	https://www.tipo.gov.tw/tw/mp-1.html
智慧財產與商業法院	https://ipc.judicial.gov.tw/tw/mp-091.html#
臺灣智慧財產管理制度	https://www.tips.org.tw/default.asp
臺灣技術交易資訊網	https://www.twtm.com.tw
財團法人亞太智慧財產權發展基金會（Asia Pacific Intellectual Property Association）	https://www.apipa.org.tw/index
The United States Patent and Trademark Office（USPTO）	https://www.uspto.gov
Google Patent	https://patents.google.com
日本產經省專利局	https://www.jpo.go.jp/indexj.htm
European Patent Office（EPO）	https://www.epo.org
世界智慧財產權組織（WIPO）	https://www.wipo.int
中國大陸國家知識產權局	https://www.sipo.gov.cn

資料來源：作者自行整理

　　至於新創公司如何保護公司的智慧財產權，筆者有幾點建議：

1. 應對員工實施智慧財產教育訓練，且於員工聘用與離職管理規範中納入相關智慧財產歸屬條款與聲明，以使員工了解智慧財產權與相關之權益。

2. 針對研發、生產、品管等流程管理應予以文件化，內外部文件與紀錄文件的取得、使用、發佈等進行管理。

3. 針對廠區／辦公區之劃分與權限分派進行管理，進出皆需受管制並詳實記錄。

4. 各式設備如資訊設備管理規範，包含採購、分配、維修、銷毀等都需進行管制，降低資訊外流風險。

9-2 商標權（Trademark）

在公司銷售的商品中，如果公司擁有自有品牌的商品，應該要去申請商標註冊，包括商品的名稱及 LOGO，都可以申請註冊。商標是用來區辨供應商品或提供服務的來源之標誌。商標最主要的三大功能分別為識辨功能、品質擔保功能和廣告促銷功能。

（一）定義

國家對於表彰自己商品或服務之圖樣，給予所有人專用於其所指定之商品或服務的權利。

（二）取得

向經濟部智慧財產局申請，並獲准註冊後取得。

（三）權利期間

商標自註冊之日起，由註冊人取得商標專用權，為期十年，期滿得無限制次數延長，可於屆滿前六個月申請延展，每次延長十年。

（四）商標型態

商標得以文字、圖形、記號、顏色、聲音、立體形狀、動態、全像圖或其他聯合式所組成。

（五）商標類型

商標種類可分為商標權（分商品和服務類）、證明標章權、團體標章權、團體商標權等四大類型。

1. 商標權（商品類）：如鱷魚牌服飾。
2. 商標權（服務類）：如麥當勞 M 圖形。
3. 證明標章權：如 UL 電器安全、ST 玩具安全等證明標章。
4. 團體標章權：如獅子會、扶輪社、政黨組織等團體標章。
5. 團體商標權：指凡具法人資格之公會、協會或其他團體，欲表彰該團體之成員所提供之商品或服務，並得藉以與他人所提供之商品或服務相區別。如農會、漁會之團體商標。

（六）非傳統商標

根據商標法第 18 條，商標得以文字、圖形、記號、顏色、立體形狀、動態、全像圖、聲音或其聯合式所組成。其除了傳統（平面）方式呈現外還有非傳統商標方式呈現，列舉說明如下：

1. 顏色商標：如黃色為臺灣計程車顏色標示。
2. 聲音商標：如〈少女的祈禱〉做為垃圾車聲音；綠油精廣告歌曲。
3. 立體商標：
    (1) 商品本身之形狀：如瑞士 Toblerone 巧克力。
    (2) 商品包裝、容器之形狀：如可口可樂。
    (3) 立體形狀標識：如肯德基爺爺。
    (4) 服務場所之裝潢設計：Taipei 101。
    (5) 文字圖形記號或顏色與立體形狀之聯合式。
4. 氣味商標：如紡紗香味。
5. 動畫商標：如米高梅電影公司商標。

（七）其他說明

1. 欲對商標進行檢索，可以透過臺灣智慧財產局網站進行檢索。網址如下：

    https://twtmsearch.tipo.gov.tw/OS0/OS0101.jsp

2. 欲了解全球品牌價值，可至 Interbrand 品牌諮詢公司網站查詢。
   （網址：http://www.interbrand.com）

綠油精廣告歌曲（臺灣第一個聲音商標）

　　還記得「綠油精，綠油精，爸爸愛用綠油精⋯」這首曾紅遍大街小巷的廣告歌曲嗎？它已獲准為中華民國第一件聲音商標。「綠油精」聲音商標係由新萬仁化學製藥股份有限公司申請指定使用於化妝品；西藥、營養補充品；糖果、米果等商品，該公司在申請時即表示這些特殊的聲音，早在五十年代即於市面上發行流通，在那個時代無論男女老幼均能琅琅上口，成為家喻戶曉之旋律，且其歌詞亦能充分代表商品之特色，迄今仍讓社會大眾津津樂道。[1]

圖片說明：綠油精產品與樂譜

1　參考資料：https://www.tipo.gov.tw/ct.asp?xItem=206915&ctNode=7482&mp=1

創 意 新視界

愛馬仕 VS 嬌蕉包商標侵權案

嬌蕉包自從開賣以來，就受到討論熱潮，透過相片轉印技術，將愛馬仕（Hermes）柏金包圖樣複製到帆布環保袋上，商標從原本愛馬仕的馬車改成香蕉車，價格和動輒 20 萬起跳的柏金包，至少相差了 100 倍，最後導致商標及商品被愛馬仕告侵權，已經全數停賣。

圖片說明：愛馬仕柏金包

臺灣品牌自創的嬌蕉包，引來侵權爭議，原因在於設計師將愛馬仕柏金包的圖案，直接轉印到帆布材質的包包上頭，價格和名牌包價差至少 100 倍；再加上藝人大 S 在婚禮時，指定當成賓客伴手禮，瞬間爆紅，成為藝人搶購包款、實體店和網路通通賣到缺貨。

業者苑汝琦遭愛馬仕控告違反《商標法》並求償，經過臺北地院審理 1 年後，改口認罪並跟愛馬仕要求和解，道歉賠錢，並銷毀 1,000 個扣押的包包及 10 多箱存貨。嬌蕉包當初搭著名牌包光環，大玩創意，導致商標及商品被愛馬仕侵權，被迫停賣，以後也買不到了。[2]

圖片說明：嬌蕉包

09

9-3 專利權（Patent）

專利係專利權之簡稱，以排他使用權來換取發明之完整公開。一個排他使用只會一定法定年限（一般為二十年）。專利權係通過向政府申請而獲得。大部分國家都有專利法來保障專利權屬人之權益。如果自身所研發之產品具獨特性，可以向政府申請專利許可，透過政府的專利法（政府為鼓勵、保護、利用發明、新型及設計之創作，以促進產業發展，特制定之法律規範）進行保護，透過一段時間之排他權利，防止智慧財產權結晶遭人仿冒與盜用，透過保障個人或企業因創作發明所產生的資本風險，鼓勵投入研發。

簡單來說，只要取得專利，其他人未經許可，是不可以使用該專利相關的技術和構想。專利的英文稱之為「Patent」，「取得專利」的動詞則用「File」表示。

---

2 參考資料：東森新聞 https://www.ettoday.net/news/20121216/140398.htm

　　企業在取得專利之前若與投資人及潛在合作夥伴等進行商談，建議應先簽訂保密條款（Non-Disclosure Agreement, NDA），可盡量避免洩漏相關創意或技術給予第三者而遭受被盜之害。

　　不同國家對於專利的法律定義或許有些不同，但是大部分的內涵是一樣的。而專利是屬地主義和先登記主義，也就是你想在美國主張專利權，申請臺灣專利是沒用的。以下針對中華民國專利法之定義、類型、保護要件、保護期限、不予發明專利保護之客體及專利可帶來的好處進行說明。

（一）定義

　　國家對於發明及創作給予所有人專用之權利，包括：

1. 發明專利（**Invention patent**）：係指利用自然法則之技術思想之創作（專利法第 21 條），其分為物品發明及方法發明兩種。

2. 新型專利（**New model patent**）：係指利用自然法則之技術思想，對物品之形狀、構造或裝置之創作（專利法第 104 條）。

3. 設計專利（**New design patent**）：係指對物品之形狀、花紋、色彩或其結合，透過視覺訴求之創作（專利法第 121 條）。

（二）取得

　　向經濟部智慧財產局申請，獲准後取得專利權。

（三）保護要件

　　產業上利用性、新穎性及進步性，採註冊保護主義。

（四）保護期限

　　自申請日起算，發明專利 20 年、新型專利 10 年、設計專利 15 年。專利權期間屆滿或消滅後，任何一人得使用此技術。

（五）不予發明專利保護之客體

1. 動植物及生產動植物之主要生物學方法。
2. 人體或動物疾病之診斷、治療或外科手術方法。
3. 妨害公共秩序、善良風俗或衛生者。

（六）專利權之好處

1. 授權：取得權利金。
2. 提起訴訟：主張他人不可使用。
3. 交易：買賣、讓與。
4. 繼承：具財產價值。
5. 投資：可用來募集資金、融資貸款。
6. 作為證明：自己才是技術原創者。
7. 公司業績：研發能量的展現。
8. 廣告效果：包裝行銷。

（七）專利之申請

　　中華民國發明專利申請流程的手續，主要依照申請、程序審查、早期公開、實體審查、公告之順序進行。發明專利權期限，自申請日起算二十年屆滿。以下為申請時須留意之程序：

1. 申請發明專利，由專利申請權人備具申請書、說明書、申請專利範圍、摘要及必要之圖式，向專利專責機關申請之。
2. 申請發明專利，以申請書、說明書、申請專利範圍及必要之圖式齊備之日為申請日。
3. 說明書及必要之圖式若以外文本提出，在智慧財產局規定的期限內必須提交已翻譯好之中文說明書。
4. 申請中華民國專利參考資訊 QR code：

（八）如何延展專利申請期限

　　如果你在美國申請專利，然後在該申請日的一年之內向另一個國家申請，美國的申請日也可以是為該國的申請日，如此，在美國申請一個發明之後，可以保存你的美國申請日長達一年。但你須向美國專門的辦公室提專利合作條約（Patent Cooperation Treaty, PCT）的專利申請（需付另一筆費用），指定特定的國家之後，你便可以在美國申請日之後的 20 到 30 個月之內保有你向這些國家申請的權利，而不需要額外的費用。另一個省成本的國際專利制度則是歐洲專利公約（European Patent Convention, EPC）。

9-4 著作權（Copyright）

著作權也是常見的智慧財產權之一，如著名金庸小說、哈利波特小說、已故巨星麥克·傑克森唱片、漫威電影、迪士尼電影等創作都具有龐大著作權衍生之商業價值。在臺灣，無須向智慧財產局申請註冊，著作完成時即享有著作權。但有些國家採取登記制，您還是要去登記申請。

我國歷經多次的修法，近期也將因為時代的變化快速，數位科技及網路的高度發展而大幅修法，著作權法部分條文修正草案將為近 20 年來最大幅度的調整。

（一）定義

國家對於屬於文學、科學、藝術或其他學術範圍之創作給予所有人專用之權利。

（二）保護要件

其保護僅及於該著作之表達，而不及於其所表達之思想、程序、製程、系統、操作方法、概念、原理、發現。

（三）權利期間

自然人之著作終身加 50 年，法人攝影、視聽、錄音及表演等著作，為公開發表後50 年。

（四）著作財產權及著作人格權

1. 著作財產權：依著作性質之不同而有重製權、公開口述權、公開上映權、公開演出權、公開展示權、改作權、編輯權及出租權等。
2. 著作人格權：以保護著作人之名譽、聲望或其他有關人格利益之權利，包括公開發表權、姓名表示權及同一性保護權等。

（五）不得為著作權之標的

根據著作權法第 9 條，下列各款不得為著作權之標的：

1. 憲法、法律、命令或公文。
2. 中央或地方機關就前款著作作成之翻譯物或編輯物。
3. 標語及通用之符號、名詞、公式、數表、表格、簿冊或時曆。
4. 單純為傳達事實之新聞報導所作成之語文著作。
5. 依法令舉行之各類考試試題及其備用試題。

前項第一款所稱公文，包括公務員於職務上草擬之文告、講稿、新聞稿及其他文書。

9-5 營業秘密（Trade Secret）

營業秘密在創業發展過程中尤為重要，一旦沒有做好保護或不經意觸犯都會相關嚴重。從生活實例中，如百年老店靠獨門配方養三代人，配方多不外傳，在高科技產業，許多製成配方或設計圖等，也常因商業間諜竊知而造成公司損失慘重，以下就讓我們來認識什麼是營業秘密：

（一）定義

國家對於方法、技術、製程、配方、程式、設計或其他可用於生產、銷售或經營，且符合下列要件之資訊，給予所有人專用之權利。

（二）基本要件

1. 非一般涉及該類資訊之人所知者（具秘密性）。
2. 因其秘密性而具有實際或潛在之經濟價值。
3. 所有人已採取合理之保密措施者。

（三）取得

不需註冊登記。

（四）權利期間

資訊具秘密性及經濟價值且已採合理保密措施時受到保護，至不具其中任一要件時為止。也就是說，營業秘密的有效時期是永遠，但是要保持秘密，故須採取合理之保密措施。國際著名之美國可口可樂「配方」，屬其所有之營業秘密，為公司帶來龐大商機與豐厚利潤，其為具經濟價值之著名案例。

在現代國際競爭的時代裡，使用各項智慧財產權相關法律（如表 9-3）來保護自身或企業智慧結晶是非常重要的，但也非盲目地大量申請，因權利申請費用和後續維護費用都相當驚人，應全面思考商業布局及技術發展規劃，才能真正得到智財保護效果。

表 9-3　智慧財產相關法律之比較

項目	專利權	商標權	著作權	營業秘密
保護目的	為鼓勵、保護、利用發明與創作，以促進產業發展	為保障商標權及消費者利益，維護市場公平競爭，促進工商企業正常發展	為保障著作人權益，調和社會公共利益，促進國家文化發展	為保障營業秘密，維護產業倫理與競爭秩序，調和社會公共利益
保護客體	物品發明、發明方法、新型、設計	以文字、圖形、記號、顏色、聲音、立體形狀或其聯合式所組成	科學、文學、藝術或其他學術之創作。分為著作財產權與著作人格權	具有競爭優勢之各種資訊、方法
保護要件	產業上利用性、新穎性及進步性，採註冊保護主義	具有辨識性或第二意義之標誌，採註冊保護主義	具有原創性之著作，保護著作之表達，採創作保護主義	秘密性、經濟價值及合理保密措施
保護期間	自申請日起算，發明專利 20 年；新型專利 10 年；設計專利 15 年	自註冊日起算 10 年，可不斷延展使用年限	自然人之著作終身加 50 年，法人、攝影、視聽、錄音及表演等著作，為公開發表後 50 年	自發明或創作日起算至喪失秘密性為止

資料來源：作者自行整理

9-6　技術授權與移轉

　　創業者在創業時，應做好智慧財產權管理，做好每一個環節，產生可以授權的技術與專利。實務上，智慧財產加值成功之關鍵因素包括：積極的技轉政策、高階主管的支持、良好的獎勵制度、具經驗的技轉專業人才、良好的技轉制度與良好的產業網路關係。

　　我們以最艱難的生技產業為例，眾所周知生技產業是各國產業發展策略之重要核心產業，這是一個跨領域的整合科學，除了最重要的醫療器材、新興生技和製藥業，另包括：醫療保健服務、機電資訊、材料化工、資源環保、食品和農業等相關應用領域。

　　對於這項需要長期投入及有效運用商業發展策略才能看見具體成果，普遍從事生技產業之國內業者除了受限於資金充足與否，而研發人員和從事研發成果推廣之從業人員對於可能合作交易和授權方式不甚了解，會使得交易和授權過於單調，也無法從中獲取更多商業利益。

　　何謂授權（License）？為一個特別形式的契約或協議，一方承諾將會對他方的作為或償付做出相應回報的作為或償付。例如您要在 T-shirt 或生活用品上印上漫威卡通英雄人物，您就必須取得授權並付出權利金。讓與（Assignment）則是毫無保留地將財產售出，所有權將從擁有者（讓與人）轉移給買主（受讓人）。

（一）授權方式

　　常見授權方式包括：專屬授權、獨家授權、非專屬授權、交互授權和再授權。

（二）交易類型

　　常見交易類型包括：共同合作研發、共同發展、共同行銷、共同推廣、合約研究、合約經銷、合約製造、合約行銷與合約供應。

（三）其他

　　除上述的幾種常見的交易類型和模式，尚還有合併（Merger）、收購（Acquisition）和資產收購（Asset purchase）等商業常見手法。

　　除以上所述授權方式和交易類型外，尚須考量授權人可以再授權嗎？授權期間多長較合宜，發生授權爭端如何協商、是否有保證或擔保品、權利金比率多寡及如何做專利技術鑑價等，如對此相關議題不熟悉者，建議應請教智財專家或委請律師事務所協助處理，以獲取最大報酬或最低損失。

9-7 技術投資換取新公司股權

在公司成立或發展過程中時，擁有技術的一方多半會嘗試不用拿現金出資，以技術研發成果換取公司股權。依據《中華民國公司法》第56條規定，股份有限公司之資本，應分為股份，擇一採行票面金額股或無票面金額股。股東之出資，除現金外，得以對公司所有之貨幣債權、公司事業所需之財產或技術抵充之；其抵充之數額需經董事會決議。

在企業經營上透過設計良好的員工認股或技術股取得制度，可讓員工有機會享受到自己創造出來的價值與財富，承擔並享受公司經營的損益，從而維持員工對所服務之企業的凝聚力，並避免因員工的流動與跳槽而衍生出更強的競爭者。

技術入股係指技術持有人（或者技術出資人）以技術成果作為無形資產作價出資公司的行為。技術成果入股後，技術出資方取得股東地位，相應的技術成果財產權轉歸公司享有。廣義的技術股的定義泛指企業對於擁有企業所需知識或技術的人員或外部顧問，提供無償或有償（但低於市價）的股票或認股權，使其得以成為公司的股東。狹義定義則指直接以技術（包括專利權及專門技術）作價，換取公司的股票，在服務一定的期間內，並有相當的競業禁止的約束。

技術入股主要有兩種形式：一種是賣方以其智力和研究、開發項目作為股份向企業進行技術投資，聯合研製、開發新產品，共同承擔風險，分享效益，這種技術入股叫作研究開發中的技術入股；另一種是賣方自己掌握的現成的技術成果折合成股份，向企業進行技術投資，然後分享效益，這種形式叫作技術轉讓中的技術入股。

在中國，依《中華人民共和國公司法》和國家科委《關於以高新技術成果出資入股若幹問題的規定》等法律及政策，客觀上已為技術成果的價值化提供了良好的前提，其有利於提高技術出資人的入股積極性，並能夠有效調動技術出資人積極實現成果的轉化。但是，技術成果的出資入股不同於貨幣、實物的出資，因為技術成果不是一個客觀存在的實物，要發現其絕對真實價值相當困難，而且對其過高過低的評價均會損害出資方的利益，引起各種糾紛。[3]

目前坊間對技術價值的評估（技術作價）多半採行成本法、市場法和收益法等三種方法，以下簡略說明其差異：

3　參考資料：MBA 智庫百科

1. 成本法

   成本法的實施須以假設該資產處於可被持續使用狀態，並具備可用的歷史成本資料。成本法中的成本可分為復原成本和重置成本，並依據現有市場條件所需支付的貨幣金額。一般來說，潛在投資者或購買者所願意支付價格不會超過建置該項資產所需耗費的成本。

2. 市場法

   市場法係指透過市場上相同或類似的資產交易歷史價格，經過比較及分析來推算資產價格的方法，其係經由一種替代原則，採用類比的概念來評估資產。

3. 收益法

   收益法所需條件必須為其未來收益及收益年限是可被預測的，且可用貨幣衡量未來收益及風險。一般而言，收益法下的資產價格不會超過預期收益的折現值，其基礎在於購買者或投資者必須在預期的報酬會超過資產價值時才會願意購買或投資。

   一般實務上，技術作價大致可以拆成 5 個步驟：(1) 投資人表達願用技術投資、(2) 公司評估技術的價值、(3) 公司認同這個價值、(4) 公司發行股票及 (5) 用公司股票代替等值現金來跟投資人買技術。

　　技術作價上應找公正客觀的第三方（如社團法人中華無形資產暨企業評價協會或專業無形資產鑑價公司）來協助評估，並須留意技術作價衍生的可能稅務問題。不過，透過第三方鑑價也可能因爲是買賣雙方由誰付鑑價費用而對鑑價報告客觀性產生質疑。一般國外會直接用公司董事開會來決定欲發行的股票價值，而不是用第三人認定的價格，直接用當事人認同的價格來作爲增資的標的。

兩敗俱傷的涼茶商標戰：王老吉 VS 加多寶

　　來往兩岸四地，「怕上火，就喝王老吉」！這句廣告語你一定不會陌生。只是「此王老吉卻非彼王老吉」。這則廣告最初的產品，是鴻道集團下屬企業「加多寶」旗下生產的王老吉涼茶，但因加多寶的火紅成功引起了王老吉的注意。

　　王老吉涼茶是廣東著名涼茶，於清朝道光年間（約 1828 年）由廣東鶴山人王澤邦所創。傳說王澤邦本務農為生，當時地方瘟疫流行，他偕同妻兒上山避疫，途中巧遇一道士傳授藥方，王澤邦依照藥方煮茶，幫助百姓治病。

　　清朝咸豐二年（1852 年），皇帝在聽聞民間有「王老吉涼茶」防疾治病了得後，召王澤邦入宮製備涼茶供文武百官作清涼飲料，獲廣泛好評。後在內務府總管大臣陪同下榮歸故里，轟動羊城（廣州）。翌年在廣州十三行路靖遠街（今靖遠路）開設了「王老吉涼茶舖」，專營水碗涼茶。之所以得名「王老吉」，因王澤邦乳名阿吉。[4]

　　到王澤邦的第三代時，「王老吉」已到香港開店，而這也為今後的紛爭埋下了伏筆。新中國成立後，王老吉正式一分為二，內地的王老吉被收歸國有，最終被劃歸到今天的廣藥集團旗下，而香港的王老吉則由王氏後人繼續經營。

　　30 年前「加多寶」創辦人陳鴻道取得香港的「王老吉」授權，開始使用「王老吉」的秘方及商標販售涼茶，但當時「王老吉」藥品生產商標已被母公司廣藥集團註冊，2000 年廣藥與鴻道簽商標許可使用合約，規定藥品屬性的綠盒王老吉屬廣藥集團，而飲料屬性的紅罐王老吉則屬於鴻道集團下屬企業加多寶。在陳鴻道的一系列營銷策劃下，加多寶的紅罐王老吉很快就火遍全中國。

　　2007 年，「王老吉」涼茶的銷量一年達到人民幣 50 億元，但也因加多寶的火紅成功引起了廣藥集團的注意。2010 年，廣藥集團授予加多寶母公司鴻道集團的王老吉商標租賃權和「紅罐王老吉」的生產經營權到期，雙方有關商標之爭的矛盾就此爆發。2012 年，廣藥集團狀告加多寶侵犯王老吉商標權勝訴，加多寶隨後將產品更名「加多寶涼茶」，之後加多寶與王老吉便開始在廣告、商標、包裝等方面展開多年的纏訟（圖 1 及圖 2）。

4　參考資料：維基百科

圖 1　廣藥集團出品的王老吉涼茶　　　　圖 2　鴻道集團出品的加多寶涼茶

　　以下綜整多年來兩間公司的商標訴訟事件：

■ 2012 年 5 月，中國國際貿易仲裁委員會裁定，鴻道集團從 2010 年 5 月 3 日起，無權再使用「王老吉」商標，雙方隨後就展開為期數年的涼茶大戰。

■ 2012 年 7 月，北京一中院終審裁定加多寶禁用王老吉商標。

■ 2014 年，廣藥集團突然決定向廣東省高院提起訴訟，稱包括廣東加多寶等 6 家加多寶系公司侵害集團王老吉註冊商標，造成集團經濟損失人民幣 10 億元。

■ 2015 年 2 月，廣藥集團又將人民幣 10 億元索賠金額，變更為人民幣 29.3 億元。隨後 6家加多寶公司向廣東高院提起反訴，請求廣東高院判令：廣藥集團賠償加多寶公司經濟損失人民幣 10 億元；反訴訴訟費由廣藥集團負擔。

■ 2015 年 11 月，廣東最高人民法院下達裁定，認定 6 家加多寶公司提出反訴不符合受理條件，駁回加多寶上訴，維持原判。

■ 2018 年 7 月，根據廣東高院《一審判決書》，廣東加多寶等 6 家公司共計賠償廣藥集團經濟損失及合理維權費用共計人民幣 14.4 億元（約新臺幣 64 億元），這一金額創下加多寶與王老吉諸多商業糾紛中最高的賠償紀錄。

　　直至今日，中國大陸涼茶銷量已經達不到過去的高量成長，王老吉和加多寶兩家紛爭多年，耗費了自身企業大量資源，涼茶行業也沒有能更進一步發展。訴訟而固守的產品外觀也已經與時代脫節，產品不見新的創意，但加多寶和王老吉的訴訟無限戰爭仍在繼續。

　　試想當年加多寶創辦人陳鴻道投入涼茶事業所面臨的一個大問題：在內地，王老吉的商標權屬於當時的羊城藥業，該選擇直接跟羊城藥業合作，讓其授權自己使用「王老吉」的商標？還是自己創立一個新品牌，宣傳它是王老吉正宗配方呢？很顯然陳鴻道選擇了幫廣藥炒紅了王老吉商標這條路，加多寶也因為過去投入大量廣告行銷費用，但涼茶行業卻不見新的成長，造成現在公司經營上也面臨許多困境。

延伸思考

1. 如果是您經營涼茶生意，會選擇去授權一個老字號品牌或是自己經營一個全新品牌？
2. 請嘗試利用中國大陸商標局的「中國商標網」查詢「王老吉」相關商標。

腦力激盪 ···

1. 試討論屬於公司內部的智慧財產權有哪些，如何做好保護措施？

2. 假如您要創業，請問您知道要如何為您的企業名稱或符號去申請商標？

創業計畫與簡報技巧

　　創業計畫書是說明新事業的起點及未來發展的書面文件。簡言之，它是創業者的未來事業的發展藍圖，也是和利益關係人往來之重要文件。本章節將聚焦在創業計畫書之重要性、如何擬訂創業計畫書之步驟、創業計畫書之寫作技巧、如何吸引評審與投資者目光等說明，最終透過章節結束前之問題與討論，來驗證在創業計畫與簡報技巧內容之學習成果。

● 學習重點 ●

10-1　創業計畫書之重要性

10-2　如何擬訂創業計畫書

10-3　創業計畫書之寫作技巧

10-4　創業計畫評價與優質簡報

創業速報　創業計畫書的典範：顛覆旅遊業的 Airbnb（空中食宿）

―――― 創業經營語錄 ――――

　　夫運籌策帷帳之中，決勝於千里之外。

－出自西漢・司馬遷
《史記・高祖本紀》

10-1　創業計畫書之重要性

　　著手創業計畫時，應先思考想要發展的業務是什麼？市場是否存在？有無明確的市場與產品定位？採取何種合夥方式和經營型態？資金來源管道及商業模式為何？並做思考可行性分析及風險評估，最終完成事業計畫書後，進行資金募集，創業規劃流程如圖10-1所示。

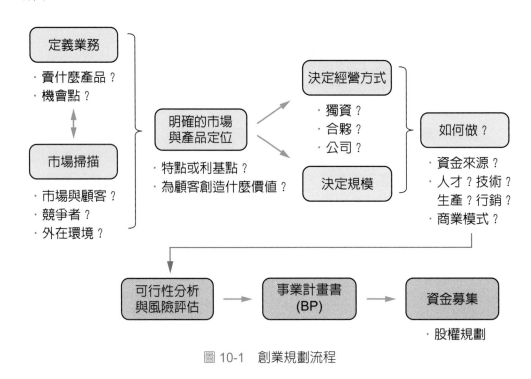

圖 10-1　創業規劃流程

　　筆者從事近二十年的創新創業教育、創業育成輔導及擔任兩岸創業競賽評審工作，常常有學員問我，怎樣才能寫出一份好的創業計畫書（Business Proposal, BP）呢？通常我會給予些建議及先詢問些問題：先釐清為何要撰寫創業計畫書？誰在審閱您的創業計畫書？您有用真實的世界現況來擬訂它嗎？這份計畫書中所規劃之產品和服務有什創新突破性？市場發展性與可行性有多高？如要募資，可否清楚向投資人說明資金用途？整份計畫書是否內容夠完整，以及對產業和社會有何實質貢獻？您是否可以用簡短且清晰的方式來闡述您的創業計畫內容？

　　何謂創業計畫書或另稱為商業計畫書呢？簡單來說，創業計畫書是說明新事業的起點及未來發展的書面文件。簡言之，它是創業者的未來事業發展藍圖，也是和利益關係人（Stakeholder）往來的重要文件。也常有人問商業計畫書和創業計畫書有何不同？一

般來說多稱爲商業計畫書，若專爲創業所寫就可稱之爲創業計畫書。也有人會問，拿著單薄的幾張紙、給投資人說生動的故事，就能融資到大筆資金？

個人常受邀演講「打造創業致勝藍圖—優質創業計畫書撰寫」議題，常常有學員會問道：創業一定要寫計畫書嗎？創業前，要先擬好計畫書嗎？按圖施工，就能確保創業成功？對於學員這些問題，仔細歸納了十項創業計畫書之重要性，來回應爲何要撰寫創業計畫書：

（一）企業無論規模大小，經營上應都有計畫

無論您創建的是微型企業或是科技創業，理論上在您的腦中應都有對於創業的規劃構想，確實並非一定要撰寫創業計畫書才能開始創業，其中差別在於有沒有以書面文件方式呈現您的創業計畫藍圖。但一家好的企業在經營上都應有發展計畫，也不能花太長的時間在寫計畫書，避免寫計畫書延誤而錯過了商機。

（二）跨出創業並追求成功的第一步

對於滿口創業經，但卻老停在原點裏足不前的人，開始動手擬訂營運計畫書是邁向創業實作很重要的第一步，在撰寫的過程中您可能會逐漸建立信心，也可能因爲無法講清楚、說明白計畫內容而告吹。

（三）向外界介紹自己新創事業的一份文件（創業說明書）

創業計畫書就像一份新創企業的履歷表或說明書，對內而言，有助於您的團隊對所加入新創事業的了解，而對於外部的投資者或其他利益關係人而言，它可以幫助投資人或其他利益關係人（如政府、銀行等）加速對於新創企業的認識和了解。

（四）關係企業未來營運藍圖與財務規劃

營運計畫書有助於規劃及了解新創企業未來發展的潛力，而企業營運很重要的一環就是財務規劃，若能在規劃中詳加規劃與布局，讓擬訂的預期目標與實際執行成效相距不遠，相信新創企業的發展必定更加穩健。

（五）與政府、銀行、創投及品牌授權公司往來之參考依據

在創業過程中常有機會與政府、銀行、創投及品牌公司往來。企業與政府和商業銀行往來不外乎爭取補助計畫或政策貸款，經常必須提供計畫書作爲申請文件之一，而創投業者或天使投資人也常需要透過創業計畫書來了解欲支持之企業營運規劃爲何？另對

於爭取品牌授權製造合作之新創企業，品牌授權公司亦須透過營運計畫書來了解被授權之企業經營與品牌行銷之策略規劃。

（六）檢視創業目標、產品與市場分析是否可行

如果在創業前沒有擬定創業計畫書，較無法有個具體的創業目標來努力，對於產品與市場無法有完整的可行性分析，以至於常陷入不知為何而戰，為誰而戰。

（七）作為創業資源的盤點之用，審視各環節不足之處

營運計畫書也是一項作為盤點創業者資源與審視不足之重要參考依據。透過創業規劃過程中，可逐一釐清既有資源與優勢為何，還有哪些不足與劣勢待克服。

（八）攸關創業決策與提高成功機率

撰寫創業計畫很重要的工作就是對未來營運策略的擬訂，預先思考經營策略，可降低營運風險，以提高創業成功機率。曾有項研究調查，完成創業計畫書的創業家比沒有撰寫營運計畫書的個人，成功率高出六成，足以證明謀定而後動，可以有效控制創業過程的不確定性。

（九）藉由計畫書編製，可凝聚共識與向心力

在編製創業計畫書的過程中，創業團隊成員常對於創業規劃的想法有所不同，可能意見不合而中途退出，也可能因為透過深度的討論擬訂計畫，彼此間建立了對外來發展方向的共識，無形間可讓創業團隊的向心力更加厚實。

（十）作為企業日後執行實績之比較及改善之參考

在享受創業的過程中，也別忘了停下來審視創業初期所擬訂的計畫，對現階段執行成效與原設定之目標與策略作法進行比較，釐清改善之處，以進行創業計畫書之修正，追求精益求精之目標發展。

10-2 如何擬訂創業計畫書

　　創業計畫書在整個創業過程中扮演極為重要的角色。不過,確實有為數眾多的創業者沒有撰寫過創業計畫書,就憑著感覺及見招拆招的心態來創業。事實證明,有擬訂完整的創業計畫書的創業團隊相較而言就容易成功。有了創業計畫書您可以清楚告訴事業合夥人或是投資者,您是有方向、有目標、有願景、有步驟,值得信賴。

　　如何寫出動人的創業計畫書?依筆者個人淺見,動人的創業計畫書應具備五大要素:展現誠意、具備專業、秀出亮點、創造價值及具體可行。並掌握 SMART 基本原則:S(Specific,明確的)、M(Measurable,可衡量的)、A(Attainable,可達成/可實現)、R(Reasonable,合理的)及 T(Time,時間規劃)。也就是說計畫目標及執行內容應有非常明確的目標,所陳述的項目可以數量化,設定的目標是可以被達成和實現,目標為合理範圍,以及有具體時間表來完成目標。

　　完整的創業計畫書則應具備以下重要章節內容:1.計畫摘要、2.創業緣起與事業構想、3.產業與目標市場分析、4.商業獲利模式、5.技術研發規劃、6.行銷與業務規劃、7.財務計畫與資金運用、8.生產製造規劃、9.公司經營團隊、10.風險評估分析、11.期許與貢獻(結論)及 12.附件(錄)等。以下表 10-1 針對各章節之重要性列舉撰寫重點事項說明:

表 10-1　創業計畫書應具備的內容

章節單元	撰寫重點
(一) 計畫摘要	在計畫摘要章節中,以下有幾點重要提醒: 1. 用一段話說清楚你的項目及三大亮點。 2. 摘要集中了你經營企業的全部重點和計畫。 3. 摘要給人的第一印象是「這是一個有錢可賺的投資項目」,一開始不相信就不會相信。 4. 摘要必須寫得充滿信心與熱情、全部正面闡述。 5. 摘要部分一定要放在最後完成。 6. 摘要求短,最多兩頁,最好縮成一頁。 7. 摘要留待計畫完成初稿後再來撰寫。
(二) 創業緣起與 事業構想	開辦新創事業首要是向人們說明您為何創辦此事業(創業的動機、解決什麼痛點或創造什麼附加價值)。並說明公司名稱與商標設計、創業的產品與服務範圍、經營理念、企業文化與願景目標,以爭取認同。

章節單元	撰寫重點
（三） 產業與目標 市場分析	在發展事業的過程中，很重要的是您對產業現況與市場規模的了解，您看的新市場機會為何？如何進入這個市場？市場趨勢為何？在此也特別提醒各位，整體市場（Total Available Market）、可服務市場（Service Available Market）與目標市場（Target Market）是有所不同。 1. 整體市場（Total Available Market）：通常為產業分析調查所估算出之最大市場規模。 2. 可服務市場（Service Available Market）：在這整體市場中與潛在客戶訪談後所計畫算出之可服務的市場規模。 3. 目標市場（Target Market）：與潛在客戶訪談、辨識與訪談競爭對手和辨識與訪談通路夥伴等後所設定之要努力達成目標的市場。 此外，在產業與市場分析上，除善用次級資料庫與第一手蒐集調查的市場情報外，可以善用麥可‧波特（Michael Porter）的五力分析、魚骨圖分析、競爭者分析、SWOT（Strength 優勢、Weakness 劣勢、Opportunity 機會、Threat 威脅）分析工具，協助釐清產業與市場現況，最終完成未來市場發展潛力評估。
（四） 商業獲利模式	誠如管理大師彼得‧杜拉克（Peter F. Drucker）所說：當今企業之間的競爭，不是產品之間的競爭，而是商業模式（Business Model）的競爭。商業模式即是一個事業（a Business）創造營收（Revenue）與利潤（Profit）的手段與方法。 以共享經濟的個案：Airbnb 和 Uber 為例，這兩間公司並沒有建構龐大的旅館和計程車隊資產，其透過商業模式創新與經營共享平臺，創造出數百億美金估值的市場價值。 而由亞歷山大‧奧斯瓦爾德（Alexander Osterwalder）與伊夫‧比紐赫（Yves Pigneur）所研究出的商業模式畫布（Business Model Canvas）工具，簡稱商業模式九宮格，則提供了我們對商業模式建立之思考，逐步完成商業模式的九大要素建構： 1. 目標客層（Customer Segments, CS）。 2. 價值主張（Value Propositions, VP）。 3. 通路（Channels, CH）。 4. 顧客關係（Customer Relationships, CR）。 5. 收益流（Revenue Streams, R$）。 6. 關鍵資源（Key Resources, KR）。 7. 關鍵活動（Key Activities, KA）。 8. 關鍵合作夥伴（Key Partnership, KP）。 9. 成本結構（Cost Structure, C$）。 該章節主要闡述創業項目透過什麼樣的技術或商業模式等創新手段解決了行業中的某個／某些痛點問題，是否有人願意為解決這種問題而買單，是否具備商業價值；項目是怎麼設計收入模式的，希望哪些人或市場參與方為項目的哪種產品或服務買單。
（五） 技術研發規劃	在技術研發計畫單元章節內，建議應多闡述其產品或技術：創新性說明、產品技術評估、技術來源說明、技術規格優劣功能比較、可行性分析、智慧財產權檢索與專利佈局、技術所有權分佈、預計投入研發計畫經費及預期效益評估等內容。不過，與其太過強調技術專屬與獨特，不如多談技術商品化，創新技術可帶來多少新營收。

章節單元	撰寫重點
（六） 行銷策略與業務拓展	俗話說得好：賺錢靠推銷（業務），致富靠行銷。行銷管理是針對目標市場，透過創造、溝通及傳遞優異的顧客價值，來爭取、維繫並增加顧客的藝術與科學。在事業的產品和服務行銷上，應有清楚之行銷市場區隔、目標市場與產品定位：STP（Segmentation、Targeting、Positioning）、行銷 4P（Product 產品、Price 價格、Place 通路、Promotion 促銷）及行銷 4C（Customer Need Value 為客戶創造需求價值、Cost to Customer 為客戶節省成本、Convenience 提供便利性、Communication 互動溝通）等說明。 在事業的行銷規劃方面，應善用數位經濟時代的行銷方式、網路搜尋引擎優化（SEO）、部落格行銷、社群行銷、讓消費者「玩」成忠實顧客的體驗行銷、具感染力的病毒式行銷、飢餓行銷、公益行銷、綠色行銷及議題行銷等方式，擬定行銷策略規劃。此外，如何提高公司與市場能見度？預期成長率為何？銷售預測為何？以及第一個客戶在哪？如何擴大客源？都是審閱計畫書的人相對有興趣瞭解之內容。
（七） 財務計畫與資金運用	規劃財務計畫與資金運用，對眾多創業者而言，都是一項高難度的工作，發生高估營收且低估成本，也是司空見慣的事，因無法透過精準的財務估算，降低公司的財務壓力，企業常面臨歇業或倒閉的命運。在此，建議內容應包含： 1. 創業的資金來源（包含出資比例、銀行貸款、資金來源）說明，此規劃將會影響事業股權分配與獲利分紅。 2. 應詳述資金具體用途及每個事業階段所需之資金比例。 3. 未來 1~3 年預期營收效益。 在財務規劃上也建議運用預估損益表、資產負債表、現金流量表等常見財務報表及分析來呈現公司的財務規劃，並對不同的營運階段導入不同管道的營運資金。目前較常見的資金管道是親友協助、傳統融資、天使投資人、企業投資、創櫃板、國發天使基金、校園基金投入、工業銀行、投資銀行、私募市場、創投業者、政府獎補助、群眾募資、競賽優勝獎金、傑出校友投資及虛擬貨幣（Token）等方式。 若創業項目有融資計畫，應說明融資的目的及資金使用計畫，稀釋多少股權引入多少資金，希望投資人提供資金之外的哪些幫助支持。
（八） 生產製造規劃	生產製造計畫章節主要說明：生產期程規劃、產品的製作流程、測試、所需技術、機具、設備及原物料、供應商管理、勞動力的僱傭、設廠（營運）地點、污染防治處理問題及運輸物流管理。其他如在尋找廠商協助開發原型樣品上，建議應先解剖樣品 / 產品之零件或材料組成（BOM），對製造廠商進行背景調查及篩選，了解政府相關法規，如代工廠是否合法，選擇國內生產還是海外生產，品質、成本價格與交期協商，設計產品包裝樣貌等，對於生產製造上都是非常重要。 註：若企業是以產品銷售、服務型態之企業，而非生產製造為主的企業，此部分可以斟酌是否要列入。

10

章節單元	撰寫重點
（九） 公司經營團隊	創業團隊的優劣常是企業成敗與爭取投資之重要因素，本章節應清楚說明：主要經營團隊的背景與經歷、領導者風格與人格特質、周延組織架構與功能、是否掌握事業之核心技術與價值、團隊的股權分配設計、經營團隊的聲譽（Reputation）及人力資源規劃，還有最重要的是展現執行團隊的執行力。 此外，在創業團隊的籌組上應留意你有的是團體還是團隊？是否有供應鏈支援系統？有無培養長期發展所需人才？不同行業人才組成，建構外部虛擬團隊、專業經理人與業務行銷人才，團隊成員的穩定度。
（十） 風險評估分析	創業路上常會有不同風險，常見有四項風險類型：營運風險（如：新產品開發、零組件供應、模組化設計而引發）、財務風險（如：匯率變動、資產流動性等造成）、業務風險（如：產業環境結構，客戶、成本、利潤之變動等問題）、信用風險（短期投資、應收帳款等問題）。風險固然很多，但請讓聆聽與審查的專家或投資者，知道你處理危機的態度與判斷，提出因應方案，以確保創業可行性，並仔細評估安全退場機制。
（十一） 期許與貢獻	請預估產出內容，包含新增員工人數、申請專利數、研發成果、預估產值、對社會大眾產生之影響等。請為整體計劃做出總結及說明對未來事業發展的期許。在此提醒：別忘了回頭去寫執行摘要！
（十二） 附件／附錄	可以提出佐證資料與具參考價值之書面資料，例如：研發團隊已有之專利證書、技術授權或移轉證明、從業人員專業證照、獎牌獎座、公司管理制度、主要合約資料影本、信譽證明、媒體報導資料、市調結果及未來三年計畫時程表等。附錄不是可有可無的東西，而是全文內容的重要補充。

資料來源：作者自行整理

10-3 創業計畫書之寫作技巧

要寫出動人的創業計畫書，個人建議應具備五大要素：展現誠意、具備專業、秀出亮點、創造價值及具體可行，並掌握 SMART 基本原則。也就是說，計畫目標及執行內容應有非常明確的目標，所陳述的項目可以數量化，設定的目標是可以被達成和實現，目標為合理範圍，以及有具體時間表來完成目標。除上述重點外，依個人實務經驗提出二十四項在撰寫優質創業計畫書上可以更好之提醒：

1. 清楚地表明想要創業的主題。
2. 蒐集完整欲創業的產業情報與資料，可利用附件來補強。
3. 整份計畫書的邏輯結構要清楚、主題前後要一致。
4. 計畫書的執行力必須可行且詳述作法流程。
5. 評估獲利能力，以具體數字來佐證可行性。

6. 附上獲媒體報導、商標、著作權、專利證書的相關資料。

7. 說明自己償還貸款的計畫與能力（銀行貸款）。

8. 勾勒出未來的行銷銷售計畫與手法。

9. 清楚的財務規劃，有利吸引金主投資。

10. 國內外法規是否疏漏未納入考量。

11. 計畫書之商業機密資料之保護。

12. 財務預估與預期效益之合理性，勿過於膨脹。

13. 計畫書應重質不重量，要寫得有意義（創投天使／計畫書審查專家通常沒太多時間）。

14. 表達盡量用表格與圖形，讓人易閱讀又專業。

15. 撰寫內容應展現真誠、信心與格局。

16. 若事業體很大或計畫章節太多，可以再細分小節。

17. 參考文獻應留意正確性及為最新資料／數據。

18. 寫完應重新檢查，應避免內文錯字發生。

19. 熟練計畫書之簡報技巧，以強化個人信心。

20. 避免找槍手代寫計畫書，以免在簡報時破功。

21. 寫完初稿，可以找專家提供初步修正意見。

22. 問題通常是動筆後才會陸續發生，也是重新思考時。

23. 計畫開始執行，後續應檢視是否需再修正。

24. 請以 A4 規格紙張直式橫書（由左至右），並編章節和頁碼。

10-4 創業計畫評價與優質簡報

一、創業路演與競賽

（一）創業路演的目的

參加創業路演（Roadshow）活動的人主要包括創業者、投資人、主辦方和觀摩者。創業者參加的目的不外乎主要有：取得融資資金、展示產品服務、取得投資人意見及拓展人脈等，參加者很少有單一目的去參加創業路演。而舉辦創新創業大賽的主要目的則為提升創新創業的水準、營造創新創業的氛圍、促進科技和金融結合等。

（二）參加創新創業競賽

相較創業路演，創新創業大賽的級別和要求又更高了，所以在參加創新創業競賽之前，首先必須先了解大賽的行業屬性類別、競賽設置規則、評委及評分標準。

目前在中國大陸幾個全國性大型賽事，如挑戰盃、創青春、中國創翼及互聯網＋創新創業大賽較具知名度。另還有專業領域競賽類型，如中國青年創新創業大賽、中國大學生高分子材料創新創業大賽、中國農業科技創新創業大賽、環保創新創業大賽、中關村前沿科技創新大賽、中國城市軌道交通科技創新創業競賽、中國金融科技創新創業競賽、中國海洋科技創新創業大賽、中國深圳創新創業大賽國際賽及國際大學生 iCAN 創新創業大賽。

臺灣則以戰國策全國創新創業競賽、科技部 FITI 創新創業激勵計畫、教育部 U-start 原漾計畫、智慧生活創新創業競賽及 TiC100 社會創業競賽較廣為人知。以下列舉中國互聯網＋大學生創新創業大賽競賽項目及各組評分說明做為參考（表 10-2 ～ 10-4）：

表 10-2　中國互聯網 + 大學生創新創業大賽競賽項目

序號	參賽項目內容	細項說明
1	「互聯網＋」現代農業	農林牧漁等
2	「互聯網＋」製造業	智慧硬體、先進製造、工業自動化、生物醫藥、節能環保、新材料、軍工等
3	「互聯網＋」資訊技術服務	人工智能技術、物聯網技術、網路空間安全技術、大資料、雲計算、工具軟體、社交網路、媒體門戶、企業服務等
4	「互聯網＋」文化創意服務	廣播影視、設計服務、文化藝術、旅遊休閒、藝術品交易、廣告會展、動漫娛樂、體育競技等
5	「互聯網＋」社會服務	電子商務、消費生活、金融、財經法務、房產家居、高效物流、教育培訓、醫療健康、交通、人力資源服務等

資料來源：作者自行整理

表 10-3　中國互聯網 + 大學生創新創業大賽（創意組）評分項目

評審項目（創意組—創業計畫）		
評審要點	評分比重	評審內容
創新性	40%	著重原創性、獨特性及技術突破，不鼓勵模仿及抄襲。在商業模式、產品服務、管理營運、市場營銷、工藝流程、應用場景等方面尋求突破和創新。鼓勵項目與大專院校科技成果轉移並相結合，取得一定數量和質量的創新成果（專利、創新獎勵、行業認可等）。
團隊情況	30%	團隊成員的教育及工作背景、創新意念、價值觀念、分工協作及能力互補情況；項目擬成立公司的組織架構、股權結構與人員配置安排是否恰當；顧問、潛在投資者以及戰略合作夥伴等資源基礎和有關情況。
商業性	20%	商業模式設計完整、可行，項目盈利能力進展過程合理。在如何把握及利用商業機會、競爭與合作、技術基礎、產品或服務設計、資金及人員需求、現行法律法規限制等方面具可行性。行業調查研究深入詳實，項目市場、技術等調查工作是否為第一手資料，強調實地考察和實際操作檢驗。項目目標市場容量及市場前景，未來對相關產業升級或顛覆的可能性，近期融資需求及資金使用規劃是否合理。
社會效益	10%	項目發展策略和規模擴張策略的合理性和可行性，預判項目可能帶動社會就業及相關社會效益的能力。

資料來源：作者自行整理

表 10-4　中國互聯網 + 大學生創新創業大賽（初創組）評分項目

評審項目（初創組—已註冊公司）		
評審要點	評分比重	評審內容
商業性	40%	商業模式設計完整、可行，產品或服務成熟度及市場認可度，已獲外部投資。經營績效方面，重點考量項目：營業收入、企業利潤、持續盈利能力、市場佔有、客戶（用戶）情況。成長能力方面，重點考量項目：目標市場容量大小及可擴展性，是否有合適的計畫和可靠資源（人力資源、資金、技術等方面）支持其未來持續快速成長。現金流量及融資方面，關注維持企業正常經營的現金流量情況，企業方面融資需求及資金使用規劃是否合理。
團隊情況	30%	團隊成員的教育及工作背景、創新意念、價值觀念、分工協作及能力互補情況，重點考量成員的投入程度。公司的組織架構、股權結構、人員配置以及激勵制度是否合理。項目對創業顧問、投資人以及戰略合作夥伴等外部資源的整合能力。師生共創組需特別關注師生分工協作、利益分配情況及合作關係穩定程度。

評審要點	評分比重	評審內容
創新性	20%	著重原創性、獨特性及技術突破，取得一定數量和質量的創新成果（專利、創新獎勵、行業認可等）。在商業模式、產品服務、管理營運、市場營銷、工藝流程、應用場景等方面尋求突破和創新。鼓勵項目與大專院校科技成果轉移並相結合，與區域經濟發展、產業轉型升級相結合。
社會效益	10%	項目發展策略和規模擴張策略的合理性和可行性，項目實際帶動的直接就業人數及相關社會效益。

資料來源：作者自行整理

　　參加創新創業大賽前也必須先做一份精心準備的創業計畫書、將商業模式等內容不斷磨練修正，再來就是參賽前的簡報投影片製作、演講訓練、時間分配及服裝儀容準備等，有充足的準備才能在競爭激烈的競賽中脫穎而出。

二、創業計畫評價

　　依筆者過往經驗，許多創業團隊所提的創業計畫常見有八大問題：1. 項目優勢描述不清、2. 項目特色突出不夠、3. 創業團隊不擅包裝、4. 市場計畫規劃不全、5. 商業模式模糊不清、6. 創業啟動資金過大、7. 三年規劃不切實際和 8. 風險控管不夠全面。

　　評價一份好的創業計畫書，一般常用「主題創新性、市場可行性（商業模式可運作）、計畫完整性、計畫拓展性及產業或社會影響力」等五大面向來加以評核。現今的創業計畫簡報時間多低於 10 分鐘，1 到 8 頁的簡報重點，內容必須要能在很短的時間內，引發投資者或評審的高度興趣。

　　著名的電梯簡報（Elevator Pitch）指的是投資家在搭電梯的時間內即可完成閱讀這份資料，並能吸引他，當回到辦公室後，就會立即打電話給你。如何在很短的機會時間裡打動人心，每個創業者都必須練就這樣的簡報功力。因為簡報時間相當短，所以簡報的製作重點應放在創業團隊的優勢背景、產品／服務特性、市場規模與預期佔有率、核心競爭優勢與創新經營模式、財務需求與預期投資報酬。

三、優質簡報技巧

　　在創業計畫簡報上，擁有出色的簡報技巧非常重要，創業簡報是向評審或投資人說明自己的主張、意見或構想，在取得對方的理解與認同後，能夠達到自己所意圖的結果之積極行動。簡報不是演講，不需要長篇大論，把握時間講重點就好！在創業簡報的有限時間裡，您可採取如下方式報告：

1. 簡介創業主題。
2. 你們解決的是什麼問題（可能的市場商機）。
3. 你們將怎麼解決這個問題。
4. 為什麼是你們能解決這個問題（優勢、競品分析說明）。
5. 你們已經做了什麼（目前完成的成績）。
6. 團隊成員組成和分工說明。
7. 財務預估和融資說明。
8. 總結。

　　以下提供在創業計畫簡報前準備及上場後之實務經驗，希望可以增加讀者未來在面對創業計畫簡報時可以更具信心：

1. 在有限時間內，讓評審聽懂你在做什麼。
2. 整份簡報呈現要有邏輯性。
3. 好的圖表勝過千言萬語。
4. 簡報字體大小、顏色搭配得宜。
5. 拉近和聽眾或評審距離。
6. 有好的開場，更要有好的結尾。
7. 事前要多加練習，可以找專家事先模擬。
8. 態度和自信決定一切。
9. 要語氣堅定，音量得宜，不亂晃動身體。
10. 時間掌控應得宜，別做太多投影片。
11. 事前確認會場環境，儘量事前試映。
12. 準備問題的紀錄用紙。
13. 準備好簡報器材、分發資料。
14. 避免背對聽眾及口頭禪。
15. 不要念稿或朗讀投影片，多說自我見解。
16. 別成為不受歡迎的參賽者。
17. 別和豬頭評審在臺上計較，因為成績掌控在評審手上。
18. 不觸及政治敏感問題。
19. 別在簡報中穿插表現不好的藉口。
20. 努力做好簡報後的 Q&A 表現。

創業計畫書參考格式

| LOGO | □□（股）公司 |

營 運（創業）計 畫 書

（封面）

公司名稱：

地　　址：

電　　話：

傳　　眞：

統一編號：

網　　址：

聯絡代表：

西元　　　　年　　　月　　　　日

目　錄

```
┌──────────┐
│          │
│  LOGO    │   □□ 公司營運計畫書
│          │
└──────────┘
```

壹、計畫摘要

請簡略說明：(1) 創業動機或目的

(2) 計畫目標

(3) 項目三大亮點簡介

(4) 計畫整體內容簡介

(5) 結論摘要

貳、公司團隊簡介

一、公司名稱

（1）公司中文名稱（含公司 LOGO 或 CIS）

（2）公司英文名稱

PS：若尚無公司名稱與避免其他企業同名，可先至商業司預查。

二、設立公司緣由及目標

（1）公司成立日期、創業源起及設置地點

（2）企業沿革與文化

（3）主要經營項目或營業範圍

（4）公司資本額、目前從業人員數、股東結構

（5）公司願景、使命、經營方針、策略目標、品質與環境政策

三、公司組織與成員職掌、簡歷

（1）組織架構圖

（2）經營團隊的學經歷、產業經驗、執掌業務及股權分配說明

（3）人力分配

（4）未來人力資源規劃

◎公司組織架構圖（請依公司實際情況描繪）

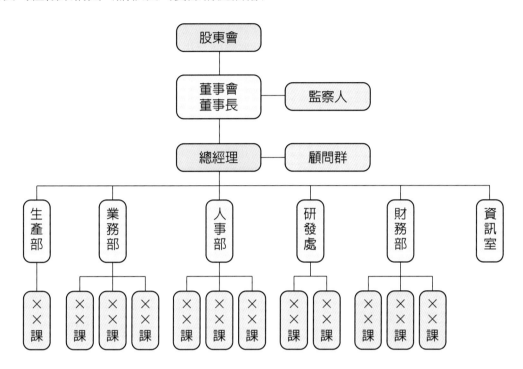

◎經營團隊簡歷

編號	姓名	職稱	最高學歷	專業領域與經歷	持股比率
01		董事長	XX 大學博士	電力品質……曾任……	
02		總經理	XX 大學碩士	企業管理……曾任……	
03		財務經理	XX 大學學士	財務會計、稽核……	
04		管理經理	XX 大學學士	企業管理	
05		研發經理	XX 大學博士	光電、通訊	
06		業務經理	XX 大學學士	新產品企畫與銷售	
07		生產經理	XX 大學學士	工業工程、品質管理	

◎人力分配

職　　別	博　士	碩　士	學　士	專科（含）以下	合　計
管理人員					
研發人員					
其　　他					
合　　計					

參、產業與市場概況分析

（一）主要購買者（目標市場）

依據產業和市場現況分析來界定企業未來發展之市場區隔（Segmentation）、目標客戶群（Targeting）及定位（Positioning）。

（二）SWOT分析

採取SWOT分析，找出公司的競爭優勢、劣勢、機會與威脅，以擬定整體經營策略。

策略形成 內部分析 外部分析			內部強弱分析	
			優勢 S	劣勢 W
			S1...... S2......	W1...... W2......
外部環境分析	機會 O	O1...... O2......	S1O3...... S4O1......	W2O2...... W5O3......
	威脅 T	T1...... T2......	S1T2...... S4T3......	W1T2...... W2T3......

（三）波特五力分析

五力分析為競爭力大師麥可‧波特（Michael Porter）所提出，波特認為影響市場吸引力的五種力量包括：來自買方的議價能力、來自供應商的議價能力、來自潛在進入者的威脅、來自替代品的威脅和來自現有競爭者的威脅。我們在撰寫營運計畫書時可以針對市場的五種力量進行分析。

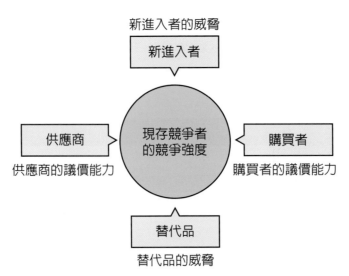

（四）競爭產品現況評估

	優點	缺點
本公司		
競爭對手 A		
競爭對手 B		
競爭對手 C		

（五）市場可能分佈及未來市場潛力分析

（六）預期成長率與市佔率

肆、商業獲利模式

　　該章節主要闡述創業項目透過什麼樣的技術或商業模式等創新手段解決了行業中的某個／某些痛點問題，是否有人願意為解決這種問題而買單，是否具備商業價值；項目是怎麼設計收入模式的，希望哪些人或市場參與方為項目的哪種產品或服務買單。

　　請利用亞歷山大・奧斯瓦爾德（Alexander Osterwalder）與伊夫・比紐赫（Yves Pigneur）所研究出的商業模式畫布（Business Model Canvas）工具，逐步商討完成商業模式的建構與設計。

8.關鍵夥伴 （Key Partners）	7.關鍵活動 （Key Activities）	2.價值主張 （Value Proposition）	4.顧客關係 （Customer Relationships）	1.客戶區隔 （Customer Segments）
	6.關鍵資源 （Key Resources）		3.通路 （Channel）	
9.成本結構 （Cost Structure）		5.收益金流 （Revenue Streams）		

伍、技術與研發規劃

（請描述將開發之內涵及其應用）

　　××科技自成立以來，不斷追求產品之創新，產品已陸續推出市場，並長期深獲各界好評，爲提升公司未來競爭力，將開發更先進產品，技術與成品相關說明如下：

（一）創新性說明、技術評估

　　1. 創意或創新性說明

　　2. 產品技術評估

項目	技術來源	技術規格	優劣功能比較

　　3. 可行性分析

　　4. 成品歷史、特性

　　5. 智慧財產權檢索

　　6. 技術所有權分佈

（二）說明產品研發技術來源及團隊專長；

（三）說明企業在產業技術之領先地位；

（四）說明公司當前所擁有的專利數量與價值，及對智慧財產權管理之態度；

（五）說明企業的技術策略規劃或是否可能採技術研發策略聯盟方式；

（六）是否引進國內外之企業外部研發人才；

（七）已投入或預計投入之研發計畫經費；

（八）說明未來技術與研發可能的研發風險；

（九）預期效益與成果。

陸、業務拓展與行銷策略

（一）業務拓展計畫

　　訂定短中長期業務目標、擬定營業展開方案、業績責任分派、營業地點選擇和是否尋求代理商等。

（二）商品化計畫

　　請說明成品設計包裝（是否委託企管顧問、設計專業人士處理協助）及成品推出時程與價格。

（三）行銷策略（4P＋STP）

　　1. 產品定位

　　2. 價格策略

　　3. 行銷通路

　　4. 售後服務

　　5. 推廣企劃

　　此外，如何提高公司與市場能見度？預期成長率為何？銷售預測為何？以及第一個客戶在哪？如何擴大客源？都是審閱計畫書的專家相對有興趣瞭解之內容。

柒、財務計畫與資金運用

　　應將企業營運模式及行銷策略等規劃做完整思考，並利用圖表進行企業財務預估報表說明。

（一）請列出可能營收，並依企業短中長期之發展進行營業收入估算說明。

（二）財務報表說明：

　　1. 資產負債表

　　2. 現金流量表

　　3. 預估未來三年損益

未來三年損益評估			
	第一年	第二年	第三年
營業收入			
－營業成本			
營業毛利			
－營業費用			
營業淨利			
營業外收入			
－營業外支出			
稅前淨利			

※ 表列陳述為正常評估（亦可加上樂觀與悲觀風險評估分析及對策）

（三）融資計畫說明

　　　　若創業項目有融資計畫，應說明融資的目的及資金使用計畫，將稀釋多少股權引入多少資金，希望投資人提供資金之外的哪些幫助支持。

捌、生產製造規劃

　　請說明建廠計畫、製造設備、生產人力、場所、製程說明、原物料需求、品管制度、運輸物流管理、是否設計後委託協力廠量產。

註：若企業是以產品銷售、服務型態之企業，而非生產製造為主的企業，此部分可以斟酌是否要列入。

玖、風險評估分析

（一）主要風險

　　1. 營運風險：關鍵材料、零組件供應、庫存、產品模組化設計、新產品開發等。

　　2. 財務風險：匯率變動、市場價格、資金需求及流動性等風險。

　　3. 信用風險：來自於現金、短期投資和應帳款等風險。

（二）因應措施及分析

　　1. 營運風險：分散貨源、建立網際網路系統、增進研發或開發技術及產品的能力。

　　2. 財務風險：簡化避險操作、產品區隔及差異性、保持資金供給多重管道、開發籌資管道。

　　3. 信用風險：評估客戶之財務狀況、必要時可要求提供擔保或保證。

（三）思考退出策略

拾、結論與期許

（一）請預估產出內容，包含新增員工人數、申請專利數、研發成果、預估產值和獲利、對社會大眾產生之影響等。

（二）整體計畫做出總結及說明未來期許。

拾壹、其他（附件）

　　凡是無法於前項充分說明的部分皆可歸於此項一併介紹，例如公司或經營團隊所擁有之商標或專利權證明等。附錄不是可有可無的東西，而是全文內容的重要補充。

附件一、甘特圖（Gantt Chart）

工作項目	工作進度											
	第一年				第二年				第三年			
	Q1	Q2	Q3	Q4	Q1	Q2	Q3	Q4	Q1	Q2	Q3	Q4
1.XXX	███	███	███	▨								
2.		▨	███	███								
3.												
4.												
5.												
6.												
7.												
8.												
9.												
10.												
進度達成率%												

說明：
（1）可提早或需延長之時程：▨▨▨▨
（2）預估時程：████
（3）可將季工作進度改為月工作進度說明

附件二、佐證資料、專業證照、公司制度章程等

創業計畫書的典範：顛覆旅遊業的 Airbnb（空中食宿）

共享經濟時代，最廣為人知的莫過於 Uber 和 Airbnb。隨後各種共享經濟應用服務（如大陸美團外送、東南亞叫車服務 Grab 等），在全球各地如雨後春筍般冒了出來。Airbnb 的公司概念是從 2007 年開始萌芽，兩位創始人搬到舊金山居住，

適逢當時美國工業設計大會的舉辦，當地飯店訂房不易，使得兩位創始人想要為與會者提供短期居住的房間，以及難得的社交機會來賺點錢，解決廣大與會者很難訂到過飽和的飯店房間的問題。

Airbnb 成立於 2008 年 8 月，總部設在美國加州舊金山市。Airbnb 是 Air Bed and Breakfast（氣墊床加早餐）的縮寫，是一家媒合租客和家中空房出租房東的一個旅行房屋短租服務網站，用戶可透過網路或手機應用程式發布，搜索度假房屋租賃訊息並完成在線預訂程序，為用戶提供「預定獨一獨二的住處和體驗行程」，該網站平臺則透過收取中介服務費用來營利。發展過程中，團隊也加入矽谷著名的創業加速器「Y Combinator」的輔導，Airbnb 在美國時間 2020 年 12 月 11 日正式掛牌上市，開盤價 146 美元，超過首發股價 68 美元，收盤更以總市值 1,007 億美元的市值寫下年度最強 IPO 紀錄，高於萬豪國際（Marriott International）、希爾頓（Hilton）和凱悅酒店（Hyatt Hotels）等 3 家大型飯店集團的總和。目前，Airbnb 在超過 191 個國家、65,000 個城市中共有超過 3 百萬筆房源。

相信很多學生及尋求投資的團隊也都會好奇，這些成功團隊的創業計畫書當初是如何寫的？寫了多少頁？寫了哪些內容？參考從網路上流傳出來分享的 Airbnb 早期 Pitch 簡報的商業計畫書（Business Proposal, BP）Template 只有 14 頁的 PPT 簡單明瞭，但卻清晰地闡述了商業模式和能夠解決的問題。與現在創業團隊動則數十頁、數百頁的 BP 文字繁多、條理不清，讓投資人看得頭昏腦脹。以下是 14 頁 BP 的 PPT 內容簡略說明，卻很值得創業團隊參考。

■ 第 1 頁 - Welcome Air Bed & Breakfast（簡單描述產品服務）：
■ 第 2 頁 - Problem（當前市場和用戶痛點）：
■ 第 3 頁 - Solution（Airbnb 的解決辦法）：
■ 第 4 頁 - Market Validation（用 Couchsurfing.com 等網站數據，驗證市場可行性）：
■ 第 5 頁 - Market Size（預估市場規模）：

第 6 頁 - Product（說明 Airbnb 已上線的產品及如何訂房）；

第 7 頁 - Business Model（清晰的盈利模式：抽 10％費用）；

第 8 頁 - Adoption Strategy（說明如何進行推廣及策略夥伴）；

第 9 頁 - Competition（瞭解競爭對手：主要為 Hotels.com）；

第 10 頁 - Competitive Advantages（競爭優勢，和別人不一樣的地方）；

第 11 頁 - Team（核心創業團隊，分工明確）；

第 12 頁 - Press（證明引起市場關注）；

第 13 頁 - User Testimonial（顧客使用回饋與見證）；

第 14 頁 - Financial（清晰的融資條件和預期營收）。

　　以上是 Airbnb 的創業計畫書簡易說明，簡單明瞭，清晰地闡述了商業模式和能夠解決的問題。隨著時間變遷，Airbnb 瞄準的市場變化，將名字從 Air Bed and Breakfast 縮短為 Airbnb 之後，他們也維持了好幾個月只有幾百美元的營收狀態，而且用戶數也沒有明顯增長。但在這個發展過程中，創辦人切斯基（Brian Chesky）（圖 1）逐漸意識到用戶們的其他需求：他們不僅想要一個簡陋的床墊和早餐，人們都喜歡漂亮的房子。為有別於沙發客（Couchsurfing.com）這樣廉價的住宿服務，從 2009 年下半年開始切斯基和格比亞（Joe Gebbia）發揮最擅長的設計能力，租了一臺攝像機，來為他們最初位於紐約準備出租的房間拍照，美美的房間照片也成功吸引大量租客訂房。房間是 Airbnb 的核心產品，對產品進行包裝這種觀念上的轉折，徹底推動 Airbnb 由一家玩票式的沙發客型公司，轉變成一間線上旅行住宿公司。

圖 1　Airbnb 三位共同創辦人，由左到右分別為：
Brian Chesky（CEO）, Nathan Blecharczyk, and Joe Gebbia.[1]

1　圖片來源：Airbnb

進化轉變至今，Airbnb（圖2）上的房源向著本地化的、個性化的、富有人文氣息的非廉價住房來轉型，主打有設計感的當地體驗。它的利潤全部來自於中介費用，向租客要收取6％～12％的服務費，同時向房東收取3％的服務費。因此，每間房屋能夠出租的價格直接決定了Airbnb公司的收入，除了提升服務品質外，要獲取高溢價的最佳方式就是創造出美的差異化。

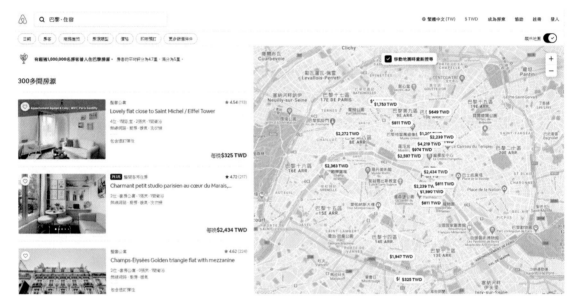

圖2　Airbnb訂房網介面

　　Airbnb到底顛覆了旅遊業什麼？　Airbnb和傳統酒店業對比，傳統酒店是集中式的重資產模式，為此它需要保證低客房空置率來滿足盈利，而Airbnb是輕資產，只是將分散的空房資源聚合在一起，它不承擔任何成本，不必有屬於自己的飯店。Airbnb比傳統酒店業更有彈性，房源數量受市場變化調節。它要做的只是通過更好的演算法與反饋機制來幫助住客進行訊息的篩選，住客可以通過該系統主動地去尋找住房。Airbnb透過軟體與系統的升級，進入良性循環，在競爭中形成壟斷地位。當然，這樣顛覆旅遊業的經營方式，也傳出不少如房客搶劫房東、破壞房東家中物品、在屋主房裡頭開毒趴，也有不少飯店業者抗議不公平競爭等新聞，更要面對各大訂房網挑戰，但不可否認的是，它成功拓展至近200個國家，也在美國股票市場上市，但面對全球新冠疫情和俄烏戰爭影響，旅遊業受到重大影響，也考驗著Airbnb的營收表現。

打造創業致勝藍圖 Business Proposal

延伸思考

1. 請思考生活周邊有沒有什麼閒置的資源可以產生共享經濟效益？

2. 請將您的共享經濟的創意想法寫成一份可以募資的創業計畫書。

腦力激盪 ···

1. 以課堂學員籌組創業團隊，依本章所提供之創業計畫書參考格式，完成小組的創業計畫。

2. 試比較政府機構、投資機構、銀行及品牌授權公司在審閱創業計畫書之評比重點有何不同？

Chapter 11

創業資源整合與運用

　　在享受創業帶給你的成功快感或挫折失落的旅程，若能善用各項創業資源，相信「巧婦難為無米之炊」也會轉變成「孔明順利借到東風」。本章節將聚焦在創業資源類別與目的、創業資源整合與開發、政府與民間創業資源和善用創新創業育成與加速系統等議題之探討，最終透過章節結束前之問題與討論，來驗證在創業資源整合與運用內容之學習成果。

• 學習重點 •

11-1　創業資源類別與目的

11-2　創業資源整合與開發

11-3　政府與民間創業資源

11-4　善用創新創業育成與加速系統

創業速報　和曜生技：
　　　　　　以臺灣特色植萃原料，
　　　　　　打造健康美好生活

──── 創業經營語錄 ────

　　決策的錯誤，是浪費的資源。

──鴻海集團創辦人：郭台銘

11-1 創業資源類別與目的

　　創業資源係是指新創企業在創造價值的過程中需要的特定的資產，包括有形與無形的資產，它是新創企業創立和運營的必要條件，主要表現形式為：創業人才、創業資本、創業機會、創業技術和創業管理等。獲取創業資源的最終目的是為了組織這些資源、追逐並實現創業機會、提高創業績效和獲得創業的成功。

　　國際企業之初創案例：

1. 1939 年，HP（Hewlett-Packard Company）創辦人 William Hewlett 及 David Packard 創業之初身無分文，用史丹佛大學 Fred Terman 教授所借 USD 538 元租用車庫，展開創業之旅。因此有「車庫創業」之稱，而該車庫亦被保留下來成為加州政府指定古蹟。
2. 1946 年，井深大與盛田昭夫創立「東京工業株式會社（Sony 前身）」，初創資本 USD 500 元。
3. 1976 年，Apple 在 Steve Wozniak 及 Steve Jobs 的汽車房創立。

　　分組討論：您可以和我分享臺灣的著名初創案例嗎？

一、創業要素資源

　　係指直接參與企業日常生產與經營活動的資源，包括資金資源、科技資源、人才資源、管理資源和場地資源等。

1. 資金資源：銀行貸款、創投資金、政策補助、便宜租金……。
2. 科技資源：高校科研幫助、科技轉化試驗平臺、智慧財產權……。
3. 人才資源：創業團隊、專家顧問組成之虛擬創業團隊等人力資本。
4. 管理資源：規劃、組織、領導、控制的能力。
5. 場地資源：自有或租借用之辦公營業場所。
6. 其他資源：產業市場有利訊息、政策資源、借助品牌資源。

二、創業資源種類

　　創業資源種類主要分為內部資源與外部資源，但多數創業家只是一味地尋求外部資源支持，往往忽略善用自身的內部資源去換取外部資源。

1.　內部資源：現金資產、房產與交通工具、技術專長（無形＋有形）、信用資產（資產＋道德）及商業經驗。

2.　外部資源：朋友、親戚、商務夥伴或其他投資、投資人的資金；或借到的人才、空間、設備或其他材料；或透過提供未來服務、機會等換取到的；有些還可能是社會團體或政府資助的計畫。

11-2　創業資源整合與開發

　　創業資源在國內外政府及民間均相當眾多，但資源必須要去做整合和開發才能為其所用，一般創業資源主要獲取的途徑：創業計畫的途徑、人脈資源的途徑、外部資源資金的途徑、初期技術的途徑、行銷網絡資源的途徑、市場與政策資訊資源的途徑。以下列舉在技術取得和行銷通路開發之主要途徑說明：

1.　技術取得策略：各國科研機構、大學研究產出、企業技術交互授權等。

2.　行銷通路開發：他人已有的行銷網路，使用公共流通管道；自建的行銷網路與借用他人行銷網路相結合；揚長避短，使行銷網路更是應於新創業要求。

　　要如何將創業資源做有效的整合與開發？依本人看法及多年實務經驗，主要可從三方面：善用資源整合技巧、發揮資源槓桿效應和設置合理利益機制來著手（如圖 11-1 所示）。

1.　善用資源整合技巧：要善於結交陌生人，不斷開拓新社交圈、經常把微笑掛臉上是與人交往的良好潤滑劑、學會與人分享快樂、成人之美、樂於助人。根據自己的特長培養資源，關鍵資源具有吸引其他要素，主動與之結合的能力。

2.　發揮資源槓桿效應：透過提供未來服務、機會等換取到的，學會交換資源。

3.　設置合理利益機制：利益要學會共享，把餅做大，產生多贏局面。

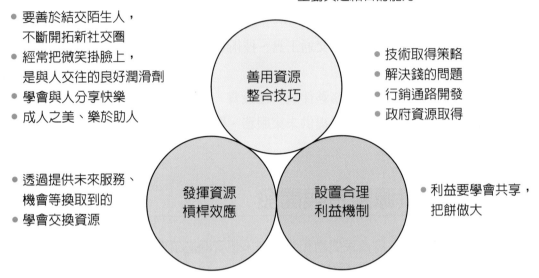

● 根據自己的特長培養資源
● 關鍵資源具有吸引其他要素，
　主動與之結合的能力

● 要善於結交陌生人，
　不斷開拓新社交圈
● 經常把微笑掛臉上，
　是與人交往的良好潤滑劑
● 學會與人分享快樂
● 成人之美、樂於助人

● 技術取得策略
● 解決錢的問題
● 行銷通路開發
● 政府資源取得

● 透過提供未來服務、
　機會等換取到的
● 學會交換資源

● 利益要學會共享，
　把餅做大

善用資源
整合技巧

發揮資源
槓桿效應

設置合理
利益機制

圖 11-1　創業資源整合與開發

創 意 新視界

南瓜的故事

　　青年朋友們創業常存在著資源與資金不足，也常兩手一攤說什麼創業資源都沒有，怎創業？但如果凡事都具備不缺，那也不需要來參與創業了。沒有資源又想創業的人，應思考如何利用資源整合，創造多贏的可能性，從中獲取部分利潤，為自己存下一桶創業啟動金。

　　讓我來說說南瓜的故事，故事情節是這樣的，有位年輕人某天聽到某國小老師打算在萬聖節時，讓班上 30 位小學生親手做出真正用南瓜做的南瓜燈，於是打算向鄰近農場的農夫購買 30 顆新鮮南瓜，但農夫基於要留一半的南瓜，利用瓜內的種籽去種出明年的南瓜，但小學老師要 30 顆南瓜，因此，無法滿足國小老師的需求。

　　聰明的年輕人心生一計，南瓜對身體養生很好，若能找到麵包師傅願意把南瓜果肉加上麵粉做成健康養生的南瓜麵包，應該會是很好的主意，但年輕人也不想白做工，就和麵包師傅商議，若能協助取得免費的 30 顆南瓜果肉，麵包師傅需將收入的 30％作為對年輕人的報酬。於是年輕人嘗試先說服農夫將 30 顆南瓜賣給國小老師，使農夫的收入由原先 15 顆的營收變大成 30 顆南瓜的營收，並承諾會協助取得 30 顆南瓜內的種籽。

　　學生利用南瓜果皮做成南瓜燈，將南瓜子和果肉分別給了農夫和麵包師傅，青年促成三方各取所需且比原先得到更多的多贏局面，自己則從中分享麵包銷售的 **30**％分潤（如圖 **11-2** 所示）。

　　從這簡單案例，我們可以清楚看到，每一方均得到比原先的更多，這樣資源整合的商業模式就形成了。從簡單的舉例是要告訴大家，要創造一個好的商業模式商轉，將資源妥善運用，很重要的是要讓很多人願意參與這場遊戲，能產生多贏，甚至獲得比原先來得多，若其中有任何一方產生貪念而破壞遊戲規則，就容易產生破局。

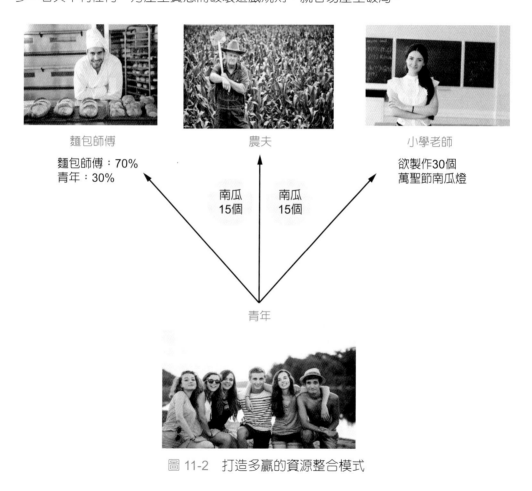

圖 11-2　打造多贏的資源整合模式

11-3 政府與民間創業資源

　　一個好的創新創業成果，更需要有好的經營團隊與輔導專家和資源來協助發展，臺灣政府部會推出了許多創業配套措施，提供各項創新創業資源的挹注，但一般民眾乃至大學院校師生對這些創業資源過於陌生，也常不得其門而入，而部會間也可能因為各自部門績效與本位主義，推出相近的政策輔導資源，產生政策資源疊床架屋的問題。若能將創新創業資源平臺做整合，讓創業者有一個完整的輔導資源尋求管道概念，針對各自新創企業發展所處階段與產業屬性不同，尋找合宜的輔導資源挹注，才有可能以加速器快速發展，達到真正創業成功之目的。

　　目前國科會的創新創業激勵計畫（FITI）是一項相當不錯的輔導資源，而經濟部、教育部、文化部、勞動部、農委會、客委會、原民會及各地方政府也都有相當多資源，端看民眾是否能善用資源。另國發會的創業天使投資方案與櫃買中心推的創櫃板資源，也將促進新創事業之創新創業發展。

　　創新創業資源不僅只有政府部會或地方政府創新創業輔導資源，更有許多資源來自非營利組織與企業界資源，如何透過健全的創業生態輔導系統（Startup Ecosystem）來協助，如專家業師輔導、群眾募資、私募基金、天使基金、共同工作空間（Co-working Space）、國際網絡行銷資源及育成加速器，都將使得創業變得更容易。期許透過產官學研創新創業資源整合，以建立友善之創業發展環境，滿足創業團隊之輔導需求，加快新創企業發展之成功。以下列舉常用的政府及民間創新創業資源（如表 11-1）：

表 11-1　政府及民間創新創業資源

類別	名稱	網址
一、資金融通	1. 中小企業財務融通輔導體系	
	2. 中小企業信用保證基金	
	3. 青年創業及啓動金貸款	

類別	名稱	網址
一、資金融通	4. 微型創業鳳凰貸款	
	5. 企業小頭家貸款	
	6. 青年從農創業貸款	
	7. 原住民綜合發展基金貸款	
	8. 臺北市融資貸款申辦網	
	9. 高雄市中小企業商業貸款及策略性貸款（高雄市政府經濟發展局）	
	10.新北市幸福創業微利貸款	
	11.臺中市幸福小幫手貸款	
	12.宜蘭縣政府幸福貸款	

類別	名稱	網址
二、創新研發	1. 小型企業創新研發計畫（SBIR）	
	2. 服務業創新研發計畫（SIIR）	
	3. 中小企業創新發展專案貸款	
	4. 產業升級創新平臺輔導計畫—研發貸款計畫	
	5. 協助傳統產業技術開發計畫（CITD）	
三、其他政府資源	1. 經濟部中小企業處輔導類計畫資源	
	2. OTOP 地方特色網	
	3. 經濟部中小企業處法律諮詢服務網	
	4. 中小企業數位學習計畫（中小企業網路大學校）	

類別	名稱	網址
三、其他政府資源	5. 女性創業飛雁計畫 / 女性創業課程及諮詢	
	6. 小巨人獎	
	7. 中小企業創新研究獎	
	8. 國家磐石獎	
	9. 新創事業獎	
	10. 女性創業菁英賽	
	11. 擴大行動支付普及應用服務補助計畫	
	12. 經濟部中小企業處新創採購網	
	13. 中小企業服務創新推動計畫	

類別	名稱	網址
三、其他政府資源	14. 創育加速卓越服務網	
	15. 社會創新實驗中心	
	16. 國家發展委員會地方創生資訊共享交流平臺	
	17. 經濟部中小企業處林口新創園區	
	18. 經濟部中小企業處新創圓夢網	
	19. 文化部獎補助資訊網	
四、民間或法人資源	1. Cyberagent Ventures	
	2. 伊藤忠商事株式會社	
	3. AppWorks（之初創投）	

類別	名稱	網址
四、民間或法人資源	4. 資策會數位轉型研究院	
	5. 中華民國創業投資商業同業公會	
	6. 美商中經合集團（WI Harper Group）	
	7. 工研院創新工業技術移轉公司（ITIC）	
	8. 阿里巴巴創業者基金	
	9. 騰訊創業	

資料來源：作者蒐集整理

11

11-4 善用創新創業育成與加速系統

新創事業或團隊在創業初期多處於單打獨鬥，有太多無效率的環節，對產業或市場變化缺乏掌握、對資本市場資金取得方式了解不足、找不到適合的業師來指導及缺乏初期營運空間與創新創業交流機會，都是常見的現象。因此許多國家過去透過育成中心或稱孵化器（Incubator）提供創業諮詢後，又紛紛發展加速器（Accelerator），以解決新創事業團隊在資金、業師和國際網絡資源鏈結不足之問題。

一、育成中心、加速器與共用工作空間

（一）育成中心

育成中心（Business Incubator）或稱孵化器，是一種為初創型小企業提供所需的基礎設施和一系列支持性綜合服務，使其成長為成熟企業的一種新型經濟組織。育成中心以協助企業成長，降低創業企業的風險和成本，將創造出成功的企業，實現財務資助和獨立經營為最主要的目的[1]。

臺灣自 2018 年起透過「促進創育機構價值鏈提升計畫」，整合臺灣創業資源，強化產業間連結，除提供資金、空間等有力支持，並加速新創進入不同產業市場，創造一個以創新創業為核心，並充分結合各產業能量的創育生態體系。截至 2022 年底臺灣共計逾 160 所創育機構，中國大陸擁有超過 2,000 座以上創業孵化器。

（二）創業加速器

創業加速器（Accelerator）概念最早出現在美國，2005 年美國設立 Y. Combinator 為最具代表之育成加速器案例，主要是媒合天使資金（Fund）、業師輔導（Mentor）及連結國際商機網絡（Network）等專業培育，協助企業加速成長及提升附加價值。

國外如 innovyz start、CHINA-AXLR8R、EVELATOR、JFDI、Startup Bootcamp、Founder Fuel、Alpha Lab、Betaspring、Jumpstart Foundry、Techstars、Blueprint Health、Mucker Lab、Excelerate Labs、10xelerator、BRANDERY、HUB VENTURES、Angel Cube、Golden Gate Venture、Propeller Venture Accelerator、Draper Fisher's Hero City 等單位也是相當著名之加速器，資源與特色也不盡相同。

---

1 參考資料：維基百科

　　臺灣民間育成加速器最具代表性莫過於 AppWorks Accelerator，其開始於 2010 年，以每六個月為一屆，每屆邀請眾多最具潛力的新創團隊進駐。在半年的免費輔導中，AppWorks 協助創業者將產品與計畫調整到最佳狀態，再於 Demo Day 中向近千位投資人、業界代表展示發表，提升募資與贏得關鍵夥伴的機會。

（三）共用工作空間

　　近年來，全球各地吹起創新創業的號角，各國公民營機構紛紛成立了大量的「眾創空間（Crowd Innovating Space）」，已成為全球創客與創業者的新型孵化場域。這種「人們以自由組織和參與的虛擬社區或實體共同工作（Co-working）」，透過線上線下交流互動，共同創意、研發、製作產品或提供服務、籌資和孵化的自組織創新創業活動稱之為眾創（Crowd Innovating），而在海峽兩岸各地，也陸續成立了不少的新型態眾創空間，期望透過各種類型的眾創空間，嘗試挖掘出具有潛力與商機的新創事業，以為疲弱的全球經濟注入新動能。

　　談起「共同工作空間」應從 2005 年 Google 的軟體工程師布萊德紐伯格（Brad Neuberg）將「9 to 5 group」（朝九晚五團隊）重新命名為「Co-working」談起。其並在美國舊金山成立一個名為「帽子工廠」（Hat Factory）的共同工作網站，隨後他將他自己家裡的倉庫打造成休閒場地租給三位從事科技產業相關的工作者，接著白天也開放給其他人租用。他同時也是名為「市民空間」（Citizen Space）的共同工作空間創辦人，也是全球第一家以「商業」（Work Only）為主的共同工作空間。

　　自此後共用工作空間如雨後春筍般在世界各地流行起來。現今，共用工作空間已經遍佈世界各地，並且美國已經超過 700 家以上共用工作空間。因此，舊金山可說是共同工作空間的發源地，也是世界上共同工作空間密度最高的城市。有些咖啡廳、簡餐館、辦公空間或自己家的工作室，都因為租用給從事網際網路相關產業的人影響，進而受到啟發決定轉型成共同工作空間。

　　在歐洲部分，2012 年，英國是歐洲最流行共同工作概念的國家，特別是首都倫敦。倫敦不但共用工作空間多，甚至發展出針對不同需求產生的多樣化共用工作空間。例如：創業人士專用、企業家專用、自由工作者專用等共同工作空間。如 2012 年 3 月，Google 於倫敦東區的科技城（科技園區）開設了共用工作空間，名稱為「Google Campus」，主要是讓許多創業團隊進駐，並且透過每日的聚會活動共同學習。而德國柏林也是共同工作概念在歐洲發展的幕後推手，特別一點的是在德國，共同工作空間不僅在主要大城市，鄉間小鎮以及大學學校中也會有共同工作空間。

在北京中關村等地之創業咖啡館，如 3W 創業咖啡館等，也帶動青年創業之合作機會。另外，香港也是亞洲最具共同工作概念的城市。其中當地第一家共用工作空間 boot.HK 在網路界中相當知名。除此之外，香港還有 Good Lab, CoCoon, Hive 等幾家共用工作空間。

臺灣在共同空間發展上，目前，全臺各地產官學研單位也致力推動空間活化與社區營造發展，共同工作空間或所謂的創業咖啡館如雨後春筍般成立，也有不少國外眾創空間品牌如 WeWork 及 JustCo 在臺設立共同工作空間，如何有效發揮空間所帶來的各項效益，避免共同工作空間之蛋塔效應，值得省思。

（四）眾創空間經營模式

依據眾創空間的經營模式，業界普遍將眾創空間概分成五類，分別是創業社區、創業咖啡館、新型孵化器、共同工作空間及創客空間（如表 11-2 所示）。即使這五大類型在運作模式、經營手法、資源取得方面略有不同，但是都具有創客最初的精神：資源共享、創意討論與成果分享，同時也提供了低成本、便利化、全要素、開放式的實體空間。

表 11-2 列舉出這五大類型的運作模式、營利方式以及相對應的眾創空間團體。其中，創業社區、創業咖啡館與新型孵化器這三種型態的「創業」成份較其他兩者高，屬於微型企業的萌芽階段；至於共同工作空間和創客空間，在本質上則較貼近創客原始精神，以滿足自己動手做的樂趣與經驗成就分享。

表 11-2　眾創空間服務平臺之五大類型

類型	運作模式	營利方式	營運單位代表
創業社區	以創業辦公爲核心，爲創業者提供集合工作、社交、居住和娛樂爲一體的社區	場地租金、投資回報	• You+ 公寓（北京） • X-Garden（日本） • 光復新村（臺中） • 范特喜文創聚落（臺中） • 樂士文化園（珠海）
創業咖啡館	創業者以一杯咖啡的成本，得到一天的免費開放式辦公環境，及其他創業服務：共享辦公室、人才交流、技術分享、市場拓展	咖啡收入、場地費、投資回報	• 車庫咖啡（北京） • 3W 咖啡（北京） • 東湖光谷創業咖啡館（武漢） • 華山 FabCafe（臺北）
新型孵化器 （Incubator）	一種爲初創型小企業提供所需的基礎設施和一系列支持性綜合服務，使其成長爲成熟企業的一種新型經濟組織	場地租金、投資回報	• 北大創業孵化器（北京） • 微軟創投加速器（微軟＋中國） • 南京浦口眾創碼頭（Pier.NJ） • 時代基金會 Garage+（臺北） • 上海楊浦大學生創業示範園（USVP）
共同工作空間 （Co-working Space）	提供共同工作空間、社群平臺。與一般辦公空的差異在於：這些共同工作者來自不同公司或組織、SOHO 族、旅行出差者或者小型工作團隊	場地租金、會員費	• WeWork（美國） • 優客工場（中國） • 聯合創業辦公社（上海） • 時代基金會 Garage+（臺北） • Blk71（新加坡）
創客空間 （Maker Space）	由擁有共同興趣愛好的社群共同運營的工作坊，多關注計算機、機械、技術、科學、數位藝術或電子藝術等領域	會員費、培訓課程費、材料費	• 大同 Future Ward（臺北） • 成大創客工廠（臺南） • 柴火創客空間（深圳） • 北京創客空間（北京） • 上海新車間（上海）

資料來源：作者自行整理

新加坡 Plug-in @BLK71

新加坡 Plug-in @BLK71

首爾 D.Camp

首爾 D.Camp

東京大學創業家廣場

日本武士島創業加速器

東京眾創空間 Creative Lounge MOV

馬來西亞 MaGIC 全球創新創意中心

吉隆坡眾創空間 Common Ground

曼谷創業工作室（Hubba Thailand）

曼谷眾創空間（Bigwork Bangkok）

北京中關村創業大街
3W Coffee （Co-working Space）

廣州騰訊七客創業空間

深圳微谷眾創社區

華發集團澳門創新創業中心

澳門青創谷

香港 Good Lab

重慶豬八戒公司

北京高校大學生創業園　　　　　　　　　北京創業公社

圖片說明：作者參訪亞洲各城市的眾創空間

目前創新創業已蔚為全球風潮，創新與創業更是推動國家經濟發展之重要活水。創業者若能透過育成加速器之專業業師輔導、資源資金支持與國際網絡資源鏈結，創業成功將不再是遙不可及的夢想。

近年臺灣政府在「挺青年，創未來」的政策方向下，為進一步強化地方產業創新發展，以青年培力發展在地，自 2020 年起推動「在地青年創育坊」，陸續在全臺各地補助成立創育坊，強化返鄉青年支持輔導體系，針對在地青年發展需求，匯聚資源形成在地青年新網絡，以青創帶動地方創新，為地方帶來創新動能與發展契機。

另外，許多人都將共用工作空間誤解成為企業加速育成的地方（育成中心、孵化器）、企業輔導中心或者高級辦公室。這些概念並不符合共同工作的概念，因為當中缺乏了社群、互助合作以及隨心所欲的精神。

在共同工作的經營理念，是應創造人際關係與社群互助，其次才是利潤。期許對於有意創業之新創事業或團隊都能善加利用育成加速器與共同工作空間資源，努力開創事業成功之可能與機會。

和曜生技：以臺灣特色植萃原料，打造健康美好生活

　　臺灣以農立國，在農業的發展上，已累積豐厚的種苗開發與種植實力。接軌全世界的全新農業發展趨勢，新農業須成為一個「可獲利又可永續的產業」，具體而言，朝向生物科技（BIO）與資通訊科技（ICT）跨領域整合是發展的方向。尤其應配合政府的新農業政策，發展臺灣農業生技特色，更是政府與企業合作的重要工作。以臺灣高科技業，配合農業生技產業的完整供應鏈和技術投入，將創造產業的新契機。

公司小檔案

- 和曜生技股份有限公司
  （HOYAO BIOTECH CORPORATION）
- 公司負責人：史閎元董事長
- 公司官網：https://hoyao.tw/

　　進駐位於宜蘭科學園區內的和曜生技股份有限公司（HOYAO BIOTECH CORPORATION）是臺灣農業生技發展的閃亮新星。該公司於 2016 年成立，創業初期獲行政院「國發會天使基金」輔導，創業團隊核心成員均來自生物技術研發實驗室，擅長天然物萃取與成分應用分析。為提供高品質的臺灣特色植萃原料，和曜生技以多種種源品系的植物組織工程，切入原料最上游的種苗技術研發，期許能提升天然原料品質，提供客戶優質農作物種苗，搶攻健康種苗市場先機。

　　和曜生技創辦人史閎元董事長（圖 1）在訪談的過程中指出，公司的定位為「科學技術服務業 X 種苗繁殖業」，願景是「臺灣特色植物萃取原料，健康美好生活」，期許利用植物組織培育技術育種的優勢，提供天然保健原料，從種苗、栽種生產、加工應用的技術整合服務。其在攻讀生命科學系學士與生物技術研究所碩士時，便跟合夥人謝蕙雯投身研究臺灣原生植物，計畫在「盤龍蔘（Spiranthes sinensis）」的玲瓏美麗花型與清熱解毒功效背後，萃取出更多尚未被解密的草本精華，轉化成有用的創新商品，研發核心成員目前為國內外 5 項專利發明人及相關領域研究 SCI 期刊發表累計超過 10 篇，研發實力堅強。盼導入分子生物科技在臺灣精緻農業發展上，提供嚴謹專業的服務給顧客。

圖 1　和曜生技創辦人史閎元（左）及共同創辦人謝蕙雯（中）與作者（右）合影

247

公司目前主要服務項目包含中草藥與經濟作物植物組織培育繁殖量產技術開發（含代工量產）、與高值化保健應用商品開發（ODM/OEM 等）、技術顧問服務（品牌規劃、育種技術開發、天然物萃取物活性分析）等。目前公司已在盤龍蔘、臺灣金線連、香夾蘭、多類蘭花等十數種作物，透過植物組織工程、育種與選種的功效分析，室內環控的計畫生產管理方式，成功將植萃原料應用在化妝保養品的原料應用上。

史董事長回顧創業歷程，2016 年決定創立和曜生技，經慎重評估全臺各地的人力、物力、交通等成本因素之後，落腳處第一選擇便是宜蘭，因為宜蘭不僅是北臺灣農產大縣，農產品種多樣廣泛、品質有目共睹，想藉助自身生物技術專長追求農業、農村、農民升級發展的初衷。非常開心創業初期即在 2018 年獲得「行政院國發基金創業天使計畫」的青睞與資金支持，2019 年因符合宜蘭獎勵投資，獲得廠房租金補助，順利進駐科技部「新竹科學工業園區（宜蘭科學園區）」，打造種苗工廠，取得種苗業登記證，開始銷售盤龍蔘、臺灣金線連、G0 草莓等健康種苗（圖 2）。在政府創業資金與空間設施支持，讓和曜生技得以站穩腳步。但創業遇到的問題繁多，所需創業資金與資源相當多，後來透過宜蘭縣政府與國立宜蘭大學創新育成中心的創業資源輔導，與校方進行產學合作、研發產品及廠商異業結盟等合作，分別取得如下殊榮：

圖 2　和曜生技位於宜蘭科學園區的室內育種培育室，計畫性全年育種育苗

2020 年取得「經濟部中小企業創新研發補助（SBIR）」和「宜蘭縣政府中小企業（SBIR）創新研發補助」；

2021 年榮獲「經濟部中小企業（SBIR）創業海選明星組獎助」；

2022 年榮獲「經濟部中小企業城鄉創生計畫（SBTR）補助」和「經濟部中小企業（SBIR）創業海選明星組 Stage 2 研發計畫補助」，以及「第五屆京臺創業競賽優秀獎」及「第十七屆戰國策全國創新創業競賽（東部地方特色組冠軍）」獎項肯定。

史董事長在訪談時特別感謝國立宜蘭大學創新育成中心林卉恬經理熱心協助鏈結眾多外界資源，得以讓公司在創業路上穩定成長。展望未來，公司將聚焦在臺灣特色植物萃取原料開發，亦嘗試創設自有品牌「綏豐（SOULRICH）」、「植妍家（extractlab）」保養品開發，將以運用西藥邏輯思維來提高中草藥附加價值，建立具有臺灣在地特色的草藥生技產業鏈，透過臺灣特色植物萃取原料技術，開創民眾健康的美好生活。

　和曜生技採訪影片

延伸思考 ──────────────────────────────

1. 試比較創業孵化器或稱為育成中心（Incubator）與加速器（Accelerator）之差異為何？

2. 試了解我國「植物品種及種苗法規範」及「植物品種權申請案件審查流程」為何？

腦力激盪 ....

1. 如何善用政府與大學創業輔導資源，協助新創企業的成長茁壯？

2. 請寫下您認為開創新創企業時所需的兩項最重要的資源，為什麼是它們？

Chapter 12

新創企業設立與法律規範

　　隨著創業規劃的逐步完成，接下來就是準備申請公司登記或商業登記的相關資料，依法完成登記程序，以成為合法的新創企業。然而在申請之前，必須先瞭解組織型態的差異、企業和投資人的相關權利和義務，另須了解企業相關法律規範，以避免後續企業設立後的衍生經營管理問題。本章節將聚焦在新創企業之組織類型與差異、公司設立登記實務、創建新創企業之相關法律及公司常見契約之擬訂等說明，最終透過章節結束前之問題與討論，來驗證在新創企業設立與法律規範內容之學習成果。

• 學習重點 •

12-1　新創企業之組織類型與差異

12-2　公司設立登記實務

12-3　創建新創企業之相關法律

創業速報　閉鎖性股份有限公司

———— 創業經營語錄 ————

　　一個偉大的企業，對待成就永遠都要戰戰兢兢，如覆薄冰。

－中國大陸最大的家電生產公司：
海爾集團總裁張瑞敏

12-1　新創企業之組織類型與差異

　　要開辦新事業，一般途徑有三種：可以從無到開創全新的事業、買下現在已成立的公司或加盟已經成功的品牌。新創企業之設立在組織類型也有所差異，後續將影響著法律責任、法人人格、營業稅、所得稅、盈餘分配等事宜。在正式營業之前，必須要去辦理公司登記或是商業登記，否則就成了無照營業，可以自行辦理也可以委託會計師或專業代辦公司協助辦理。

一、新創企業之組織類型

　　企業的所有權（Ownership）可依出資方式分為：獨資（Proprietorship）、合夥（Partnership）、公司（Corporation）。創業家在設立企業最常見的問題：「該設立公司還是行號好，兩者有何不同？」，公司與行號之分類及差異，如圖 12-1、表 12-1 和表 12-2 所示。

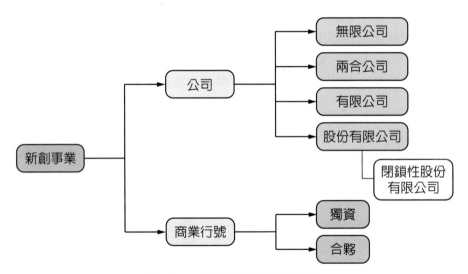

圖 12-1　新創事業之組織類型

　　商業登記法所稱商業，指以營利為目的，以獨資或合夥方式經營之事業。商業登記法法規網址：https://law.moj.gov.tw/LawClass/LawAll.aspx?pcode=J0080004。

　　依商業登記法第 9 條規定，商業開業前，應將下列各款申請登記：

1.　名稱。
2.　組織。

3. 所營業務。

4. 資本額。

5. 所在地。

6. 負責人之姓名、住、居所、身分證明文件字號及出資額。

7. 合夥組織者，合夥人之姓名、住、居所、身分證明文件字號、出資額及合夥契約副本。

8. 其他經中央主管機關規定之事項。

另根據商業登記法第 5 條規定，下列各款小規模商業，得免依法申請登記：

1. 攤販。

2. 家庭農、林、漁、牧業者。

3. 家庭手工業者。

4. 民宿經營者。

5. 每月銷售額未達營業稅起徵點者。

公司法所稱公司，謂以營利為目的，依照本法組織、登記、成立之社團法人。公司經營業務，應遵守法令及商業倫理規範，得採行增進公共利益之行為，以善盡其社會責任。公司法法規網址：https://law.moj.gov.tw/LawClass/LawAll.aspx?pcode=J0080001。

依公司法第 101 條規定，有限公司章程應載明下列事項：

1. 公司名稱。

2. 所營事業。

3. 股東姓名或名稱。

4. 資本總額及各股東出資額。

5. 盈餘及虧損分派比例或標準。

6. 本公司所在地。

7. 董事人數。

8. 定有解散事由者，其事由。

9. 訂立章程之年、月、日。

依公司法第 129 條規定，股份有限公司成立之發起人應以全體之同意訂立章程，載明下列各款事項，並簽名或蓋章：

1. 公司名稱。

2. 所營事業。
3. 採行票面金額股者，股份總數及每股金額；採行無票面金額股者，股份總數。
4. 本公司所在地。
5. 董事及監察人之人數及任期。
6. 訂立章程之年、月、日。

表 12-1　公司與行號之主要差異

	商業行號	公司
法源依據	商業登記法	公司法
種類	獨資、合夥	無限公司、兩合公司、有限公司、股份有限公司、閉鎖性股份有限公司
事業名稱	如：○○商行、○○坊、○○工作室、○○餐館	○○有限公司、○○股份有限公司
法人人格	無（自然人位階）	有（法人位階），但分公司則無
最低資本額	無	無
名稱專用權	同縣市不得重複	全國不得重複
主管機關	縣（市）政府	經濟部
股東（出資者）責任	負連帶無限清償責任	有限公司及股份有限公司之股東就其出資額或股份負有限清償責任
營業稅（統一發票）	小規模營業人：1%（免用統一發票／開收據）非小規模營業人：5%	5%
營所稅	無。併入到個人綜合所得稅計算	20%（全國課稅在 12 萬以下者免徵）
組織轉換	行號不得變為公司；合夥不得變更為獨資	有限公司得變更為股份有限公司；股份有限公司不得變更為有限公司，但得與閉鎖性股份有限公司互相轉換
稅籍登記	要	要

資料來源：作者自行整理

註：1.取得免用統一發票還是要繳稅，但稅率只有 1%，因為沒有開立發票，所以採用國稅局核定課稅金額來課稅。
　　2.免用統一發票營業稅計算方式 = 月核定營業額 × 3 個月 × 稅率 1%。

二、公司種類比較

依公司法第 2 條規定，公司種類區分爲四大類：無限公司、兩合公司、有限公司和股份有限公司，相關比較如表 12-2 所示。

（一）無限公司

指二人以上股東所組織，對公司債務負連帶無限清償責任之公司。（此型態很少見）

（二）兩合公司

指一人以上無限責任股東，與一人以上有限責任股東所組織，其無限責任股東對公司債務負連帶無限清償責任；有限責任股東就其出資額爲限，對公司負其責任之公司。（此型態很少見）

（三）有限公司

由一人以上股東所組織，就其出資額爲限，對公司負其責任之公司。

（四）股份有限公司

指二人以上股東或政府、法人股東一人所組織，全部資本分爲股份；股東就其所認股份，對公司負其責任之公司。

（五）閉鎖性股份有限公司（仍屬股份有限公司類型）

指股東人數不超過五十人，並於章程訂有股份轉讓限制之非公開發行股票公司。閉鎖性股份有限公司主要是保障新創事業的原始股東的經營權，讓原始團隊不至於因外來股東投入大量資金導致股權遭到稀釋，而影響原始股東的經營權，以及原始團隊股東得以用其技術、勞務或信用抵充股權，而得以不用出現金而擁有公司股份。

表 12-2　公司類型之比較

種類	無限公司	兩合公司	有限公司	股份有限公司
股東人數不同	由2人以上股東所組成	由2人以上股東所組成：1人以上有限和1人以上無限	由1人以上股東所組成	組成方式有2種： 1. 由2人以上股東所組成。 2. 由政府、法人股東1人所組成。 ● 閉鎖性股份有限公司：指股東人數不超過五十人，並於章程訂有股份轉讓限制之非公開發行股票公司。（民國104年9月開放申請）
對公司責任不同	對公司債務負連帶無限清償責任	區分： 1. 無限責任股東：對公司債務負連帶無限清償責任。 2. 有限責任股東：就其出資額為限，對公司負其責任。	就其出資額為限，對公司負其責任。	股東就其所認股份，對公司負其責任之公司。
最低資本額限制相同		1. 已經無最低資本額限制。 2. 98年4月29日公司法修正刪除第100條第2項及第156條第3項，關於最低資本額由中央主管機關以命令定之規定。		
種類		【公司名稱】，應標明【公司之種類】。 （公司法第2條第2項規定）		

資料來源：作者自行整理

12-2 公司設立登記實務

當瞭解欲成立之新創公司可以依自身企業規劃選擇合適的公司登記或商業登記方式申請，可以學習公司登記流程，自行申請省錢又可以累積實務經驗。申請的程序包括：公司預查、營業項目、會計師資本簽證、公司設立登記、稅籍登記、乃至進出口商登記等。為使讀者能真正了解整體公司設立登記實務，以下我們將分單元來逐一說明。

一、公司命名原則及預查

公司名稱及所營業項目，應於設立登記前先行申請核准，主管機關為經濟部商業司，核准後得保留 6 個月；公司名稱專用權遍於全國公司組織，得依公司法第 18 條規定不得與他公司名稱相同。公司名稱如何組成？公司名稱是由四個部分組成的：

1. 第一部分：特取名稱。
2. 第二部分：表明業務種類（或可資區別之文字）。
3. 第三部分：標明公司種類。
4. 第四部分：最後標明為【公司】的部分。

創業家可以經由經濟部商業司的全國商工行政服務入口網（網址：https://gcis.nat.gov.tw/mainNew/index.jsp）之「公司、商業及有限合夥一站式線上申請作業」，如圖 12-2 系統畫面，申請公司、商業名稱預查，申請書及文件，得以經電子簽章簽署之電子文件採以網路傳輸方式申請，電子簽章的流程，商業限以經濟部工商憑證管理中心簽發之工商憑證為之；自然人限以內政部憑證管理中心簽發之自然人憑證為之。亦可下載「公司名稱及所營事業登記預查申請表」自行繕打、列印預查申請表，連同規費，以郵寄或臨櫃等方式申請。

1. 步驟一：先上網查查看，確定【公司名稱】沒有被其他公司使用
   (1) 查詢你所使用的公司名稱是不是已經被他公司使用了。
   (2) 上網查詢經濟部【公司名稱暨所營事業預查輔助查詢】。
   (3) 網址：https://serv.gcis.nat.gov.tw/pub/cmpy/nameSearchListAction.do。
2. 步驟二：確定公司名稱沒有被其他公司使用的話，可開始進行申請「公司名稱預查」
   (1) 申請「公司名稱預查」。（可以利用網路申請公司名稱預查，費用 150 元）
   (2) 網址：https://onestop.nat.gov.tw/oss/identity/Identity/init.do。

3. 步驟三：等待收到經濟部「預查核定書」
   (1) 經濟部「核准」你的申請期間：經濟部審核期約 1 ～ 3 天。
   (2) 等待收到公司名稱及所營事業登記預查核定書。
4. 步驟四：收到經濟部「預查核定書」
   (1) 你拿到經濟部核准之公司名稱及所營事業登記預查核定書，你的【公司名稱】預查申請即完成。
   (2) 保留期限：6 個月。
   (3) 在這 6 個月期間內，你可以開始接下來辦理公司設立登記了。

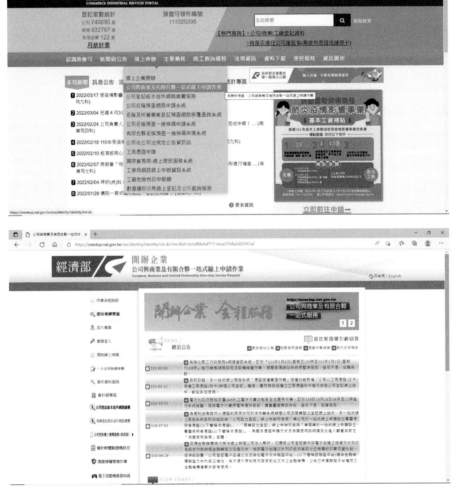

圖 12-2　公司、商業及有限合夥一站式線上申請作業系統畫面

也可先利用經濟部「公司名稱暨所營事業預查輔助系統」查詢（如圖 12-3），查詢公司名稱有沒有被其他公司使用了。網址：https://serv.gcis.nat.gov.tw/pub/cmpy/nameSearchListAction.do。

圖 12-3　公司名稱暨所營事業預查輔助系統畫面

二、公司登記申請程序

　　一般公司登記申請流程主要包括：申請公司名稱預查、股東繳納股款、（資本額）、會計師資本簽證（會計師資本額查核報告書）、公司設立登記、國稅局稅籍登記（申請統一發票購票證）、變更銀行戶名，而進出口商登記及公司外文名稱登記可依實際營業需求申請，相關準備文件及所需時間說明，詳如表 12-3 所示。

表 12-3　公司登記申請程序

申請流程	相關準備文件及印章	所需時間
1. 申請公司名稱預查	1. 確認公司名稱及營業項目 2. 申請人身分證資料	1. 約 3～5 天（郵寄） 2. 約 1～2 天（網路） 收到預查核定書才算正式確定公司名稱
2. 股東繳納股款（資本額）	1. 股東親至銀行開公司籌備處帳戶（雙證件） 2. 公司名稱預查申請表、公司章、私章，股東存入資本額	2 天
3. 會計師資本簽證（會計師資本額查核報告書）	1. 影印公司帳戶存摺 2. 公司帳戶存款餘額證明 3. 各股東身分證資料及出資額明細	1～2 天
4. 公司設立登記	1. 建築師所有權狀或房屋稅繳款書 2. 房屋租賃合約書影本 3. 會計師資本額查核報告書 4. 公司章程 5. 設立登記表 6. 股東資格及身分證明文件 7. 股東同意書	1. 約 3～5 天（郵寄） 2. 約 1 天（親自送件，當天領件） 登記地若為六都則在六都市府辦理，如臺北市在臺北商業處，新北市在新北市經濟發展局；非六都則在經濟部中部辦公室辦理
5. 國稅局稅籍登記（申請統一發票購票證）	1. 建築師所有權狀或房屋稅繳款書 2. 房屋租賃合約書影本 3. 公司章程 4. 股東資格及身分證明文件 5. 營業登記申請書	約 3～5 天
6. 變更銀行戶名	變更公司銀行帳戶名稱，從原先籌備處的形式轉正為公司正式的名稱	1 個小時
7. 進出口商登記（非必要）	1. 進出口商登記申請書 2. 公司登記證明文件影本	3 個小時
8. 公司外文名稱登記（非必要）	1. 向經濟部國貿局申請臨櫃辦理或郵寄、傳真、網路申請 2. 亦可透過經濟部一站式網站進行線上申請	

資料來源：作者自行整理

三、公司解散申請程序

當股份有限公司，有下列情事之一者，應予解散（公司法第 315 條）：

1. 章程所定解散事由。
2. 公司所營事業已成就或不能成就。
3. 股東會為解散之決議。
4. 有記名股票之股東不滿二人。但政府或法人股東一人者，不在此限。
5. 與他公司合併。
6. 分割。
7. 破產。
8. 解散之命令或裁判。

公司解散申請程序如表 12-4 說明。

表 12-4　公司解散申請程序

作業內容	初估所需時間
1. 公司解散登記	約 7 天
2. 各類所得扣繳申報	1 天
3. 營業及稅籍註銷登記	約 12 天
4. 當期所得稅決算申報	資料齊全 10 天內
5. 清算人就任法院聲報	3 天
6. 股利盈餘分配扣繳申報	1 天
7. 所得稅清算申報	清算完結日起算 30 日內辦理
8. 清算完結法院聲報	清算人就任 90 天後，6 個月

資料來源：作者自行整理

12

12-3 創建新創企業之相關法律

　　創業過程中常需要面對相關法律問題，除先前所提之專利法、商標法、著作權法和營業秘密法，以及商業登記法和公司法外，另外兩個重要法律就是公平交易法和消費者保護法（本節暫不談及勞動基準法或醫療相關法規等法律規範）。身為企業經營者，除可聘請企業常年法律顧問外，平時也應累積法律基礎知識，以免將企業暴露在危險的經營環境中，若不幸遇到法律糾紛，亦可利用政府提供的法律扶助資源來解決問題。

一、公平交易法

　　企業在經營時，常有些行銷推廣行為會涉及公平交易法的一些規定，茲將該法規可能涉及與創業相關的事項，羅列出以作為提醒，避免在創業過程中觸犯相關規範。公平交易法立法主要為維護交易秩序與消費者利益，確保自由與公平競爭，促進經濟之安定與繁榮。公平交易法可至全國法規資料庫進行線上條文查詢，法規網址：https://law.moj.gov.tw/LawClass/LawAll.aspx?pcode=J0150002。

　　以下列舉常見之可能違反公平交易法之行為：

（一）聯合行為

　　依該法第 14 條規定，所稱聯合行為，指具競爭關係之同一產銷階段事業，以契約、協議或其他方式之合意，共同決定商品或服務之價格、數量、技術、產品、設備、交易對象、交易地區或其他相互約束事業活動之行為，而足以影響生產、商品交易或服務供需之市場功能者。前項所稱其他方式之合意，指契約、協議以外之意思聯絡，不問有無法律拘束力，事實上可導致共同行為者。聯合行為之合意，得依市場狀況、商品或服務特性、成本及利潤考量、事業行為之經濟合理性等相當依據之因素推定之。

　　例如：國內四大連鎖超商咖啡或兩大加油站聯合同時漲價，即可能違反公平交易法的聯合行為規定。

（二）限制轉售價格

　　依該法第 20 條規定，有下列各款行為之一，而有限制競爭之虞者，事業不得為之：
1. 以損害特定事業為目的，促使他事業對該特定事業斷絕供給、購買或其他交易之行為。

2. 無正當理由，對他事業給予差別待遇之行為。

3. 以低價利誘或其他不正當方法，阻礙競爭者參與或從事競爭之行為。

4. 以脅迫、利誘或其他不正當方法，使他事業不為價格之競爭、參與結合、聯合或為垂直限制競爭之行為。

5. 以不正當限制交易相對人之事業活動為條件，而與其交易之行為。

例如：三星公司熱賣之 Samsung Galaxy 手機商品，三星公司若要求各家通訊行統一標準售價，即違反公平交易法的限制轉售價格規定。

（三）虛偽不實廣告

依公平交易法第 21 條規定，事業不得在商品或廣告上，或以其他使公眾得知之方法，對於與商品相關而足以影響交易決定之事項，為虛偽不實或引人錯誤之表示或表徵。前項所定與商品相關而足以影響交易決定之事項，包括商品之價格、數量、品質、內容、製造方法、製造日期、有效期限、使用方法、用途、原產地、製造者、製造地、加工者、加工地，及其他具有招徠效果之相關事項。事業對於載有前項虛偽不實或引人錯誤表示之商品，不得販賣、運送、輸出或輸入。前三項規定，於事業之服務準用之。

廣告代理業在明知或可得而知情形下，仍製作或設計有引人錯誤之廣告，與廣告主負連帶損害賠償責任。廣告媒體業在明知或可得而知其所傳播或刊載之廣告有引人錯誤之虞，仍予傳播或刊載，亦與廣告主負連帶損害賠償責任。廣告薦證者明知或可得而知其所從事之薦證有引人錯誤之虞，而仍為薦證者，與廣告主負連帶損害賠償責任。但廣告薦證者非屬知名公眾人物、專業人士或機構，僅於受廣告主報酬十倍之範圍內，與廣告主負連帶損害賠償責任。前項所稱廣告薦證者，指廣告主以外，於廣告中反映其對商品或服務之意見、信賴、發現或親身體驗結果之人或機構。

例如：某連鎖超市擅用名人吳念真照「假代言」，公平會曾開罰 60 萬。

二、消費者保護法

消費者保護法為保護消費者權益，促進國民消費生活安全，提升國民消費生活品質。消費者保護法可至全國法規資料庫進行線上條文查詢，法規網址：https://law.moj.gov.tw/LawClass/LawAll.aspx?pcode=J0170001。

以下列舉創業者面對消費者保護法時，常見的一些條文規定進行說明。如和消費者簽訂定型化契約，依消費者保護法第 13 條規定，企業經營者應向消費者明示定型化契約條款之內容；明示其內容顯有困難者，應以顯著之方式，公告其內容，並經消費者同意者，該條款即為契約之內容。企業經營者應給與消費者定型化契約書。但依其契約之性質致給與顯有困難者，不在此限。定型化契約書經消費者簽名或蓋章者，企業經營者應給與消費者該定型化契約書正本。

此外，消費者保護法與創業最直接相關的是無店面的商品銷售行為（如網路或電視購物），消費者會有所謂的「七天鑑賞期」。根據該法第 19 條規定，通訊交易或訪問交易之消費者，得於收受商品或接受服務後七日內，以退回商品或書面通知方式解除契約，無須說明理由及負擔任何費用或對價。但通訊交易有合理例外情事者，不在此限。所以在產品銷售上，應特別留意消費者保護相關規定，以免觸法受罰。

三、境外公司

境外公司（Offshore Company），廣義上稱海外公司及離岸公司，狹義上稱紙上公司（Paper Company）或空殼公司（Shelf Company）等，最大特色為多數當地國家通常對於依當地法令設立之「國際商業公司」（International Business Company）給予其境外所得很低的稅率或免稅的優惠，且該國家通常並不要求公司董事及股東名稱強制揭露公開及年度報表的申報，因此這些公司具有高隱密性，這些國家即為常聽到的「租稅天堂」國家。一般臺商登記者皆為如英屬維京群島（BVI）、英屬開曼群島（Cayman）、貝里斯、薩摩亞（Samoa）、香港和新加坡等免稅天堂地區的外國公司。

設於該地區的境外公司存款、投資、資產或境外營運活動產生的利得享有免稅優惠，運用此優惠及隱密性，透過專業適當規劃陸續衍生出很多型態的境外公司，如境外控股公司、境外信託公司、境外商貿公司及境外商船公司等。

如何成立境外公司？創業者要成立一家境外公司並不需要親自前往國外辦理，是經由政府授權之註冊代理人代為辦理登記，並代理政府收取境外公司的管理費與年費，及簽署文件等。設立登記者的直接聯繫窗口為秘書公司，由秘書公司與註冊代理人在各國的駐點處聯繫，再向政府登記，才能取得境外公司執照。

閉鎖性股份有限公司

因新創團隊成員通常缺乏資金，且大部分的中小型股份有限公司，多為家族企業，持股比例或轉讓的變動都很少。對於新創企業及中小企業，因股東人數少且有封閉性，宜有彈性安排，使投資者與被投資者雙方有較多的合作磋商空間，以符合新創事業與中小企業發展。

公司小檔案

· 公司設立型態新選擇：閉鎖性股份有限公司

· 經濟部閉鎖性公司專區官方網址：
https://gcis.nat.gov.tw/mainNew/classNAction.do?method=list&pkGcisClassN=15

有鑒於此，政府參考各界意見，訂定公司法第 356 條「閉鎖性股份有限公司（Close Company）」專章，已於 104 年 9 月 4 日正式上路，設立閉鎖性股份有限公司時，允許股東以不同方式出資，除現行現金、技術外，在一定比例下，允許股東得以勞務或信用方式出資。除減少新創團隊成員資金壓力外，並且給予新創團隊擁有更多操作空間可以招攬優秀人才。相較於傳統的公司組織，閉鎖性股份有限公司更強調契約自由和公司自治的精神。總的來說，閉鎖性股份有限公司有幾項特點和好處：

(1) 股權安排具彈性，保留創業團隊主導權；

(2) 降低門檻，鼓勵新創與對外引資；

(3) 可 2 次分派盈餘，有助新創事業引才留才；

(4) 簡化公司治理機制，增加經營效率；

(5) 兼顧保障少數股東與交易安全。

截至 112 年 1 月 31 日止，依照經濟部商業司網站上公布之資料，已有 4,705 家閉鎖性股份有限公司完成登記（註：閉鎖性公司名錄可參考經濟部閉鎖性公司專區網頁）。初創公司可以選擇閉鎖性公司，享有較大企業自主空間，以有效規劃股權結構及激勵員工。隨公司規模成長，可轉換為公開發行股份有限公司，取得大眾資金。公司持續成長為上市櫃股份有限公司時，則應更進一步考量證券交易法等相關法規。

此外，也有不少公司為避免家族股權外流釀內鬥劣勢，而成立閉鎖性公司。例如：股王大立光創辦人林耀英與家族成員建立閉鎖性公司「石安股份有限公司」，並將持有之大立光股權移轉給石安公司。大立光林家透過閉鎖性公司不得任意轉讓股權之特性，避免家族持有之股權流到外人手中，同時避免家族成員與外人結盟搶奪經營權，形成內鬥局面。

那要如何設立閉鎖性股份有限公司呢？閉鎖性股份有限公司之設立程序與一般股份有限公司是相同的。非公開發行股份有限公司與閉鎖性股份有限公司之間為雙向轉換，非公開發行股份有限公司可經全體股東同意，變更為閉鎖性股份有限公司。閉鎖性股份有限公司經有代表已發行股份總數三分之二以上股東出席之股東會，以出席股東表決權過半數之同意，亦可變更為一般（非閉鎖性）股份有限公司（如表 12-5）。經濟部閉鎖性公司專區官網如圖 1 所示。

表 12-5　閉鎖性公司與一般股份有限公司之不同

法規項目	閉鎖性股份有限公司	股份有限公司（非閉鎖性）
股東人數	不超過 50 人	2 人以上股東或政府、法人股東 1 人
出資種類	現金、其他資產、技術、信用、勞務（但信用、勞務不得超過發行總數一定比例）	現金、其他資產、技術
股權轉讓	章程得載明限制股東股份轉讓	股份自由轉受讓（但發起設立 1 年內不得轉讓）
股東會	得視訊會議或書面行使表決權而不實際集會	實際集會
股東表決權	每股一表決權，但得發行複數表決權及特定事項表決權特別股	每股一表決權，但特別股得限制無表決權
盈餘分配	得每半會計年度分配一次	每年度決算分配一次
黃金股	可發行黃金股	不得發行黃金股
變更組織	三分之二以上股東同意變更為非閉鎖性股份有限公司	全體股東同意變更為閉鎖性股份有限公司

資料來源：作者自行整理

圖 1　經濟部閉鎖性公司專區

延伸思考

1. 為何需要閉鎖性公司這種特殊立法？

2. 新創企業中，新創團隊為新創企業核心，閉鎖性股份有限公司章程可否限制新創團隊股東股份轉讓？

腦力激盪 ··

1. 試比較公司設立登記與行號設立登記方式有何不同？

2. 依公司法規定，有限公司與股份有限公司主要有何不同？

13

創業風險與危機管理

　　俗話說：「高風險，高報酬。」創業之路就是一條風險管理之路。高獲利報酬通常也伴隨著高風險，一旦錯估形勢或營運操作不當，就有可能小則產生營業虧損，大則傾家蕩產。本章節聚焦在常見之創業風險類型、初創期之創業風險與管理、發展期之營運風險與管理以及中國大陸創新創業之探討，目的在讓創業者瞭解創業風險的來源、懂得識別創業過程中的風險情況，掌握規避風險的相應原則。最終透過章節結束前之問題與討論，來驗證在創業風險與危機管理內容之學習成效。

● 學習重點 ●

13-1　常見之創業風險類型

13-2　創業風險與危機管理

13-3　中國大陸創業停看聽

13-4　東盟國家創業停看聽

創業速報　創業風險的經典案例：
　　　　　跟風創業的共享單車

—————— 創業經營語錄 ——————

　　不要把所有的雞蛋放在同一個籃子裡。

—美國經濟學家：詹姆斯 · 托賓（James Tobin）

13-1 常見之創業風險類型

許多人對於學生或青年創業總有些迷思或認知偏差，認為創業太冒險、現在創業還太早、經驗不足、時機不對、創業會使課業退步、學生創立的都是微不足道的小公司及需要有一大筆錢才能創業。其實不論在哪個年紀創業，都會面臨到創業風險，可能風險不同，考驗個人對創業風險承擔的能力也不同。

Christian（2000）將創業分類為四大類型，包括：複製型創業、安定型創業、模仿型創業及冒險型創業（如圖 13-1）。您可以選擇安定也可以選擇冒險，總的來說，創業之路也是一條風險管理之路，承擔風險靠的並非勇氣，而是智慧。有風險相對較有商機，創業失敗也可能奠定下一次創業成功基礎，計畫性創業比被迫性創業成功率高（勿因失業而創業）。近些年，西方企業為有效控管企業風險，紛紛設立首席風險官（Chief Risk Officer, CRO）這樣的職位，可見風險對企業生存或滅亡有多大影響。

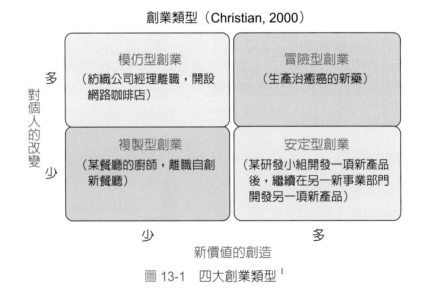

創業類型（Christian, 2000）

圖 13-1 四大創業類型 [1]

一、風險定義

風險（Risk）是指一定環境、一定時段內，影響決策目標實現的不確定性，或是某種損失發生的可能性。風險就是偏離理想結果，而出現不利的可能性。創業風險管理主要指對創業風險的規避與控制。

---

1 參考資料：Christian, B., P-A. Julien. (2000). Defining the field of research in entrepreneurship, Journal of Business Review, *16*, p.165-180.

對風險的認知是企業主所面臨最嚴格的挑戰之一，企業主應清楚了解在其創造價值的過程中決定準備接受多少風險及知道實際已接受多少風險。

要創業就一定要在風險和收益之間進行抉擇和權衡，既不能為了收益而不顧風險的大小，也不能因害怕風險而錯失良機。在明確認識了風險之後，創業者就要認真地分析自己創業過程中可能會遇到哪些風險，哪些是可控的，哪些是不可控的，哪些需要極力避免，一旦這些風險出現，應該如何應對和化解？並且特別需要注意的，一定要明白最大的風險是什麼？最大的損失可能有多大？這些情況如果發生，自己是否有能力承擔並度過難關？

創業時要從最壞處打算，有產品開發風險、市場風險、資金回籠風險、材料供應風險等各種風險可能會時刻圍繞，需要時刻保持清醒的頭腦。

二、常見創業風險原因

新創企業在創業過程中會歷經種子期、初創期、發展期和成熟期等四個階段。不同的創業生命週期可能面臨的風險也不同，初創期的企業的關鍵在求企業生存，進入發展期和成熟期之營運也將面臨不同的風險，以下列舉實務上常見的十四項可能風險原因：

1. 市場與技術的不確定性：如市場前景不如預期或技術開發無法如期完成等。
2. 資金操作的錯誤：如資金運用不正確或不知變通造成資金短缺等。
3. 同行的強力競爭：如同行以價格戰或以雄厚資金拓點等帶來強大競爭等。
4. 管理團隊的意見分歧：如經營團隊對公司發展策略及未來規劃等產生意見不同，內部產生衝突。
5. 業務骨幹的流失：如關鍵業務人才出走或投靠對手陣營，造成業務流失。
6. 營運風險：如公司經營之缺失、面臨零組件供應、食品安全或引發火災等。
7. 家庭生活起了變化：如因事業忙碌造成無法兼顧家庭或作息因而不正常等。
8. 投資風險：如投資不如預期或受騙，造成公司資金虧損等。
9. 財務風險：如利率、匯率變動及應收帳款無法如期收回之風險等。
10. 環境風險：如因公司生產造成環境汙染、人體危害等風險。
11. 自然災害風險：如因天然災害（颱風／地震／淹水）造成公司災損。
12. 政治風險：如中美貿易大戰、俄烏戰爭或兩岸政治緊張關係造成公司營運風險。
13. 業務風險：如產業環境／結構，客戶、成本、利潤之變動等。
14. 道德風險：如研發複製人、AI 機器人等造成負面科技道德倫理問題。

13-2 創業風險與危機管理

創業風險既然無法避免，因此必須思考如何降低風險和移轉可能風險。建立事前「風險管理」意識及方法，減少事後「危機管理」紊亂和損害。可在創業前就先擬定策略分析，做好問題與決策分析，完成撰寫創業計畫書，有助於預期創業可能帶來的各種風險。誠如先前所述，創業風險的種類相當多，以下列舉較常見之風險錯誤，提供可能之風險危機解決之道，做為面對風險之參考：

一、新創企業在「市場拓展」中常犯的錯誤與解決之道

（一）常見錯誤

1. 簡單估算市場前景，未做好完善之市場評估分析。
2. 進入時機選擇失誤，市場拓展效果不明顯時，卻歸咎為策略的問題。
3. 未來伴隨市場的變化轉入更精緻細膩的銷售模式。

（二）解決之道

1. 應建立公司內部對市場策略調整的機制，重新修正市場分析評估。
2. 學習放棄，嘗試等待。如短期未見起色，不如暫時停止或減少對現有產品和服務的投入，等待市場趨勢較明朗時再重新投入或中止。
3. 借力使力與強者策略合作，規避市場風險。
4. 順應產品生命週期變化，採取有系統之市場銷售策略。
5. 投保產品責任險等與市場行銷拓展有關之保險。

二、新創企業在「現金流管理」中常犯的錯誤和解決之道

（一）常見錯誤

1. 企業融資計畫短期性嚴重，後續準備工作又不夠充分。
2. 內部控制體系欠缺良好規範，現金支出失去控制。
3. 盲目投資，降低現金流的流動性。
4. 因現金流短缺而盲目融資引入投資人，反而喪失公司控制權，導致公司的發展背離創始人的初衷。

（二）解決之道

1. 須評估什麼時候該放手，設下預訂資金停損點。
2. 準備較充足的資金，並做好妥善資金配置。
3. 嘗試風險轉移（如購買相關各式保險）。
4. 控管現金流入與流出，提升現金流管理及效率。
5. 權衡投資付出與回報，謹慎投資較熟悉的產業或事業。
6. 借用創業孵化平臺，爭取政府基金和政策支持。
7. 將員工之短期激勵變成中長期激勵，減緩短期現金壓力。

三、新創企業在「組織與人才」中常犯的錯誤和解決之道

（一）常見問題

1. 新創企業經營者缺乏管理大企業的實務經驗。
2. 組織缺乏有效溝通及文化衝突，人員向心力越來越薄弱。
3. 公司管理與獎勵制度欠完善，無法留下好人才。
4. 創業團隊之經營理念發生分歧與衝突。

（二）解決之道

1. 創業經營者提升自我組織管理能力或引進具實務經驗之專業經理人。
2. 定期辦理組織層級和部門間之溝通會議或聯誼聚會。
3. 建立經營目標共識，降低原始創業股東與新進專業經理人之理念衝突。
4. 建立明確之組織管理規範、作業流程與公平績效獎勵制度。

四、新創企業在「技術發展」中常犯的錯誤和解決之道

（一）常見問題

1. 企業核心技術為非市場主流技術，須面對巨額的轉換成本與時間。
2. 新創公司多為單一技術衍生產品和服務之創業類型，無法分散風險。
3. 沉醉技術開發，但缺乏市場商品化與智慧財產權管理的能力與經驗。
4. 忙於將核心技術轉化成銷售商品或服務，忽略技術競爭對手進入。
5. 未能有效管控技術專利或 Know-how，以致核心技術遭竊外流。

（二）解決之道

1. 新創公司內部應建立技術發展趨勢和潛在對手之監管系統。

2. 重視專利申請及技術標準申請等保護措施。

3. 慎選可能的各面向合作夥伴，採取靈活的方式來分散風險。

4. 簽訂相關法律契約（如競業條款、保密合約、損害賠償等）。

　　創業需要好的專案管理和規劃，降低非預期「意外」之風險，將機會導回目標設定，資金配置得以有效改善，才能為企業創造更大之價值。學習別人成功的經驗雖然重要，但從別人昂貴的失敗中學習，更是創業經驗累積中不可少的。

　　企業營運的生涯路徑與環境是：唯一確定的就是「不確定」，將不確定演變成「風險」或「機會」，端看創業者的經營管理智慧。創業風險既然無法避免，就必須思考如何降低風險和移轉可能風險，建立事前「風險管理」的意識及方法，減少事後「危機管理」的紊亂和損害，才是創業風險管理之道。

13-3 中國大陸創業停看聽

　　中國大陸在國際舞臺為擁有驚人經濟成長力量的國家，透過國務院推動的「大眾創業、萬眾創新」雙創政策，在中國境內掀起創新創業浪潮，並廣設海峽兩岸青年創新創業基地及提供許多惠臺政策，期盼吸引更多優秀臺灣青年前往中國大陸就業與創業。

　　面對大陸官方強力招攬臺灣青年前往大陸就業與創業的誘因，許多年輕人也對於是否該前往大陸就業或創業產生迷惘，是否該前往呢？依筆者建議，如有意前往者，建議可以先至臺商或陸資企業實習，畢業後再評估是否前往就業，對當地熟悉後再進行創業。針對前往中國大陸創業，以下提供個人建議做為參考：

1. 大陸市場夠大，值得嘗試，但要做好風險控管，最好是先接地氣，有工作實習經驗，了解當地的風土人情，再談創業。

2. 在商言商，不要因為你是臺青就可以享有補助，創業還是要有商業價值。

3. 臺青赴大陸創業，要先做好準備，千萬別為了補助而去，最後是賠掉自己的信用額度，建議要先了解自己的專業領域，最好先在大陸工作歷練一番。

4. 非民主及完全自由開放的社會，建議多加了解相關資訊及法規，注意可能風險，審慎客觀評估。

5. 透過不同族群間頻繁的互動、接觸，可以促進不同群體之間減少緊張、不安和敵意，由熟悉而理解，甚至彼此接納、融合。頻繁的接觸有助於破除雙方的刻板印象（知己知彼）。

6. 什麼是十四五計畫？大陸的重要議題，我們理解嗎？

7. 赴大陸創業，視角一定要改變，否則就會看不懂大陸的商業模式和遊戲規則；臺青年總是希望以自己的專業來創業，但大陸青年則比較會從需求端、從市場來出發。

8. 臺青年總是想太多、顧慮風險，因此動作比大陸青年慢很多；不要弄不清楚狀況就和人簽約或把錢交出。

9. 確定您需要中國版圖的資金和市場。

10. 一定要有狼性，一定要有很強的執行力。

11. 生活上學習使用滴滴出行、微信、支付寶、美團外賣等 APP。

12. 放下優越感、多學習與融入大陸環境（入鄉隨俗）。

13. 了解當地市場需求，調整口味才有機會。

14. 創業團隊全是臺灣人不夠接地氣，投資人有刻板印象。

15. 放大格局與視野，別只想去開咖啡廳、賣雞排⋯⋯。

16. 別當井底之蛙，說出讓人傻眼的話（如當地有沒有地鐵⋯⋯）。

17. 找個有臺資背景的創業孵化器或加速器協助您前進大陸。

　　中國大陸正在大力推動「大眾創業、萬眾創新」，以創業帶動就業，把創業和就業結合起來，是從中央到地方的一貫政策，臺灣青年可以藉由這麼一個機會，將大陸市場作為自身發展的腹地，順勢而為逐步實現自己的理想，可能比留在臺灣過「小確幸」更有意義。創業者必須有一顆清醒的頭腦，機會與風險並存，在大陸地區投資還是存在一定的風險，創業者需要遵守當地法律，謹慎行事才能獲得創業成功的果實。就業／創業沒有標準答案，需要勇敢探索，臺灣人才唯有鍛鍊叢林求生能力，才能免於陷入惠臺、空臺的政治迷霧。

13-4 東盟國家創業停看聽

　　除了中國大陸擁有廣大市場外，鄰近臺灣的東盟國家市場也相當具有潛力，欲進入東盟國家發展，由於種族文化和語言不同於同文同種的中國大陸市場容易許多，必須先學著用東盟的角度視野看世界。在東盟可以沒有 Uber，但不能沒有 Grab 或 Go-Jet；在東盟可以沒有淘寶（Taobao），但不能沒有 LAZADA 或蝦皮（Shopee）。我們對東南亞國家的認識，知多少？真的理解嗎？以下筆者提供對於東盟國家所觀察的可能商機和創業風險，供各位讀者斟酌參考：

1. 到東盟國家要入境隨俗，是尊重，也是保護自己的方法。
2. 學習他們的文化，別高高在上，也千萬別誤觸政治和宗教禁忌。
3. 留意食品檢驗安全及相關法規，如當地法律不周全，就先取得新加坡的認證。
4. 擁有眾多穆斯林的國度，建議商品應都要取得清真（Halal）認證。
5. 中文包裝，東南亞民眾不太買單，務必要因地制宜改包裝。
6. 須熟悉當地生活消費習慣、口味及風土民情，才能滿足消費者需求。
7. 淡化政治色彩和參與，多運用 NGO 體系（如加入扶貧等援助），建立公益形象。
8. 前進東盟可善用在臺新住民、僑生人力資源，鏈結貿協及臺商會人脈和市場資源。
9. 年輕化市場，可考慮運用網紅行銷及跨境電商的虛實整合。
10. 農機具設備、相關資材輸出及有效的農場管理具備發展潛力。
11. 須克服缺水缺電、環境衛生並留意人身安全等問題。

創業風險的經典案例：跟風創業的共享單車

　　2016 年，共享單車以迅猛之勢崛起，隨後引發井噴式的熱潮。但一年之後，布滿大街小巷的租借單車成了街頭巷尾人人喊打的一團廢鐵，先後有多家如町町單車、小鳴單車、酷騎單車被曝押金無法退還而陸續倒下，在 2017 年中國大陸的失敗企業當中，共享單車市場可謂是重災區。

　　談起共享單車經濟的發展，一切要從 2015 年 6 月說起，戴威的「ofo」（圖 1）就在北京大學推出了共享計畫，宣告共享單車經濟到來。隨後 2016 年 4 月，伴隨「摩拜（Mobike）」的入場，摩拜單車在上海上線，採行在 APP 上實名註冊，繳納押金即可租用的模式，讓人眼睛為之一亮。共享單車作為新的商業物種引得無數媒體輪番報導，共享單車投放中國內外各大城市後，確實緩解了部分交通、環境壓力及出行「最後一公里」難題。資本市場追捧也刺激著其他創業企業躍躍欲試，在商業獲利模式不明下，共享單車仍成為投資及創業圈一道最引人注意的風景，光是 ofo 在 2017 年的一輪融資中就達到 20 億美元估值，在全球部署超過 1 千萬輛自行車，吸引多達 2 億用戶。一時間，大陸大街上陸續出現了紅橙黃綠藍靛紫等各色共享單車，競爭相當激烈。

圖 1　ofo 小黃單車

　　2017 年下半年，騰訊（Tencent Group）及阿里巴巴（Alibaba Group）的加入使整個行業梯隊分得更加明顯，摩拜全面接入微信，ofo 入駐支付寶，共享單車已不再單純是顏色之間的較量，摩拜、ofo 雙強之下，留給其他平臺的機會越來越少。於是，倒閉潮開始來襲。

表 13-1　共享單車發展歷程（2017 ~ 2019 年倒閉潮）

時間	發展歷程
2017 年 8 月 2 日	町町單車因非法集資、資金鏈斷裂，被棲霞區工商局納入異常企業經營名錄。從「富二代」到「負二代」，前後不過 8 個月。
2017 年 9 月底	酷騎單車曝出資金鏈斷裂、押金難退，多地運營單位與工商局失去聯繫，部分地區開始對酷騎單車進行清理。
2017 年 11 月	供應商和用戶圍堵了小藍單車北京辦公室要賬、要押金，其中還有公司的調度維修員等員工討工資，該現象距離其上線運營不到一年。
2018 年 3 月	小鳴單車宣告破產，成爲了首家破產的共享單車品牌。
2018 年 4 月	摩拜單車被美團公司全資收購。摩拜單車將更名爲美團單車。
2019 年 6 月	天津法院一份執行裁定書，裁定共享單車 ofo「基本上沒有資產」，無法償還供應商約人民幣 2.5 億元的巨額債務。
2019 年 7 月	摩拜單車啓動新車置換舊車工作，置換後的新車統一爲黃橙色（即美團新的標準色）。此次置換工作也符合上海「禁投令」下的「先換出再換入」的原則。

資料來源：作者自行整理

回顧共享單車的發展史（表 13-1），其無樁的運營模式給社會帶來了不少負面效應和爭議，如大量搶佔社會公共資源、影響城市形象、公民素質欠佳的各種荒誕行徑等，公司的運作也陸續出現了諸多爭議及負面消息，如管理缺失、吃回扣、押金難退等，在國外部分城市甚至遭到清退。伴隨共享單車泡沫化的是數以千萬輛計的共享單車墳場（圖 2）。在多個共享單車品牌相繼倒閉下，轉而將風險轉移給了上游供應商，也讓「回收二手共享單車」成爲一門新產業。

圖 2　堆積如山的單車墳場

　　這些血淋淋的創業教訓，再次證明共享單車經營並沒有想像的那麼簡單。共享單車的價值不僅僅是盈利租金，還涉及到大量資料、線下交易入口、出行服務等領域，基於以上特徵，共享單車市場不會出現小而精的企業，要求共享單車企業必須使用者規模大，擴張速度快，必須是賽道前幾名，行業本身就只允許有少數幾家能存活，投資人也只看賽道前幾名，導致很多跟風小企業融資困難，不得不倒閉，共享單車的失敗案例給了我們「創業不能跟風」的省思。

延伸思考

1. 何謂共享經濟（Share Economy）？共享經濟和一般企業服務差別在哪？
2. 請思考及規劃一個共享經濟模式下的創新服務事業。

腦力激盪 ....

1. 遊戲名稱—創業風險與管理

    遊戲規則：

    (1) 請每位同學寫下三項個人認為可能的創業風險？

    (2) 請與身邊同學交換創業風險問題，並思考解決之道為何？

    (3) 輪流上臺分享，由老師與同學們提供其他可能更好的建議。

2. 請分組訪談創業企業家，列舉不同創業階段可能面臨的風險問題。

新型態創業類型─社會企業

　　隨著全球環境的快速變遷與社會進步，各國所面臨的環境與社會問題層出不窮。全球各地均思考如何以更有效率的經營管理方式或新模式來解決問題。本章節將聚焦在社會設計與社會創新、社會型創業意涵與類型及各國之社會企業發展與知名案例等說明，最終透過章節結束前之問題與討論，來驗證在社會創新與社會企業內容之學習成果。

● 學習重點 ●

14-1　社會設計與社會創新

14-2　社會企業與企業社會責任

14-3　亞洲四小龍國家之社會企業發展

創業速報　金可可巧克力專賣店

────── 創業經營語錄 ──────

　　所謂社會企業家，就是將社會貢獻當做自己的第一責任，而且努力去踐行這些標準，這是我追求的。

　　　─中國大陸萬達集團創辦人：王健林

14-1 社會設計與社會創新

一、社會設計

人類雖然已達到史上最富裕的時代，但隨著全球環境的快速變遷與社會進步，各國所面臨的環境與社會問題層出不窮。全球也都在討論，有沒有可能，用不同於工業革命利潤導向思維，而改以同理心運用社會創新（Social Innovation）或社會設計（Social Design）的智慧來重新建構我們的生活。

社會設計（Social Design）一詞，最早出自設計理論家 Victor Papanek 在上世紀 60 年代所出版的著作《為真實世界而設計》（Design for the Real World）中，將「為社會而設計」視為設計的重要內涵之一。回首設計發展的歷史，幾乎沒有一個時代像現在一樣熱血，會如此殷切地期盼設計能夠走入生活，走入社會。

1949 年是設計師最風光的年代，美國工業設計之父 Raymond Loewy 成為第一位登上時代雜誌的設計師，說明了設計在那個年代是很工業的。2004 年創新顧問公司 IDEO 登上了 BusinessWeek 雜誌，讓設計變成一種改變商業的設計思考，設計由工業的產品設計，轉向了商業的企業管理。

從商業邁向社會設計的指標事件，是 2007 年「Design for the Other 90％」的策展，由紐約 Cooper-Hewitt, National Design Museum 策劃，讓設計成為解決人類社會問題的方法。「設計」原應是為消費者服務，滿足其需求並解決問題，但在消費主義的發展下，「品質」和「附加價值」的吸引力是呈現產品身分和地位的關鍵。設計師不斷替換更新各種造型樣式的產品，為企業刺激銷量，逐漸遺忘設計師的社會責任—為第三世界、環境保護、身心障礙者、醫療設備、實驗研究，及突破性的概念而設計。

社會設計之產出具有其獨特的生命，會因與不同個體的接觸，產生不同之感受與結論。因為這樣的特性，社會設計所造成的影響範圍相對廣泛。即便設定明確之目的性，但由於過程及結果皆具相當大的再創造、變形、演化及反思空間。以人為起始點的社會設計，相較一般大眾對設計一詞的認知，其「過程不斷影響結果」的特色，十分明顯。

近年來在臺灣，由於產官學的重視，設計相關產業已然成為熱潮。然而，檢視設計師的角色，多半還停留在過去的觀念：創造吸引人的商品以鼓勵消費，產生更大的經濟效益，為企業增加利潤。然而，在此「拼經濟」的同時，也是我們省思設計與設計師在社會所扮演角色的最佳時機。正如 Victor Papanek 所言：「任何設計方案的『對錯』將取

決於我們賦予此項安排的意義。」設計師視
野的盡頭不應該只有產品及銷量，而應是社
會與人（圖 14-1）。

圖 14-1　UBike 是社會設計的產物

二、社會創新

在邁向現代化的過程中，企業強調獲
利、國家追求經濟成長數字的時代脈絡下，
雖然經濟有所成長，卻也衍生出環境破壞、
城鄉失衡等社會結構問題。為了平衡經濟獲利與環境永續發展，並讓社會公益與企業獲
利不相互衝突，強調創新與社群合作的社會創新便應運而生。

美國史丹佛大學（Stanford University）在 2003 年提出「社會創新（Social
Innovation）」的概念，認為「社會創新」是最容易被了解、產出、甚至是持續社會改
變的最好架構，並定義「社會創新」為一種比現有方法更有效、更高效率、可持續性解
決社會問題的新穎解決方案，同時以整個社會創造價值為優先（Deiglmeier, Phills Jr.&
Miller, 2008）[1]。社會創新主要係與商業創新區別，顧名思義，社會創新聚焦於社會需
求，非以追求最大獲利為目的（Mulgan, 2006）[2]。所謂社會創新，係指深具社會企業精
神之創業家，如何透過創新活動或方法，滿足弱勢市場需求，甚至進一步創造嶄新社會
價值（Austin, Stevenson & Wei-Skillern, 2006）[3]。

簡而言之，社會創新是藉由科技或商業模式的創新應用，改變社會各個群體間的互
動關係，並從這樣的改變中，找到解決社會問題的新途徑，也就是用創新的方法來解決
社會問題。社會創新和社會企業的不同處在於，社會企業是結合商業力量完成社會使命，
屬單一性質，而社會創新則是多元的，係透過技術、資源、社群的合作，創造社會價值。

為有效解決我國社會及環境相關問題，行政院綜整了跨部會能量，於 2018 年提出
「社會創新行動方案」，對外可實踐聯合國永續發展目標（The Sustainable Development
Goals, SDGs），強化國際連結，對內則可促進國內經濟、社會與環境的包容性成長，落
實「創新、就業、分配」為核心的新經濟模式。以六大策略，建立社會創新友善發展環
境：

1　參考資料：Deiglmeier, K., Phill Jr J. A., & Miller, D. T. (2008). Rediscovering Social Innovation. Standford
Social Innovation Review, *3*, 35-43.
2　參考資料：Mulgan, G. (2006). The process of social innovation. Innovations, *1*（2）, 145-162.
3　參考資料：Austin, J., Stevenson, H., & Wei-Skillern, j. (2006). Social and Commercial
Entrepreneurship:Same, Different, or Both? Entrepreneurship Theory and Practice, *30*（1）, 1-23.

14

（一）價值培育：培養社會創新種子

1. 促進在地實踐：連結區域學校資源，以培養人才創新思考與實踐行動的能力。如探討當前重要問題與困境，提出具體建議及作法。

2. 強化合作社專業知能：對合作事業等全國性社會團體進行培訓，建立經營管理能力。

（二）資金取得：健全社創發展條件

1. 串連外界資源：如引導上市（櫃）公司將企業社會責任（Corporate Social Responsibility, CSR），投入社會創新發展。

2. 強化投融資金環境：支援社會創新相關業者初期營運資金，並提供可行融資措施。

（三）創新育成：發展地方社創模式

1. 透過跨領域交流凝聚共識，逐步形塑地方解決方案，並導入相應經營輔導措施，提升相關組織自主能力以永續發揮影響力。

2. 協同地方實體平臺推動社會創新育成與實驗場域，同步全臺相關資訊與資源，以助催生地方社會創新模式。

（四）法規調適：建構友善法規環境

1. 新創法規調適平臺：由各部會釐清社創業者具體法規調適疑義，如涉及跨部會協調需求，至本平臺提案以邀集各法規主管機關召開研議。

2. 法規鬆綁建言平臺：蒐集相關建言進行溝通協調，鬆綁法規以建立便民效能之法制環境；彙整各部會經自主檢視業管法規所定期提出之鬆綁成果。

（五）推動拓展：推廣社會創新

1.　推動 Buying Power 社創採購鼓勵企業購買、共同供應契約平臺納入社創相關產品，未來將結合更多社創、新創服務供各機關採購。

2.　支援、優化民間社福團體等中介單位，提升弱勢族群職能相關發展，協助重返一般就業市場。

（六）國際連結：提升國際能見度

1.　藉由社會經濟入口網站（https://se.wda.gov.tw/）彙整各部會社會創新資訊，並提供雙語服務以公開臺灣發展成果，向國際行銷我國社會創新能量。

2.　結合民間資源與經驗，於食安、綠能、農業等多元議題建立非政府組織跨國合作關係，並辦理全球社創相關盛會，進行國際深度交流。[4]

三、永續發展目標（SDGs）

　　社會創新者正在應對世界上一些最大的威脅，並通過更多的合作，正在改變社會變革部門的整個格局。許多政府都有類似的目標來實現可持續發展目標，並意識到夥伴關係對於社會部門的創新解決方案至關重要，以產生大規模的可持續影響。由於氣候變遷、經濟成長、社會平權、貧富差距等難題如重兵壓境，2015 年，聯合國宣布了「2030 永續發展目標」（Sustainable Development Goals, SDGs），包含消除貧窮、減緩氣候變遷、促進性別平權等 17 項 SDGs 目標，指引全球共同努力、邁向永續。當時，有 193 個國家同意在 2030 年前，努力達成 SDGs17 項如下目標：

SDG 1　終結貧窮：消除各地一切形式的貧窮。

SDG 2　消除飢餓：確保糧食安全，消除飢餓，促進永續農業。

SDG 3　健康與福祉：確保及促進各年齡層健康生活與福祉。

SDG 4　優質教育：確保有教無類、公平以及高品質的教育，及提倡終身學習。

SDG 5　性別平權：實現性別平等，並賦予婦女權力。

SDG 6　淨水及衛生：確保所有人都能享有水、衛生及其永續管理。

SDG 7　可負擔的潔淨能源：確保所有的人都可取得負擔得起、可靠、永續及現代的能源。

4　參考資料：行政院推動社會創新行動方案說明
　　https://www.ey.gov.tw/Page/5A8A0CB5B41DA11E/ad3272ab-6b66-4c35-b02d-92c146f9fb23?msclkid=
　　59cf03afb3c911ecb2fd124fef6e9021

SDG 8　合適的工作及經濟成長：促進包容且永續的經濟成長，讓每個人都有一份好工作。

SDG 9　工業化、創新及基礎建設：建立具有韌性的基礎建設，促進包容且永續的工業，並加速創新。

SDG 10　減少不平等：減少國內及國家間的不平等。

SDG 11　永續城鄉：建構具包容、安全、韌性及永續特質的城市與鄉村。

SDG 12　責任消費及生產：促進綠色經濟，確保永續消費及生產模式。

SDG 13　氣候行動：完備減緩調適行動，以因應氣候變遷及其影響。

SDG 14　保育海洋生態：保育及永續利用海洋生態系，以確保生物多樣性並防止海洋環境劣化。

SDG 15　保育陸域生態：保育及永續利用陸域生態系，確保生物多樣性並防止土地劣化。

SDG 16　和平、正義及健全制度：促進和平多元的社會，確保司法平等，建立具公信力且廣納民意的體系。

SDG 17　多元夥伴關係：建立多元夥伴關係，協力促進永續願景。

　　SDGs 的推動對各國至關重要，各校創業管理教育課程不妨融入 SDGs 的元素，透過教學延伸探討 SDGs 目標問題的解決，讓年輕人有機會參社會創新，進而產生社會創業發展。

14-2 社會企業與企業社會責任

一、社會企業

　　隨著全球環境與社會經濟的快速變化，各國均面臨越來越多嚴重的社會問題。社會企業就是一個對傳統的營利企業與非營利組織的創新思考，社會需要有能力的企業，更多的關懷和實質的參與設計與提供社會需求。

　　社會企業（Social Enterprise）是從英國興起的企業型態，不同學者和國家考量重點有些差異，目前並無統一的定義，故各國開始推動社會企業認證系統，以強化其公信力。社會企業的源起可追溯至 1970 年代中期之微型信貸（Microfinance）模式的創立。穆罕默德‧尤努斯（Muhammad Yunus）在 1983 年於孟加拉成立了提供窮人小額貸款的格拉

明銀行（Grameen Bank），微型信貸的創新模式在全世界造成極大的影響力，成為社會企業概念之先驅，尤努斯因此於 2006 年得到諾貝爾和平獎的肯定。尤努斯在 2011 年也成立了 Grameen 創意實驗室，該實驗室認為社會企業結合了傳統企業的競爭與社會公益的創造，運用商業手段使得組織能夠自給自足、永續發展，以達到組織欲極大化社會與環境影響力之目的。

根據 Dee（1998）的社會企業光譜（The Social Enterprise Spectrum）的研究說明（如圖 14-2），其論述了純慈善的非營利組織與純商業的營利組織，在不同動機的驅使下，與主要利害關係人間的互動方式，從純慈善端到純商業端間則是個連續的概念，一端以純慈善為社會目的存在，另一端以純營利的經濟目的存在，而位於兩者間的混合組織型態為社會企業；是以捐贈與商業營收間交叉補貼的概念存在，其發展方向有相當多的可能性，社會企業光譜可以做為非營利組織預備朝向企業化發展時，自我定位的考量[5]。

混合社會與經濟價值
兼顧財務、社會以及
環境等三重基線

組織型態	非營利組織	具商業行為之非營利組織	社會企業	傳統企業行使企業社會責任	傳統企業
使命	追求社會利益 社會影響力 極大化	追求社會利益 社會影響力 極大化	追求社會 與經濟利益 社會影響力優先	追求經濟利益 財務利潤 優先	追求經濟利益 財務利潤 極大化
營運模式	透過募集捐款及申請補助，實現社會目的。	透過募集捐款、申請補助及販賣商品服務，實現社會目的。	一般商業行為，透過販賣商品服務，實現社會目的；或者商品服務本身具有社會價值。	一般商業行為，實現經濟目的。並且捐贈營收一定比例予慈善組織。	一般商業行為，實現經濟目的。
特色	依賴損款補助	依賴損款補助	自給自足 永續發展	自給自足 永續發展	自給自足 永續發展

圖 14-2　社會企業光譜（The Social Enterprise Spectrum）

5　參考資料：Dees, J. G.(1998). Enterprising nonprofits, Harvard Business Review, *76*（*1*）, 54-66.

Zahra 等學者（2009）[6] 則主張社會企業是追求社會財富創新性活動的組織，透過新的合資企業，或以創新的方式管理，以提高經濟、社會、健康和環境方面的人類福利。OECD（2015）[7] 則定義社會企業是提供創新的解決方案來解決社會問題，以改進人民生活、促進社會變革。

二、企業社會責任

企業社會責任（Corporate Social Responsibility, CSR）相較於社會企業的概念不相同，企業社會責任的觀念是由營利組織發起，以可持續發展的企業為概念，觀念起源較早。社會企業與一般企業最根本的差異在於，社會企業首重社會使命及影響力，不以營利為目的。社會企業包含兩種界定方式，其一為對於社會公益有所貢獻的企業，另一則為透過商業化手段賺取營收的非營利組織。

總結，社會企業是以解決社會或環境問題為使命，並運用商業手段使其能夠自給自足，擴大社會影響力的組織，它可以以營利公司或非營利組織之型態存在，兼具獲利能力與永續經營能力，其盈餘主要用來投資社會企業本身、解決社會或環境問題，而非為出資人或所有者謀取最大的利益。

若能結合現行國內教育部推動大專校院「大學社會責任（University Social Responsibility, USR）實踐計畫」及國發會推動之「地方創生（Regional Revitalization）計畫」，除了在專業領域持續研究創新外，主動積極和社區、社會、產業結合，將知識傳遞給社會大眾，有助於帶動所在地區繁榮與發展，達成社會創新之目的。

三、社會企業育成輔導

想要創立社會企業，除了要有解決社會或環境問題的好點子之外，也必須配合足夠的執行力及創新營運模式才有機會成功。社會企業在營運面基本上與一般企業無異，也會遭遇相同的挑戰，如何透過好的社會企業育成（Social Enterprise Incubation）組織來提供營運上的支持就變得很重要。社企育成組織主要提供資金（Funding）、顧問（Mentoring）、網絡（Networking）和培訓（Training）等服務，協助社會企業啟動、擴張或轉型。其中，英國的 UnLtd（讀為 Unlimited）是全球最大的社企育成組織之一，已

6　參考資料：Zahra, S. A., Gedajlovic, E., Neubaum, D. O. and Shulman, J. M. (2009). A Typology of Social Entrepreneurs：Motives, Search Process and Ethical Challenge, Journal of Business Venturing, 24, 519-532.

7　參考資料：OECD. (2015). Social Impact Invest Building the Evidence Base Press：OECD.

培育近千名社會創業家。目前社企創業輔導資源主要有人力資源、認證系統、資金創投、顧問諮詢、產業交流、社群媒體、教育推廣、商業競賽等類型。相信透過一個友善的創新創業生態系統，可加速社會企業的形成與擴展，讓社會創業家事半功倍。

而臺灣近年也掀起一波社會創業浪潮，社會企業如雨後春筍般林立，行政院將 2014 年訂爲臺灣社會企業元年，並訂定了「社會企業行動方案」。願景以「營造有利於社會企業創新、創業、成長與發展的生態環境」爲目標。並訂定「調法規、建平臺、籌資金及倡育成」等四大策略方針。其中倡育成策略則以鼓勵現有育成中心設置社會企業育成輔導機制，並結合民間組織、大專校院等各方專業人才，成立社會企業專家輔導團隊。

此外，臺灣的社企流（Social Enterprise Insights）公司也取得英國 UnLtd 授權，於 2014 年 7 月成立臺灣版的 UnLtd—社企流 iLab 社會創業育成計畫。爲因應臺灣產業需求，採「Try It 創意試驗」與「Do It 創意行動」兩階段性計畫發展，透過所遴選之「iLab 實驗家」，提供爲期半年的種子基金、主題培訓、導師輔導、顧問諮詢、資源連結等服務，以期成功衍生社會企業新創團隊。

近年來，社會影響力生態系已有顯著變化：早期創業者逐步邁向下個階段，需要不同資源嫁接以期找到關鍵成長動能，第三屆社企流 iLab 育成計畫攜手眾多公私部門夥伴，以「三階段漏斗式策略（主題式倡議、孵化器、加速器）」，鋪平通往影響力的路，從 0 到 100 無縫支持「用商業模式啓動社會影響力」的創革者們（圖 14-3）。

圖 14-3　社企流 iLab 官方網站（資料來源：https://ilab.seinsights.asia/）

14-3 亞洲四小龍國家之社會企業發展

在八零年代，臺灣、香港、新加坡及南韓等經濟體被稱譽爲「亞洲四小龍」，在經濟起飛後，政府開始有餘力來照顧弱勢族群及重視百姓就業議題。近年來，亞洲四小龍國家在經濟、環境與社會發展上也面臨了許多嚴峻的新挑戰，而南韓、新加坡及香港相較臺灣推動社會企業發展，政府及民間已有許多寶貴的成功經驗，值得臺灣做爲社會企業發展之借鏡。以下以「亞洲四小龍國家之社會企業發展現況與運作機制比較」爲題進行探討，藉由相關參考文獻蒐集及深入各國進行專家訪察，共分析出八項具參考價值之結論與管理建議，做爲臺灣政府及民間組織精進社會企業發展和學術研究之參考。

一、新加坡社會企業

社會上除了傳統的政府、營利事業與第三部門所形成的共同體，社會企業也在新加坡漸漸萌芽。在 2006 年時新加坡設立社會企業委員會（Social Enterprise Committee），開始著手社會企業的推動。新加坡的社會企業的形式非常多元，可以是獨資、合夥與公司等。其中較有特色的是公共擔保有限公司（Public Company Limited by Guarantee）和合作社（Cooperative Society）。

公共擔保有限公司的組成並非股東而是成員，這是與一般股份有限公司最大的不同。之所以稱爲擔保是因爲每位成員在出資成立時就保證了在公司結束時所需負擔的債務額度。且在稅務上如果組織的剩餘基金或收入符合一定條件，該組織的盈餘便可獲得免稅待遇，對於社會企業家來說是理想的組織型態。

合作社則是具有共同社會目標的個人，透過共同擁有、民主管理的方式所形成的組織。其與一般公司有幾項相異之處。首先，每位成員有相同的投票權，不像一般公司依所持股種類、股權等等來賦予不同的管理決策權力。再者合作社是成員的結合，而一般公司是資本的結合。最重要的是，合作社主要目的是滿足成員的需求，例如醫療、保險、住宅、授信及其他福利等。因此，不論是公共擔保有限公司或是合作社都可以是社會企業家理想的選擇。

新加坡有一項特別的基金：社區基金會基金（Community Foundation Funds, CFF）。此基金並非提供社會企業資金，而是尋求所得較高的捐贈者，依據捐贈者想要投入的領域、提供的金額等因素，與有資金需求的社會企業進行媒合，作為社會企業與捐贈者的媒合平臺。

二、南韓社會企業

首爾的都市化步伐急速，同樣面對各種問題的挑戰。前市長卜元淳先生是人權律師，以無黨派獨立人士參選，以「公民是市長」口號參選，當選之後以廣納民意及建立公信來推動各項政策發展。而韓國政府因應社會各項問題及解決，特別將社會企業模式納入政策。並於勞動部下設立社會企業專責單位，並成立韓國社會企業振興院（Korea Social Enterprise Promotion Agency, KoSEA）負責執行與推動社會企業政策，如企業育成、單位認證、業務監督、輔導諮詢與網絡連結等等業務。

韓國在推動社會企業創業的過程中，同時衍生許多社會企業的育成組織，如社會企業網絡（Social Enterprise Network, SEN）、齊心協力基金會（Work Together Foundation, WT）、首爾青年創意中心-Haja Center 等民間育成機構。這些機構提供社會企業創業與經營的諮詢輔導，社會企業的數量快速成長，且社會企業的輔導儼然發展為一種新的產業鏈。

　　韓國在就業與勞工部下設有社會企業專責單位，有 13 名公務員規劃相關政策，外圍設有韓國社會企業振興院，約為 40 人規模、年度預算約 235 億韓圓（約新臺幣 6.9 億元）推動與執行社會企業相關業務。未來將以逐漸減少人事費補助、鼓勵公共優先採購及營造適合社會企業的發展環境為重點策略，並持續強化社會企業融資管道與擴大政策性融資，並提供針對性諮詢服務，更重視社會企業育成機構的發展。

　　依「韓國社會企業促進法施行細則」第 8 條規定，明定幾類社會企業：

1. 公共服務社團法人（Public-service Corporation）
2. 非營利私營機構（Non-profit Private Organization）
3. 社會福利基金會（Social Welfare Foundation）
4. 合作社（Cooperative）
5. 其他非營利機構（Other Non-profit Organizations）

　　在韓國的社會企業推動策略上有幾項做法值得參考，如下說明：

1. 以「社會企業促進法」推動社會企業，包括成立「社會企業支援委員會」、勞動部支援計畫、定期研究、社會企業認證、社會企業與有關企業的減稅、社會企業財務協助等。
2. 勞動部成立常設性的執行單位 KoSEA，及透過民間育成組織推動社會企業重要措施、組織網絡平臺與舉辦國際活動。
3. KoSEA 辦理社會冒險競賽，使青少年及一般人對社會投資及社會企業有所瞭解，並宣揚社會價值與擴大社會企業家的參與。
4. Haja Center 運用首爾市政府所提供之空間，提供年輕人創業與學習環境。
5. 民間推動組織：韓國社會企業振興院（KoSEA）、齊心協力基金會（WT）及社會企業網絡（SEN）。WT 透過社會企業平臺提供執行長及領導人定期的交流會議，SEN 則在諮詢監督政府議題及提供政策回饋功能。

三、香港社會企業

　　在香港，社會企業的環境則是由扶貧委員會（Commission on Poverty）所營造。扶貧委員會於 2005 年成立（2007 年解散，2012 年重新成立）。扶貧委員在社會企業的推動上最主要的特色在於公共採購，如社會企業聘僱身心障礙人士達某個比例，則可在公共採購的招標上獲得加分的作用，藉此鼓勵社會企業在身心障礙人士福利的發展。因為當初香港政府為社會企業設立專責單位時，便是以貧窮、身心障礙人士為主要服務的對象。

　　社會企業的發展除了政府的支持，也需要民間團體的力量。如香港的權威機構則是「香港社會服務聯會（The Hong Kong Council of Social Service）」除了做為社會企業與政府之間的橋樑外，也提供社會企業管理上的諮詢，並定期提出研究報告供大眾了解社會企業發展趨勢。

　　想在香港成立自己的社會企業，可以選擇的組織型式有三種：公司、合作社與社區經濟發展項目，其中最具特色的是社區經濟發展項目，其組織形式可以包括公司或合作社。社區經濟發展項目的理念是以社區為服務對象、以社區為一個單位、且社區的居民皆是這個組織的成員。成員間沒有一定的服務提供者或接受者，而是以互通有無的方式滿足成員的需求。

　　根據香港 2016 年《社企指南》指出，全港共有 500 多間社會企業。由香港社會企業總會有限公司（Hong Kong General Chamber of Social Enterprises Ltd）積極推動社會企業運動。匯集香港不同範疇的社會企業，並為會員發聲和竭力宣揚香港社會企業的業務及加強其發展力度，了解社會企業營運業務的各種所需，致力為本港社會企業界開拓有利的發展和營運環境。

　　事實上，香港自 2006 年以「扶貧」為目的發展社會企業後，民間有許多力量推波助瀾，更有許多企業家轉而投入社會企業經營，目的都是協助青年社會企業團隊建立商業模式，提供創業所需資訊，串聯社會企業資源及人際網絡，並且希望未來的每一間企業都是社會企業。在香港有越來越多人投入社會企業。

四、臺灣社會企業

近年來社會企業在歐美地區蓬勃發展，創新的營運思維也帶動臺灣的社會企業進入方興未艾的成長期，以商業手法達成公益目的的社會企業，不僅成為世界的創業浪潮，更是發自關懷人性與對生存環境渴望公平的展現。社會企業以愛和關懷作為創業初衷，創立一個以愛延續經營的事業，所面臨的營運挑戰遠比傳統企業更加嚴峻。

過去以來，臺灣社會企業的發展，涉及各部會的資源投入，執行的方法及角色功能也有所差異，例如：勞動部長期推動「多元就業開發方案」、內政部發展「庇護工場」、文化部推動「社區總體營造」、農委會投入「農村再生」、經濟部協助「地區型中小企業」發展、原民會傳承原民文化和客委會著重在客家特色之發展等，而勞動部「多元就業開發方案計畫及培力就業計畫」正是社會企業發展的基礎。

經過一段時間社會的醞釀和討論，臺灣也掀起一波社會創業浪潮與對社會企業發展之重視，社會企業如雨後春筍般林立，行政院更將 2014 年宣示為臺灣社會企業元年，並訂定了「社會企業行動方案」。願景以「營造有利於社會企業創新、創業、成長與發展的生態環境」為目標，並訂定「調法規、建平臺、籌資金及倡育成」等四大策略方針。

學者官有垣（2007）[8]對臺灣社會企業型態有以下分類：積極性就業促進型、地方社區發展型、服務提供與產品銷售型、公益創投的獨立企業型及社會合作社等五大類。劉維琪等學者（2016）[9]則將臺灣社會企業分類出共計有公司型、NPO 型、混合型及合作社型等四大類型。較為知名的社會企業如小鎮文創、生態綠、眾社會企業、多扶接送、社企流、鮮乳坊等等。

8　參考資料：官有垣（2007），社會企業組織在臺灣的發展，「中國非營利評論」，*1*, 146-181。

9　參考資料：劉維琪、黃春長、謝玲芬、趙瑋、侯玉松、王張煒（2016），我國北區社會企業特性分析研究，「勞動及職業安全衛生研究季刊」，*24*（*4*），377-388。

五、亞洲四小龍國家地區之社會企業運作機制比較

　　亞洲四小龍國家在經濟、環境與社會發展上也面臨了許多嚴峻挑戰，而韓國、新加坡及香港更早於臺灣發展社會企業，以彌補政府施政之不足。本研究藉由相關參考文獻及實地訪察，針對四個經濟體在社會企業的現況、法源基礎、運作機制、企業類型、育成組織、聚落、企業投資及代表性社會企業等面向，進行差異化比較分析（如表 14-1 說明）。

表 14-1　亞洲四小龍國家地區之社會企業發展比較

國家	新加坡	南韓	香港	臺灣
啟動時間	2007 年	2007 年	2006 年	2014 年訂為社會企業元年
社企家數	約 200 家	約 3,000 家	約 500 家	超過 300 家
掌管部會	社會與家庭發展部（Ministry of Social and Family Development, MSF）	就業與勞工部（Ministry of Employment and Labor, MOEA）	民政事務局	勞動部、經濟部
法源基礎	無制定專法	社會企業促進法（Social Enterprise Promotion Act）	無制定專法	尚無專法，但曾制定社會企業行動方案
運作機制	1. 沒有固定運作模式與僵硬定義 2. 「青年社會企業精神培育計畫（YSEP）」	設社會企業振興院（Korea Social Enterprise Promotion Agency, KoSEA）協助推動	1. 香港社會服務聯會（The Hong Kong Council of Social Service） 2. 香港社會企業總會有限公司	多元發展並無固定運作模式或發展領域
社會企業類型	1. 公共擔保有限公司（Public Company Limited by Guarantee） 2. 合作社（Cooperative Society）	1. 公共服務社團法人 2. 非營利私營機構 3. 社會福利基金會 4. 合作社 5. 其他非營利機構	1. 公司 2. 合作社 3. 社區經濟發展項目	1. 公司 2. 非營利組織 3. 合作社 4. 混合型

14

國家	新加坡	南韓	香港	臺灣
社企育成與培力	青年社會精神培育計畫（The Youth Social Entrepreneurship Program, YSEP）	1. 社會企業網絡（Social Enterprise Network, SEN） 2. 齊心協力基金會（Work Together Foundation, WT） 3. 首爾青年創意中心（Haja Center）	1. 香港社企 -The Good Lab（好單位） 2. 香港仁人學社 3. 香港社企創投基金會（SVhk） 4. 匯豐社企商業中心	1. 社企流 iLab 2. 勞動部勞動力發展署計畫 3. 經濟部中小企業處計畫
社企聚落	1. 社會創新園（Social Innovation Park） 2. SCAPE 青年中心 3. Impact Hub Singapore	Haja Center	The Good Lab	1. 空總社會創新實驗中心（Social Innovation Lab） 2. 社會影響力製造所（Impact Hub Taipei） 3. 其他
社企投資	1. 社區基金會基金（Community Foundation Funds） 2. 社會企業基金（ComCare Enterprise Funds,CEF）	82 億韓元規模母基金的社會投資基金規模	1. 社會創新與創業發展基金 2. 香港社會創投基金（SVhk）	1. 社企循環基金 2. 社發基金 3. 活水社企創業投資 4. 慕哲社會企業
成功關鍵	1. 重視商業化經營 2. 強化 CSR（企業社會責任）與 SE（社會企業）合作 3. 發展社會企業生產網絡模式 4. 利用政府閒置空間發展成市集 5. 政府主導 SE 產業別（如餐飲業） 6. CEF 基金以階段性補助 SE 發展 7. 推動社會企業國際化 8. 重視青年社會企業教育與創業環境	1. 政府強勢主導推動社會企業 2. 以「促進就業」角度推動社會企業，鼓勵青年創新創業 3. 訂定法案推動認證制度，強化社會氛圍 4. 社會企業輔導產業鏈儼然成形 5. 強勢社會企業的國際鏈結	1. 2006 年夥伴倡自強計畫 2. 香港社會服務聯會協助推動	1. 由行政院政務委員主導跨部會資源整合，訂定社會企業行動方案 2. 民間積極參與

國家	新加坡	南韓	香港	臺灣
代表性社會企業	新順發肉骨茶店、Bettr Barista Coffee Academy、SCAPE、FastFast、Eighteen Chefs	Organization Yori、Noridan、Tree Planet	黑暗對話、惜食堂、和富社會企業、樂農	小鎮文創、生態綠、众社會企業、多扶接送、社企流、鮮乳坊、甘樂文創

資料來源：作者自行整理

透過相關參考文獻及本人實地參訪觀察，歸納出以下八點管理建議，作爲臺灣政府及民間推動社會企業發展之參考：

一、運用眾創空間，激發社會創新創業

新加坡 HUB Singapore 和香港 The Good Lab 與臺灣眾多的 Co-working Space 類似，均提供共同空間予年輕人進行社會創業活動，透過辦公空間的承租、設備使用與活動課程，增加會員合作機會。HUB 設於市區交通便利地點，讓年輕人能有創業活動空間，若政府也能多於交通便捷的各縣市就服站、捷運共構（如新北市政府的「新北創力坊」）或政府部門釋出的空間（如前空軍總部空間釋出成爲「社會創新實驗中心（Social Innovation Lab）」）就是很好的作法，規劃青年共同創業環境，讓青年、創業家與創投者尋找合作的機會，並提供各項創業資源、社會需求點子募集、業師輔導系統，搭配餐飲服務，或許能醞釀出一些社會企業的發展。但個人認爲最終還是要有好的創意商業模式及管理知識，避免淪於只有空談社會性目標而無可自給自足或擴大影響力的長期經營規劃。

二、借鏡新加坡 SCAPE 之成功模式

由新加坡政府與該國人稱社會企業教母 Elim Chew（周士錦女士）所共同推動之創新的青年創業模式，鼓勵青年由接受資助階段性朝向自行經營，並結合創業培訓制度，提升創業者知能。其特色在於結合商場營運，做爲商業知識學習與經營的實戰場域，上午於 SCAPE 樓內上經營管理課程，下午即可於樓下商場實際經營，讓青年人有機會「現學現賣」。

政府或國內各大學校方可考慮引進此創業模式，讓創業者能就地上課，並立即實用經管知識，這也是新加坡注重學用合一模式之好案例，讓年輕人直接貼近市場學習。SCAPE 的經營方式，從結合商場及創意市集，形成青年的區域經濟。讓青年人喜歡於此中心活動（如運動、跳舞、音樂和設計活動），並透過所設立的各項教育機構，讓青年

14

人有更多機會接觸各項服務及體驗，也利於相關政策的宣導，並能真正解決年輕人就業創業問題。

三、以餐飲作為社會企業發展主軸之一

新加坡、香港及南韓境內有許多以「餐飲」方式來從事社會創業的案例，相較新順發肉骨茶餐廳，在臺灣也有「中華趕路的雁全人關懷協會」，以經營「趕路的雁庭園餐廳」，透過宗教力量協助曾經受毒癮或販毒之更生人改正生活觀念，以手工餅乾與香皂、餐廳經營（餐飲及下午茶內場作業與外場接待）及反毒宣導等方式幫助更生人進入職場，從中學習餐飲菜單設計、採買、研發料理及廚房內場操作，磨練工作技能與重建信心，但更生人仍需受長期導正，以避免受到誘惑重蹈覆轍，或許以餐飲經營為主的社企型態也可是臺灣社會企業發展的選項之一。

四、重新思考政府社會企業獎補助政策

新加坡政府注重補助計畫的成效及其獲利模式，其政府願意於社會企業創立之初提供充足資源，包括資金、諮詢、業師媒合與營運指導，然要求企業受補助之後必須要能獨立經營並有回饋社會之機制，因此補助申請過程嚴謹，輔導系統完整，倘若該單位不具可行的營運模式與現金流，政府即不予補助。

簡言之，新加坡政府採「創投」角度輔導社會企業，去除受補助單位依賴政府資源之心態，以使資源能有效地被運用。新加坡推動社會企業的基礎，在於其創辦人與參與者擁有足夠的商業知識與經營經驗，多數擁有經營成本、商業模式、作業方法及產品與服務品質的專業，善於觀察與即時調整。臺灣若要發展社會企業，納入企業端資源網絡是不可避免之趨勢，透過共同合作社會創新才能發揮社會企業之營運綜效。

五、嘗試委託大學經營社會企業聚落之發展模式

Haja Center 為韓國政府委託延世大學針對中輟生提供文創相關培訓之社企育成組織機構。在 Haja Center 可讓愛音樂、不愛讀書的青少年可以發揮專長成立工作室來進行表演，用堪用宣傳布條進行重新設計，也可玩泥巴做陶藝，回收婚禮用品再利用，該單位也會協助藝人爭取權益，推動公平旅遊，訓練中輟生從事餐飲業，也有說故事工作養成，所以處處可見各式教室。另外，個人覺得它緊鄰 YHA 和美術館挺不錯，努力解決青少年問題，發展工作性向。未來也希望政府可以學習參考此成功模式，而校內在社會創新與服務領導學上可以鏈結資源，加以發揚衍生社會企業。

六、服務學習衍生社會企業之發展模式

在校園推動服務學習衍生社會創業之發展，確實有許多值得探究之處，積極投入服務學習或參與大學社會責任計畫（USR）之師生，是否具有成為社會創業家之特質，或有意願延伸服務學習之成效衍生社會企業方式經營，均是學校及政府機構在推動策略上須優先考量。如何優先建立志工服務與社會企業發展之核心價值、辨識社會與環境的眞正問題、評估自己是否擁有社會創業家的特質、透過業師顧問諮詢、尋找各方資源資金協助、運用社群媒體、社會企業交流與競賽活動參與等，並以有效率的經營模式來建構社會企業，成了未來社會企業成功或走向失敗之重要關鍵。

以服務學習或非營利組織衍生或轉型社會企業的轉換過程中，很重要的是心態調整，要如何由一非營利組織朝向營利組織之發展，是否和最初參與的共同核心價值有極大差異。參與服務學習最重要的是檢視所關注的社會或環境問題及尋找解決的方法，透過眞實的實驗場域體驗學習與體認，以從中累積解決問題的能力與發掘更有效率的商業運行方式。

但轉化成社會型創業發展，須先評估自己是否有社會創業家的特質。透過前期商業營運規劃和不斷修正模式，以主題專案式（Project Based）導入創業計畫實作，並尋找各方創業資源、善用顧問諮詢與業師陪伴機制、多元資金募集管道及行銷推廣和媒體廣宣，眞正建構一個具發展潛力之新創事業。後期再透過育成加速器（Incubation Accelerator），以鏈結多元資金、專家業師及國際資源網絡資源，讓自身企業得以更加成熟茁壯。

七、文宣國際化，強化國際交流

無論從南韓、新加坡及香港的成功經驗均可以看出其非常重視國際連結，建議透過建立社會企業專區將所蒐集之案例翻譯成英文版，以利強化國際能見度及發展國際連結。另建議透過政府補助計畫協助成效優良單位，將成功案例赴外分享，增加國際能見度，透過國際交流及培訓機會，達到相互觀摩學習，進一步發展海外的資源網絡關係，逐步壯大臺灣社會企業之國際地位（圖 14-4）。

圖 14-4　2018 韓國群山全球創業營

八、重視社會企業經營者之商業知識與經營觀念養成教育

　　從事社會企業創業的人士，對於創業風險掌控及商業經營模式可能普遍存在模糊認知，建議應從社會企業創業教育著手，透過專責育成中心專業輔導，推動社會企業創業發展。而大學生也可透過實際參與社會企業體驗活動，搭配社會企業相關課程或學程設計來進行創業計畫實踐，讓社會企業創業也可在大學裡深耕發展（圖 14-5）。

圖 14-5　2018 華大實踐家創新創業營

金可可巧克力專賣店

位於臺中市北區太原路上的金可可（K'in Cacao）巧克力專賣店，是一家由從小在非洲剛果（Congo）長大的兩位美麗姊妹花所共同經營（如圖1），姐姐叫宸虹（Angela），妹妹叫紫芸（Vivian）。因在西非長大，所以對非洲有著濃厚的情感，同時楊媽媽也教導她們中文及飲水思源觀念，時常告誡她們身為臺灣人不能忘本，以後有能力、有機會，一定要回饋給自己的家鄉，所以她們一直在想著未來要怎麼樣才能回饋給家鄉臺灣以及陪伴她們長大的非洲。

公司小檔案
· 公司名稱：昶垣國際股份有限公司
· 品牌名稱：金可可（K'in Cacao）
· 公司負責人：楊蕭惠君董事長
· 產品名稱：Bean to Bar Chocolate
· 臉書官網：
  https://www.facebook.com/kin.cacao/

圖 1 金可可創辦人楊宸虹（中）及楊紫芸（右一）與作者張耀文老師（左一）合影

　　回想起 K'in Cacao 的創業由來，是在某個炎熱的早上，有位非洲村民帶著可可果來到了當時 Vivian 在非洲工作的地方，紅色、黃色、橘色等顏色的可可果，一開始 Vivian 不知道這些五顏六色的果子能做什麼，這個時候一旁的楊爸爸告訴她們：「這個是可可果，它也是水果的一種，打開果肉可以直接吃，微酸甜甜的，最主要是果肉發酵曬乾後可以製成巧克力、而且村民走了那麼久的路才到我們這裡，我們就把他帶來的先買起來吧！」不久後楊爸爸又說：「如果我們一直跟他們購買這些可可果的話，採收可可果的村民就有一個穩定的工作，有穩定的收入就不用每天煩惱要怎麼賺到錢，擔心下一餐在哪裡。」

　　當下楊家父女心想著，這不就是個可以同時回饋家鄉和非洲的機會嗎！於是兩姐妹遠赴英國參加了巧克力品評師的訓練課程，並且考取證照，之後 Vivian 在楊媽媽的陪伴下，決定回來臺灣創業，推廣非洲可可豆，一來可以開發非洲當地可可農業，二來可以把有別於一般市面上添加物過多的天然健康純黑巧克力介紹給更多臺灣人。

　　同時熱愛甜點的姐姐 Angela 知道妹妹即將回臺創業，於是離開了在臺北米其林一星的法式餐廳，來到了天氣相對晴朗的臺中和妹妹 Vivian 一起同心打拼創業，來回饋自己熱愛的兩個地方。於是兩人在臺中開啟她們的百分之百純天然「Bean to Bar Chocolate」的社會企業創業夢。

　　金可可的商標的「K'in」是古馬雅文（Maya）太陽神的意思，外圍繞著船舵圖樣，代表可可豆漂洋過海來到臺灣。店內的巧克力以原豆製造而成，不添加香精，以及任何化學變化添加物，因此保留原豆的營養與風味，並獲得國際食物反添加物（Anti Additive）及 SGS 檢測合格證明，並於 2020 年榮獲「巧克力世界大賽亞洲區金牌及特別獎」（如圖 2）。

圖 2　金可可巧克力於 2020 年榮獲「巧克力世界大賽亞洲區金牌及特別獎」

巧克力片有不同的可可濃度含量，巧克力片包裝也非常具有巧思，如她們用了剛果的知名動物猩猩「金剛（King Kong）」插畫做巧克力片包裝封面，就非常具有創意巧思（如圖3）。目前主要透過店鋪、網路電商平臺、文創市集和社區大學等方式進行產品銷售及推廣。

圖3　金可可巧克力專賣店的天然有機巧克力商品

兩姊妹會將販售巧克力片的利潤提撥一定比例匯款至非洲，由居住在非洲當地的楊家大姐購買非洲貧困居民及孤兒院所需用品，也免去有心人士從中謀取捐款，直接協助改善非洲當地居民的生活。

由於目前巧克力生意規模尚小，每季以可可豆的國際牌價進行採購，並以空運方式貨運到臺，未來將思考加入公平貿易（Fair Trade）可可組織，以公平貿易方式進行採購，增加公司產品行銷曝光度。期許未來有更多人喜歡並購買金可可的巧克力，讓她們可以跨越國界幫助更多非洲人。

　金可可專訪影片網址

延伸思考 ───────────────────────────────

1. 公平貿易（Fairtrade）認證費用很高，試探討該制度之優缺點？

2. 如何說服消費者購買公平貿易認證的可可豆，認證有助於改善可可農生活？

腦力激盪 ···

1. 社會創業和一般商業創業的主要區別是什麼?

2. 試比較社會設計、社會創新與社會企業之差異為何?

NOTE

國家圖書館出版品預行編目（CIP）資料

創新與創業管理：從創意到創業 / 張耀文,張榕茜編著.－－二版.－－新北市：全華圖書股份有限公司, 2022.10

面 ； 公分

ISBN 978-626-328-312-1(平裝)

1.CST: 創業 2.CST: 創意 3.CST: 企業管理

494.1   111014126

創新與創業管理－從創意到創業(第二版)

作者 / 張耀文、張榕茜

發行人 / 陳本源

執行編輯 / 楊玲馨

封面設計 / 戴巧耘

出版者 / 全華圖書股份有限公司

郵政帳號 / 0100836-1 號

圖書編號 / 0829701

二版三刷 / 2024 年 08 月

定價 / 新台幣 480 元

ISBN / 978-626-328-312-1

全華圖書 / www.chwa.com.tw

全華網路書店 Open Tech / www.opentech.com.tw

若您對書籍內容、排版印刷有任何問題，歡迎來信指導 book@chwa.com.tw

臺北總公司(北區營業處)
地址：23671 新北市土城區忠義路 21 號
電話：(02) 2262-5666
傳真：(02) 6637-3695、6637-3696

南區營業處
地址：80769 高雄市三民區應安街 12 號
電話：(07) 381-1377
傳真：(07) 862-5562

中區營業處
地址：40256 臺中市南區樹義一巷 26 號
電話：(04) 2261-8485
傳真：(04) 3600-9806(高中職)
　　　(04) 3601-8600(大專)

得　分

班級：_____

學號：_____

姓名：_____

一、選擇題

(　　) 1. 下列哪些是培養創意的好方法？

(A)學習探索與換位思考

(B)慎選名師、益友和夥伴一同學

(C)以遊戲和有趣的方式來過生活

(D)以上皆是。

(　　) 2. 下列思考方法中，哪一項是水平思考法？

(A)決策樹法　　　　　　　　　(B)5W1H法

(C)腦力激盪法　　　　　　　　(D)魚骨圖法。

(　　) 3. 最初Sony「隨身聽（Walkman）」的發明可能用到「奔馳法（Scamper）」中的哪一個思考構面？

(A)代替　　　　　　　　　　　(B)適應

(C)組合　　　　　　　　　　　(D)重整

(　　) 4. 如果要「發現缺點、做出評價」，要用六頂思考帽（Six Thinking Hats）的哪種顏色帽子？

(A)白色　　　　　　　　　　　(B)黑色

(C)黃色　　　　　　　　　　　(D)紅色。

(　　) 5. 設計思考（Design Thinking）的五大步驟中，第一個步驟為何？

(A)同理心（Empathy）　　　　(B)需求定義（Define）

(C)創意動腦（Ideate）　　　　(D)製作原型（Prototype）。

二、問答題

1. 試提出回收空寶特瓶的可能新用途。

得　分

全華圖書
創新與創業管理－從創意到創業
學後評量
CH02 創新管理與發明競賽

班級：＿＿＿＿＿＿＿＿＿
學號：＿＿＿＿＿＿＿＿＿
姓名：＿＿＿＿＿＿＿＿＿

一、選擇題

（　　）1. 開放式創新（Open Innovation）是由哪位專家所提出？
　　　　(A)約瑟夫・熊彼得（J. Schumpeter）
　　　　(B)亨利・伽斯柏（Henry Chesbrough）
　　　　(C)克里斯汀生（Clayton M. Christensen）
　　　　(D)雷軍。

（　　）2. 下列哪個是克里斯汀生（Clayton M. Christensen）所稱的「創新者的
　　　　DNA」？
　　　　(A)聯想（Associating）　　　　　　(B)疑問（Questioning）
　　　　(C)觀察（Observing）　　　　　　　(D)以上皆是。

（　　）3. 在創投界，投資人會把市場估值超過10億美元的初創企業稱為？
　　　　(A)獅子王　　　　　　　　　　　　(B)金牛
　　　　(C)獨角獸　　　　　　　　　　　　(D)領頭羊。

（　　）4. 在TRIZ（萃思法）的創新方法中，包含多少個創新發明方法？
　　　　(A)39個　　　　　　　　　　　　　(B)40個
　　　　(C)41個　　　　　　　　　　　　　(D)42個。

（　　）5. 如要做出「俄羅斯娃娃」主要會用到TRIZ法中的哪個發明方法？
　　　　(A)複製　　　　　　　　　　　　　(B)組合
　　　　(C)套裝　　　　　　　　　　　　　(D)躍過。

二、問答題

1. 請利用TRIZ 40個發明原理，找出周邊利用「分割原則」所設計出的產品？

得　分

全華圖書
創新與創業管理－從創意到創業
學後評量
CH03 讓好創意變成好生意

班級：_____
學號：_____
姓名：_____

一、選擇題

(　　) 1. 請問創意與創新之間最大的差異為何？
(A)系統化　　　　　　　　　(B)商業化
(C)事業化　　　　　　　　　(D)正規化。

(　　) 2. 下列哪一個方法可以用來驗證創意？
(A)揪出假想敵
(B)委請親朋好友及專家顧問提出建議
(C)先行測試小規模市場，再做調整
(D)以上皆是。

(　　) 3. 下列哪一項是在全球知名企業家身上可找到的創業家精神（Entrepreneurship）特質？
(A)激情（Passion）　　　　　(B)積極性（Positivity）
(C)領導力（Leadership）　　　(D)以上皆是。

(　　) 4. 下列哪一項是「創業實作」的學習方法？
(A)模擬創業　　　　　　　　(B)標竿學習
(C)新創實習　　　　　　　　(D)以上皆是。

(　　) 5. 下列哪一項不是艾瑞克・萊斯（Eric Ries）所提出的精實創業（Lean Startup）的核心概念之一？
(A)最小可行產品（MVP）
(B)節省成本浪費（Saving Cost）
(C)產品／市場驗證（Product／Market Fit）
(D)軸轉（Pivot）。

二、問答題

1. 請說出您崇拜的創業者姓名？他有哪些人格特質值得您學習？您對他的創業歷程了解嗎？

<table>
<tr><td rowspan="2">得　分</td><td>**全華圖書**</td><td>班級：＿＿＿＿＿＿＿＿</td></tr>
<tr><td>創新與創業管理－從創意到創業
學後評量
CH04 辨識機會與商機評估</td><td>學號：＿＿＿＿＿＿＿＿

姓名：＿＿＿＿＿＿＿＿</td></tr>
</table>

一、選擇題

（　）1. 牛津大學教授苟伯格，認為大數據（Big Data）有五大觀念，下列哪一項不包括？

(A)資料數量要夠大，量比質更重要

(B)找出資料因果關係

(C)看似無用的數量紀錄，都是有用的

(D)要小心資料獨裁，不要被巨量資料掌控。

（　）2. 下列哪一個國家不在東協國家經濟體之內？

(A)印尼　　　　　　　　　　　(B)越南

(C)柬埔寨　　　　　　　　　　(D)土耳其。

（　）3. 結合區塊鏈（Blockchain）、加密貨幣（Cryptocurrency）、非同質化代幣（Non-Fungible Token），就能在虛擬世界中，進行實際的經濟活動，稱之為？

(A)虛擬世界　　　　　　　　　(B)元宇宙

(C)無極限空間　　　　　　　　(D)奇幻世界。

（　）4. 下列哪一項不包括在創業機會的三個階段之中？

(A)機會識別　　　　　　　　　(B)機會發展

(C)機會評估　　　　　　　　　(D)機會實施。

（　）5. 下列哪一類不是Timmons的評價創業機會的八類指標之一？

(A)產業和市場　　　　　　　　(B)經濟條件

(C)產品開發　　　　　　　　　(D)管理團隊。

二、問答題

1. 後「互聯網＋（Internet＋）」時代下，如何識別和抓住創業機會？

得　分	全華圖書

全華圖書
創新與創業管理－從創意到創業
學後評量
CH05 創業團隊組成與經營

班級：＿＿＿＿＿＿＿
學號：＿＿＿＿＿＿＿
姓名：＿＿＿＿＿＿＿

一、選擇題

(　　) 1. 創業團隊相較於一般團隊在「團隊成員對團隊的組織承諾」層面上是
　　　　(A)較高　　　　　　　　　　(B)一樣
　　　　(C)較低　　　　　　　　　　(D)不清楚。

(　　) 2. 下列哪一個管道有助於尋找創業團隊成員？
　　　　(A)網路社群
　　　　(B)相關公協會活動
　　　　(C)創業咖啡館（Co-working Space）
　　　　(D)以上皆是。

(　　) 3. 在哪一個發展階段，公司的產品和服務多已獲得市場肯定，或許也有擴大市場規模及進行國際市場布局的打算，可以針對發展需求進行人力擴充？
　　　　(A)種子階段　　　　　　　　(B)早期階段
　　　　(C)成熟階段　　　　　　　　(D)退場轉型。

(　　) 4. 下列哪一個方法是創業團隊的建構與發展的重要方法之一？
　　　　(A)建立優勢互補的創業團隊
　　　　(B)選擇對創業項目有熱情與信心的人加入
　　　　(C)以法律保障個人權益和利益分配
　　　　(D)以上皆是。

(　　) 5. 下列哪些是創業團隊管理常見問題？
　　　　(A)利益分配制度不完善　　　(B)信任危機
　　　　(C)發展瓶頸的出現　　　　　(D)以上皆是。

二、問答題

1. 回想一個您所參與過表現最好的團隊，您覺得這個團隊能表現如此出色，最主要的原因是什麼？

得　分

全華圖書

創新與創業管理－從創意到創業
學後評量
CH06 商業模式設計與創新

班級：＿＿＿＿＿＿＿
學號：＿＿＿＿＿＿＿
姓名：＿＿＿＿＿＿＿

一、選擇題

(　　) 1. 商業模式包含了下列哪一個面向？
(A)客戶創造價值　　　　　　　(B)整合企業經營內外資源
(C)獨特業務營運流程　　　　　(D)以上皆是。

(　　) 2. 產品本身以低價或免費形式提供，透過附屬產品或消耗品的持續銷售而獲取
利潤，為何種商業模式？
(A)免費增值型　　　　　　　　(B)吉列模式
(C)O2O模式　　　　　　　　　(D)無增值型。

(　　) 3. 商業模式畫布圖（Business Model Canvas）的九大模塊，不包括哪一項？
(A)目標客層　　　　　　　　　(B)價值主張
(C)關鍵合作夥伴　　　　　　　(D)廣告。

(　　) 4. 一項獨特的營運獲利模式絕對會使同業競相學習模仿，若是單純的商業方法
本身，是不能作為專利申請之標的，然而，利用電腦軟體與硬體等技術來實
現商業方法，則將「有機會」成為專利申請之標的。請問較可能申請獲得哪
一種類型專利？
(A)發明專利　　　　　　　　　(B)新型專利
(C)設計專利　　　　　　　　　(D)新式樣專利。

(　　) 5. 廉價航空—亞洲航空（AirAsia）的商業獲利模式較屬於哪一類型？
(A)免費增值型　　　　　　　　(B)無增值型
(C)O2O模式　　　　　　　　　(D)吉列模型。

二、問答題

1. 您可以說明「通訊軟體Line」的商業模式嗎？

得 分

全華圖書
創新與創業管理－從創意到創業
學後評量
CH07 財務規劃與資金運用

班級：＿＿＿＿＿＿＿＿＿

學號：＿＿＿＿＿＿＿＿＿

姓名：＿＿＿＿＿＿＿＿＿

一、選擇題

（　　）1. 下列哪一項是財務計畫的三大財務報表？
  (A)資產負債表（Balance Sheet）
  (B)損益表（Income Statement）
  (C)現金流量表（Cash Flow Statement）
  (D)以上皆是。

（　　）2. 關於損益表的計算，下列哪一項有誤？
  (A)銷貨收入淨額 = 銷貨收入總額 － 銷貨退回、折讓與折扣
  (B)銷貨毛利 = 銷貨收入淨額 － 銷貨成本
  (C)本期淨利（淨損）= 營業淨利（淨損）－ 營業費用
  (D)每股盈餘（EPS）= 本期淨利（淨損）÷ 總股數。

（　　）3. 下列哪一項不是公司現金流量的主要來源之一？
  (A)生產活動　　　　　　　　　(B)營業活動
  (C)投資活動　　　　　　　　　(D)融資活動。

（　　）4. 在銀行授信5P中，包括哪一項？
  (A)借款人（People）　　　　　(B)資金用途（Purpose）
  (C)還款來源（Payment）　　　 (D)債權保障（Protection）
  (E)以上皆是。

（　　）5. 在哪一個階段融資，公司只有Idea卻沒有具體的產品或服務，創業者只擁有一項技術上的新發明、新設想以及對未來企業的一個藍圖，缺乏初始資金投入？
  (A)種子輪　　　　　　　　　　(B)天使輪
  (C)A輪　　　　　　　　　　　 (D)B輪。

（請沿虛線撕下）

二、問答題

1. 銀行以5P作為審核融資的標準，請說明5P原則為何？

得　分	

全華圖書
創新與創業管理－從創意到創業
學後評量
CH08 業務開發與市場行銷

班級：＿＿＿＿＿＿＿＿
學號：＿＿＿＿＿＿＿＿
姓名：＿＿＿＿＿＿＿＿

一、選擇題

(　　) 1. 下列哪一項是市場調查的目的？
　　　(A)聆聽客戶的聲音　　　　　(B)提供經營管理者決策資訊
　　　(C)獲取創新想法　　　　　　(D)監控市場變化
　　　(E)以上皆是。

(　　) 2. 在行銷4C的理論中，包括下列哪一項？
　　　(A)Customer Need（顧客需求）　(B)Cost（成本）
　　　(C)Convenience（便利）　　　　(D)Communication（溝通）
　　　(E)以上皆是。

(　　) 3. 為品牌的市場區隔下，在各種競爭市場環境中自己相對的優勢與利基，稱之
　　　為？
　　　(A)品牌資產　　　　　　　　(B)品牌辨識
　　　(C)品牌定位　　　　　　　　(D)品牌形象。

(　　) 4. 下列哪一項是數位行銷的成功關鍵？
　　　(A)掌握隨興創作（Creation）
　　　(B)經營網路社交圈（Community）
　　　(C)黏網（Connection）
　　　(D)數位策展（Curation）
　　　(E)以上皆是。

(　　) 5. 在文化創意產業的行銷中如國家整體的文化行銷、城市文化行銷、社區文化
　　　行銷等，是用何者方式作為區分？
　　　(A)產業　　　　　　　　　　(B)空間
　　　(C)活動事件　　　　　　　　(D)人物。

（請沿虛線撕下）

二、問答題

1. 文化創意需要產業，產業需要通路，文創商品及服務應如何行銷？

得　分

全華圖書
創新與創業管理－從創意到創業
學後評量
CH09 智慧財產保護與加值

班級：＿＿＿＿＿＿＿＿
學號：＿＿＿＿＿＿＿＿
姓名：＿＿＿＿＿＿＿＿

一、選擇題

(　　) 1. 下列哪一項不包括在智慧財產權（Intellectual Property Right）內？
　　　(A)品牌商標　　　　　　　　　(B)專利權
　　　(C)著作權　　　　　　　　　　(D)公平交易法
　　　(E)消費者保護法。

(　　) 2. 綠油精廣告歌曲是屬於何種類型商標？
　　　(A)顏色商標　　　　　　　　　(B)聲音商標
　　　(C)氣味商標　　　　　　　　　(D)以上皆非。

(　　) 3. 指利用自然法則之技術思想之創作的專利為何？
　　　(A)發明專利　　　　　　　　　(B)新型專利
　　　(C)設計專利　　　　　　　　　(D)以上皆非。

(　　) 4. 著名的金庸小說、哈利波特小說在完成時即取得何種智慧財產權？
　　　(A)專利權　　　　　　　　　　(B)著作權
　　　(C)商標權　　　　　　　　　　(D)營業秘密。

(　　) 5. 常見的三種技術價值的評估（技術作價）方法，不包括哪一種？
　　　(A)成本法　　　　　　　　　　(B)市場法
　　　(C)收益法　　　　　　　　　　(D)協商法。

二、問答題

1. 試說明一支Apple iPhone 14手機上共有幾種智慧財產權？

得　分

全華圖書
創新與創業管理－從創意到創業
學後評量
CH10 創業計畫與簡報技巧

班級：＿＿＿＿＿＿＿＿

學號：＿＿＿＿＿＿＿＿

姓名：＿＿＿＿＿＿＿＿

一、選擇題

（　　）1. 撰寫創業計畫書目的包含哪些？
  (A)向外界介紹自己新創事業的一份文件
  (B)與政府、銀行、創投及品牌公司往來之參考依據
  (C)作為創業資源的盤點之用，審視各環節不足之處
  (D)以上皆是。

（　　）2. 通常為產業分析調查所估算出之最大市場規模稱之為？
  (A)整體市場（Total Available Market）
  (B)可服務市場（Service Available Market）
  (C)目標市場（Target Market）
  (D)營運市場（Operation Market）。

（　　）3. 參加創業路演（Roadshow）活動的人主要目的為何？
  (A)取得融資資金　　　　　　　　(B)展示產品服務
  (C)取得投資人意見　　　　　　　(D)拓展人脈
  (E)以上皆是。

（　　）4. 下列哪一項是參加創新創業競賽事前應注意事項？
  (A)大賽的行業屬性類別　　　　　(B)競賽設置規則
  (C)評委及評分標準　　　　　　　(D)充足準備
  (E)以上皆是。

（　　）5. 下列哪一個單位機構在評價創業計畫書時會較著重「償債能力」說明？
  (A)政府機構　　　　　　　　　　(B)投資機構
  (C)銀行　　　　　　　　　　　　(D)品牌授權公司。

二、問答題

1. 試說明創業計畫書之用途與重要性。

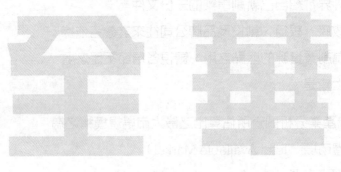

得　分

全華圖書
創新與創業管理－從創意到創業
學後評量
CH11 創業資源整合與運用

班級：＿＿＿＿＿＿＿
學號：＿＿＿＿＿＿＿
姓名：＿＿＿＿＿＿＿

一、選擇題

(　　) 1. 創業要素資源相當多，其中高校科研幫助、科技轉化試驗平台、智慧財產權稱之為？
(A)管理資源　　　　　　　　(B)科技資源
(C)人才資源　　　　　　　　(D)以上皆非。

(　　) 2. 下列哪一項不是將創業資源做有效整合與開發的方法？
(A)善用資源整合技巧　　　　(B)發揮資源槓桿效應
(C)設置合理利益機制來著手　(D)竊取機密。

(　　) 3. 一種為初創型小企業提供所需的基礎設施和一系列支持性綜合服務，使其成長為成熟企業的一種新型經濟組織，稱之為？
(A)創業苗圃　　　　　　　　(B)孵化器
(C)加速器　　　　　　　　　(D)科技園區。

(　　) 4. 創業者以一杯咖啡的成本，得到一天的免費開放式辦公環境，及其他創業服務：共享辦公室、人才交流、技術分享、市場拓展，稱之為？
(A)創業咖啡館　　　　　　　(B)創業社區
(C)創客空間　　　　　　　　(D)創業孵化器。

(　　) 5. 美國著名的Y. Combinator在創業輔導上是屬於哪一種類型？
(A)創業苗圃　　　　　　　　(B)孵化器
(C)加速器　　　　　　　　　(D)科技園區。

二、問答題

1. 創業投資（Venture Capital）和天使投資（Angel Fund）有哪些差異化特點？

得　分

全華圖書
創新與創業管理－從創意到創業
學後評量
CH12 新創企業設立與法律規範

班級：＿＿＿＿＿＿＿＿
學號：＿＿＿＿＿＿＿＿
姓名：＿＿＿＿＿＿＿＿

一、選擇題

（　　）1. 企業的所有權（Ownership）可依出資方式分三種類型，下列哪一種類型不
包括？
(A)獨資（Proprietorship）　　　　　(B)合夥（Partnership）
(C)公司（Corporation）　　　　　　(D)投資（Investment）。

（　　）2. 目前臺灣政府法定公司營利事業所得稅率最高為多少%？
(A)17%　　　　　　　　　　　　　　(B)18%
(C)19%　　　　　　　　　　　　　　(D)20%。

（　　）3. 依公司法第2條規定，公司種類區分為四大類，下列哪一種類型不包括？
(A)無限公司　　　　　　　　　　　(B)多合公司
(C)有限公司　　　　　　　　　　　(D)股份有限公司。

（　　）4. 公司名稱及所營業項目，應於設立登記前先行申請核准，主管機關為經濟部
商業司，核准後得保留幾個月？
(A)2個月　　　　　　　　　　　　　(B)3個月
(C)6個月　　　　　　　　　　　　　(D)10個月。

（　　）5. 三星公司熱賣之Samsung Galaxy手機商品，三星公司若要求各家通訊行統一
標準售價，即違反公平交易法的哪一項規定？
(A)聯合行為　　　　　　　　　　　(B)限制轉售價格規定
(C)廣告不實　　　　　　　　　　　(D)沒有違法。

（請沿虛線撕下）

二、問答題

1. 試問如要做網路拍賣生意，要開什麼樣型態的公司或行號會較適合？

得　分	**全華圖書**	
	創新與創業管理－從創意到創業	班級：＿＿＿＿＿＿＿＿
	學後評量	學號：＿＿＿＿＿＿＿＿
	CH13 創業風險與危機管理	姓名：＿＿＿＿＿＿＿＿

一、選擇題

（　）1. Christian（2000）將創業分類為四大類型，請問「研發新冠肺炎疫苗」的企業是屬於哪一種類型創業？
　　　　(A)複製型創業　　　　　　　　(B)安定型創業
　　　　(C)模仿型創業　　　　　　　　(D)冒險型創業。

（　）2. 研發複製人、AI機器人等造成負面科技道德倫理問題，是屬於哪一種類型的創業風險？
　　　　(A)研發風險　　　　　　　　　(B)道德風險
　　　　(C)環境風險　　　　　　　　　(D)投資風險。

（　）3. 新創企業經營者缺乏管理大企業的實務經驗，容易陷入哪一種風險之中
　　　　(A)現金流管理　　　　　　　　(B)市場拓展
　　　　(C)組織與人才　　　　　　　　(D)業務銷售。

（　）4. 中國大陸官方高舉「大眾創業、萬種創新」大旗，鼓勵年輕人踴躍創業，制定了許多相關規範及獎勵措施，但容易犯了哪一種創業風險？
　　　　(A)資金風險　　　　　　　　　(B)政策風險
　　　　(C)人才風險　　　　　　　　　(D)政治風險。

（　）5. 公司在生產製造上面臨零組件供應或引發食品安全問題，這是屬於哪一類創業風險？
　　　　(A)投資風險　　　　　　　　　(B)財務風險
　　　　(C)營運風險　　　　　　　　　(D)環境風險。

二、問答題

1. 為什麼現金流短缺常會被新創企業忽略，如何使稚嫩的組織免於陷入危機？

得　分

全華圖書
創新與創業管理－從創意到創業
學後評量
CH14 新型態創業類型─社會企業

班級：_____
學號：_____
姓名：_____

一、選擇題

(　　) 1. 一種比現有方法更有效、更高效率、可持續性解決社會問題的新穎解決方案，同時以整個社會創造價值為優先，稱之為？
(A)社會企業　　　　　　　　(B)社會設計
(C)社會創新　　　　　　　　(D)社會工作。

(　　) 2. 一個對傳統的營利企業與非營利組織的創新思考，社會需要有能力的企業，更多的關懷和實質的參與設計與提供社會需求，稱之為？
(A)社會企業　　　　　　　　(B)社會設計
(C)社會創新　　　　　　　　(D)社會工作。

(　　) 3. 基於商業運作必須符合可持續發展的想法，企業除了考慮自身的財政和經營狀況外，也要加入其對社會和自然環境所造成的影響的考量，稱之為？
(A)社會企業責任　　　　　　(B)企業社會責任
(C)企業永續責任　　　　　　(D)企業公民責任。

(　　) 4. 下列哪一項不是韓國所認定的社會企業類型？
(A)公共服務社團法人　　　　(B)營利私營機構
(C)社會福利基金會　　　　　(D)合作社。

(　　) 5. 下列哪一家公司是臺灣的社會企業？
(A)小鎮文創　　　　　　　　(B)生態綠
(C)众社會企業　　　　　　　(D)以上皆是。

二、問答題

1. 試比較社會企業和企業社會責任之差異為何？

歡迎加入 全華會員

● 會員獨享
會員享購書折扣、紅利積點、生日禮金、不定期優惠活動…等。

● 如何加入會員
掃 ORcode 或填妥讀者回函卡直接傳真 (02) 2262-0900 或寄回，將由專人協助登入會員資料，待收到 E-MAIL 通知後即可成為會員。

如何購買

1. 網路購書
全華網路書店「http://www.opentech.com.tw」，加入會員購書更便利，並享有紅利積點回饋等各式優惠。

2. 實體門市
歡迎至全華門市（新北市土城區忠義路 21 號）或各大書局選購。

3. 來電訂購
(1) 訂購專線：(02) 2262-5666 轉 321-324
(2) 傳真專線：(02) 6637-3696
(3) 郵局劃撥（帳號：0100836-1 戶名：全華圖書股份有限公司）
※ 購書未滿 990 元者，酌收運費 80 元。

全華網路書店 www.opentech.com.tw
E-mail: service@chwa.com.tw

全華網路書店 www.opentech.com.tw
E-mail: service@chwa.com.tw

※ 本會員制如有變更則以最新修訂制度為準，造成不便請見諒。

讀者回函卡

掃 QRcode 線上填寫 ▶▶▶

姓名：　　　　　　　　　　　　生日：西元　　　　年　　　月　　　日　性別：□男 □女

電話：（　　　）　　　　　　　　　　手機：

e-mail：（必填）

註：數字零，請用 Φ 表示，數字 1 與英文 L 請另註明並書寫端正，謝謝。

通訊處：□□□□□

學歷：□高中・職　□專科　□大學　□碩士　□博士

職業：□工程師　□教師　□學生　□軍・公　□其他

學校／公司：　　　　　　　　　　　　科系／部門：

・需求書類：

□ A.電子 □ B.電機 □ C.資訊 □ D.機械 □ E.汽車 □ F.工管 □ G.土木 □ H.化工 □ I.設計

□ J.商管 □ K.日文 □ L.美容 □ M.休閒 □ N.餐飲 □ O.其他

・本次購買圖書為：　　　　　　　　　　　　　　　　書號：

・您對本書的評價：

封面設計：□非常滿意　□滿意　□尚可　□需改善，請說明

內容表達：□非常滿意　□滿意　□尚可　□需改善，請說明

版面編排：□非常滿意　□滿意　□尚可　□需改善，請說明

印刷品質：□非常滿意　□滿意　□尚可　□需改善，請說明

書籍定價：□非常滿意　□滿意　□尚可　□需改善，請說明

整體評價：請說明

・您在何處購買本書？

□書局　□網路書店　□書展　□團購　□其他

・您購買本書的原因？（可複選）

□個人需要　□公司採購　□親友推薦　□老師指定用書　□其他

・您希望全華以何種方式提供出版訊息及特惠活動？

□電子報　□ DM　□廣告（媒體名稱　　　　　　　　　　　　　　）

・您是否上過全華網路書店？（www.opentech.com.tw）

□是　□否　您的建議

・您希望全華出版哪方面書籍？

・您希望全華加強哪些服務？

感謝您提供寶貴意見，全華將秉持服務的熱忱，出版更多好書，以饗讀者。

填寫日期：　　／　　／

2020.09 修訂

勘　誤　表

書號	書　名		作者
頁數	行數	錯誤或不當之詞句	建議修改之詞句

我有話要說：（其它之批評與建議，如封面、編排、內容、印刷品質等‧‧‧）